“十四五”职业教育国家规划教材

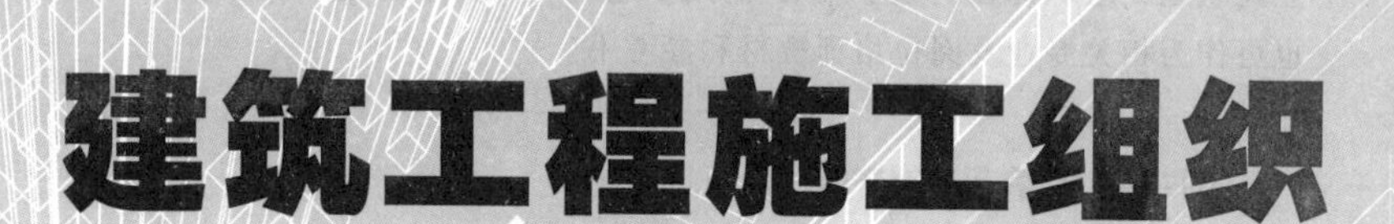

（第二版）

主　编　吴　琛　熊　燕　王小广
副主编　卢珊珊　刘莉虹　李　伟
　　　　刘　静　张喻超
参　编　王鹏飞　潘　靖　朱　勃
主　审　谢芳蓬

南京大学出版社

内容简介

本书结合高等职业教育的特点，根据《国家职业教育改革实施方案》的部署，落实立德树人根本任务，全面贯彻党的教育方针，培养德智体美劳全面发展的社会主义建设者和接班人。全书参考国内建筑施工企业先进的施工组织和管理方法，依据《建筑施工组织设计规范》(GB/T 50502—2009)、《建筑工程施工质量验收统一标准》(GB 50300—2013)、《工程网络计划技术规程》(JGJ/T 121—1999)、《施工现场临时建筑物技术规范》(JGJ/T 188—2009)等国家现行有关规范和标准编写而成。主要内容包括绪论、施工准备工作、流水施工原理、网络计划技术、施工组织总设计、单位工程施工组织设计等，理论联系实际，便于教学及应用。

本书可作为高职院校建筑工程技术、工程监理、建设工程管理、工程造价等建筑施工和工程管理类专业建筑施工组织课程的教学用书，有助于建筑工程类专业施工组织设计方面的课程设计及毕业设计指导，也可作为相关专业及岗位培训教材和参考书。

图书在版编目(CIP)数据

建筑工程施工组织 / 吴琛，熊燕，王小广主编. —2 版. —南京：南京大学出版社，2022.2(2025.1 重印)
ISBN 978-7-305-25412-3

Ⅰ. ①建… Ⅱ. ①吴… ②熊… ③王… Ⅲ. ①建筑工程—施工组织—高等职业教育—教材 Ⅳ. ①TU721

中国版本图书馆 CIP 数据核字(2022)第 028591 号

出版发行 南京大学出版社
社　　址 南京市汉口路 22 号　　邮　　编 210093

书　　名 建筑工程施工组织
　　　　 JIANZHU GONGCHENG SHIGONG ZUZHI
主　　编 吴　琛　熊　燕　王小广
责任编辑 朱彦霖　　编辑热线 025-83597482

照　　排 南京开卷文化传媒有限公司
印　　刷 盐城市华光印刷厂
开　　本 787 mm×1092 mm 1/16 印张 16.5 字数 478 千
版　　次 2022 年 2 月第 2 版 2025 年 1 月第 4 次印刷
ISBN 978-7-305-25412-3
定　　价 50.00 元

网　　址：http://www.njupco.com
官方微博：http://weibo.com/njupco
官方微信号：njuyuexue
销售咨询热线：(025)83594756

前　言

教育、科技、人才是全面建设社会主义现代化国家的基础性、战略性支撑。站在新的历史起点，我们要坚持教育优先发展、科技自立自强、人才引领驱动，加快建设教育强国、科技强国、人才强国，坚持为党育人、为国育才，全面提高人才自主培养质量。《建筑工程施工组织》是一门综合性、实践性很强的突出职业能力和素养的课程，也是建筑工程技术及专业群的一门专业核心课程。课程全面贯彻党的教育方针，依据党的二十大报告要求，落实立德树人根本任务，培养学生在施工组织和现场管理方面的职业能力，爱岗敬业、遵纪守法、心怀家国、成为有责任、有担当的新时代青年。

为全面匹配时代新人培养的新任务，落实“全面提高人才自主培养质量，着力造就拔尖创新人才”的要求，坚持为党育人、为国育才，加强高校与企业的联合，更熟悉、快速地掌握大量实践技术和新技术的应用，使本书内容更为贴近实际，提高教材的先进性与实用性，本书再版之际特别邀请方远建设集团股份有限公司李伟（一级房建、市政注册建造师、高级工程师，主持鲁班奖项目 2 项、国家优质工程奖项目 2 项、地区、省市级优质工程奖项目多项，编写国家级工法 2 项，省级工法 5 项，获实用新型专利 2 项，主编团体标准 1 项:《装饰保温与结构一体化微孔混凝土复合外墙板》T/CECS 10199—2022）担任副主编，参与教材的编写。

本教材为“十四五”职业教育国家规划教材、“十三五”职业教育国家规划教材。全书编写针对高职层面建筑工程技术专业岗位群对施工组织的具体要求，紧跟施工技术发展与建筑行业的动态（如装配式建筑、BIM 技术等），纳入新技术、新规范，把重点放在实用知识和操作技能上，并在全书范围深度融入社会主义核心价值观，铸入工匠精神、劳模精神，培养德智体美劳全面发展的社会主义建设者和接班人。《建筑工程施工组织》课程的整体知识结构分解成六个学习情境，倡导以情境和任务驱动进行教学，使学生掌握建筑工程施工组织的基本理论和基本技能，能完成施工方案设计、施工进度计划编制、资源需要计划编制、施工现场平面图绘制等工作任务，形成良好的职业道德和修养、有精益求精的工匠精神，为走向施工员及相关岗位，胜任施工组织设计与现场管理的工作，打下坚实的职业能力和素养基础。

本书由江西现代职业技术学院吴琛、熊燕、王小广担任主编，江西现代职业技术学院卢珊珊、刘莉虹、方远建设集团股份有限公司李伟、湖南高速铁路职业技术学院刘静、云南锡业职业技术学院张喻超担任副主编，湖南高速铁路职业技术学院王鹏飞、云南能源职业技术学院潘靖、贵州装备制造职业学院朱勃参编。本书是集体智慧的结晶，全书由吴琛老师统稿。编书过程中得到很多同仁的帮助和支持，特别感谢方远建设集团股份有限公司为本书提供了丰富的实战工程资料，感谢李伟副主编在本书撰写的过程中给予的指导，在此致以诚挚的谢意。

限于编者的水平，本教材难免有不妥之处，恳请广大读者指正。

编　者

2023 年 6 月

在线课程

拓展资源

目　录

立体化资源目录

续表

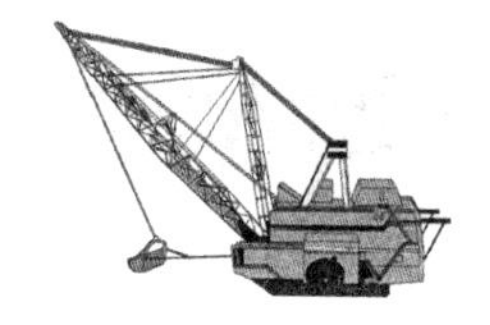

情境一 绪 论

知识目标

1. 了解建设项目的概念、组成;掌握基本建设程序、建筑施工程序。

2. 了解建筑产品及施工特点,了解施工组织设计的概念、任务、作用、分类、编制原则;掌握施工组织设计的内容和编制步骤。

能力目标

根据施工组织设计的内容、编制原则、编制步骤等,能意识到施工组织设计对整个工程项目建设的重要性,为编制初步施工组织设计打下基础。

素养目标

1. 树立岗位安全和责任意识。
2. 遵纪守法,树立法治意识。
3. 培养爱岗敬业、精益求精的工匠精神。

【情境导入】

情境一

某城市地铁施工在进行混凝土浇筑时,发生一起坍塌事故,造成3人死亡2人受伤,直接经济损失约119.17万元,经调查分析是由于“边勘察、边设计、边施工”以及作业人员对专项施工方案缺乏了解、施工单位忽视后续施工安全条件导致的。

“边勘察、边设计、边施工”工程有哪些危害?

情境二

甲公司与乙公司进行协商,确定由乙公司承包某涉案商品房及安置房项目。乙公司于当年12月进场施工。依当时规定,该项目属于必须招投标的建设工程项目。

次年,甲公司分别对涉案项目的两个标段进行招标,均由乙公司中标。双方均认可该招投标程序,仅是为办理相关证件,从而进行的形式意义上的招投标。

第四年,甲公司以乙公司拖延工期为由,通知乙公司解除施工合同。随后乙公司诉至法院,请求法院确认合同并未解除。甲公司提出反诉,主张施工合同无效。

1. 按照项目建设程序规定,能否未招标就开始施工?
2. 该施工合同是否有效?

微课

建设项目与
基本建设程序

任务1 建设项目与基本建设程序

一、建设项目的概念、组成

1. 建设项目的概念

建设项目指在一个场地或几个场地上，按照一个独立的总体设计兴建的一项独立工程，或若干个互相有内在联系的工程项目的总体，简称建设项目。工程建成后经济上可以独立经营，行政上可以统一管理。

建设项目的管理主体是建设单位，其约束条件是时间约束、资源约束和质量约束，即一个建设项目应具有合理的建设工期目标，特定的投资总量目标和预期的生产能力、技术水平和使用效益目标。

一般以一个独立的工厂、矿山；农林水利建设的独立农场、林场、水库工程；交通运输建设的一条铁路线路、一个港口；文教卫生建设的独立的学校、报社、影剧院等等。同一总体设计内分期进行建设的若干工程项目，均应合并算为一个建设项目；不属于同一总体设计范围内的工程，不得作为一个建设项目。

2. 建设项目的组成

各个建设项目的规模和复杂程度不尽相同，为便于分解管理，一般情况下，人们可将建设项目按其组成内容从大到小分解为单项工程、单位工程、分部工程和分项工程等。

(1) 单项工程。单项工程也称工程项目，是指具有独立的设计文件，完工后可以独立发挥生产能力或效益的工程。一个建设项目可由一个单项工程组成，也可由若干个单项工程组成，如一所学校中包括办公楼、教学楼和体育馆等单项工程。单项工程体现了建设项目的主要建设内容，其施工条件往往具有相对的独立性。

(2) 单位工程。单位工程是指具有单独设计图纸，可以独立施工，但完工后不能独立发挥生产能力和经济效益的工程。

一般情况下，单位工程是一个单体的建筑物或构筑物。对规模较大的单位工程，可将其能形成独立使用功能的部分作为一个子单位工程。

(3) 分部工程。组成单位工程的若干个分部称为分部工程。分部工程的划分应按专业、性质、建筑部位确定。如一幢大厦的建筑工程，可以划分土建工程分部和安装工程分部，而土建工程分部又可划分为地基与基础、主体结构、屋面和装修等分部工程。

当分部工程较大或较复杂时，可按材料种类、施工特点、施工程序、专业系统及类别等将其划分为若干子分部工程。如主体结构分部工程可划分为钢筋混凝土结构、混合结构、砌体结构、钢结构、木结构等子分部工程。

(4) 分项工程。组成分部工程的若干个施工过程称为分项工程。分项工程应按主要工种、材料、施工工艺、设备类别等进行划分。如主体混凝土结构可以划分为模板、钢筋、混凝土等若干分项工程。

建设项目及其组成部分的关系如图1-1所示：

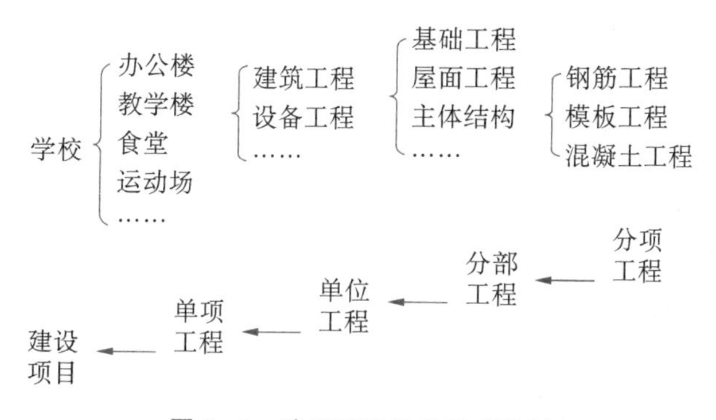

图1-1　建设项目及其组成示例

按现行《建筑工程施工质量验收统一标准》(GB 50300—2013)规定，建筑工程质量验收时，可将分项工程进一步划分为检验批。检验批是按同一生产条件或按规定方式汇总来供检验用的，由一定数量样本组成的检验体。一个分项工程可由一个或若干个检验批组成，检验批可根据施工及质量控制和专业验收需要按楼层、施工段、变形缝等进行划分。

二、基本建设程序

基本建设程序是建设项目从设想、选择、评估、决策、设计、施工到竣工、投入生产、交付使用的整个建设过程中各项工作必须遵循的先后顺序。我国的基本建设程序应可划分为编制项目建议书、可行性研究、勘察设计、建设准备、建设实施、竣工验收、后评价七个阶段。这七个阶段的每一阶段都包含着许多环节。

基本建设程序是建设工程实践经验的总结，是项目建设客观规律的正确反映，是科学决策和顺利进行项目建设的重要保证。

1. 项目建议书

项目建议书是建设单位向主管部门提出的要求建设某一项目的建议性文件，是对拟建项目的轮廓设想，是从拟建项目的必要性及大方面的可能性加以考虑的。项目建议书经批准后，才能进行可行性研究，也就是说，项目建议书并不是项目的最终决策，而仅仅为可行性研究提供依据和基础。

项目建议书的内容一般包括以下五个方面：

(1) 建设项目提出的必要性和依据；

(2) 拟建工程规模和建设地点的初步设想；

(3) 资源情况、建设条件、协作关系等的初步分析；

(4) 投资估算和资金筹措的初步设想；

(5) 经济效益和社会效益的估计。

2. 可行性研究

项目建议书经批准后，应紧接着进行可行性研究工作。可行性研究是项目决策的核心，是对建设项目在技术上、工程上和经济上是否可行进行全面的科学分析论证工作。在技术经济的深入论证阶段，可行性研究能为项目决策提供可靠的技术经济依据。其研究的主要内容包括：

(1) 建设项目提出的背景、必要性，经济意义和依据；

(2) 拟建项目规模、产品方案、市场预测；

(3) 技术工艺、主要设备、建设标准；

(4) 资源、材料、燃料供应和运输及水、电条件；

(5) 建设地点、场地布置及项目设计方案；

(6) 环境保护、防洪、防震等要求与相应措施；

(7) 劳动定员及培训；

(8) 建设工期和进度建议；

(9) 投资估算和资金筹措方式；

(10) 经济效益和社会效益分析。

可行性研究报告经批准后，不得随意修改和变更。如果在建设规模、建设方案、建设地区或建设地点、主要协作关系等方面有变动及突破投资控制数，应经原批准机关的同意后重新审批。经批准的可行性研究报告是确定建设项目、编制设计文件的依据。

3. 勘察设计

勘察设计文件是安排建设项目和进行建筑施工的主要依据。勘察设计文件一般由建设单位通过招投标或直接委托有相应资质的设计单位进行编制。编制设计文件是一项复杂的工作，设计之前和设计之中都要进行大量的调查和勘测工作，在此基础之上，根据批准的可行性研究报告，将建设项目的要求逐步具体化为指导施工的工程图纸及其说明书。

设计是分阶段进行的。一般项目进行两阶段设计，即初步设计和施工图设计。技术上比较复杂和缺少设计经验的项目采用三阶段设计，即在初步设计阶段后增加技术设计阶段。

(1) 初步设计：根据批准的可行性研究报告和比较准确的设计基础资料所做的具体实施方案。目的是阐明在指定的地点、时间和投资控制数额内，拟建工程在技术上的可能性和经济上的合理性，并通过对工程项目所做出的基本技术经济规定，编制项目总概算。

(2) 技术设计：根据初步设计和更详细的调查研究资料，进一步解决初步设计中的重大技术问题，如工艺流程、建筑结构、设备选型及数量确定等，并修正总概算。

(3) 施工图设计：根据批准的扩大初步设计或技术设计的要求，结合现场实际情况，完整地表现建筑物外形、内部空间分割、结构体系、构造状况及建筑群的组成和周围环境的配合。施工图设计还包括各种运输、通信、管道系统、建筑设备的设计，在工艺方面，还应具体确定各种设备的型号、规格及各种非标准设备的制造加工过程。在施工图设计阶段应编制施工图预算。

4. 建设准备

从建设单位的角度出发，该阶段的主要内容包括：

(1) 征地、拆迁和场地平整；

(2) 完成施工用水、电、路等的畅通工作；

(3) 组织设备、材料订货；

(4) 准备必要的施工图纸；

(5) 组织施工招标，择优选定施工单位；

(6) 办理工程各类手续和有关证书。

从施工单位的角度出发，施工单位应根据工程的特点，进行包括劳动组织准备、施工技术准备、施工物资准备、施工现场准备、季节性施工准备等在内的各项准备工作。(具体内容

见任务 3)

5. 建设实施

建设项目完成各项准备工作，具备下列开工条件时，建设单位及时向主管部门和有关单位提出开工报告，开工报告经批准后即可进行项目施工。

(1) 符合国家产业政策、发展建设规划、土地供应政策和市场准入标准。

(2) 已经完成审批、核准或备案手续。

(3) 规划区内的项目选址和布局必须符合城乡规划，并依照城乡规划法的有关规定办理相关规划许可手续。

(4) 需要申请使用土地的项目必须依法取得用地批准手续，并已经签订国有土地有偿使用合同或取得国有土地划拨决定书。

(5) 已经按照建设项目环境影响评价分类管理、分级审批的规定完成环境影响评价审批。

(6) 已经按照规定完成固定资产投资项目节能评估和审查。

(7) 建筑工程开工前，建设单位依照建筑法的有关规定，已经取得施工许可证或者开工报告，并采取保证建设项目工程质量安全的具体措施。

(8) 符合国家法律法规的其他相关要求。

建设实施阶段是根据设计图纸进行建筑施工的阶段。这是一个自开工到竣工的实施过程，是基本建设程序中时间最长、工作量最大、资源消耗量最多的阶段。在这一过程中，施工活动应按设计、施工合同和其他要求，合同规定，预算投资，施工程序和顺序及施工组织设计，在保证质量、工期、成本计划等目标的前提下进行，以达到竣工标准要求。验收合格后，移交建设单位。

6. 竣工验收

根据国家有关规定，建设项目按批准的内容完成建设后，符合验收标准，须及时组织验收，办理交付使用和资产移交手续。竣工验收是全面考核工程项目建设成果，检查设计和施工质量的重要环节。竣工验收的准备工作主要有三方面：整理技术资料、绘制竣工图纸、编制竣工决算。

竣工验收前，施工单位应主动进行工程预验收工作，根据各分部、分项工程的质量检查、评定，整理各项竣工验收的技术经济资料，积极配合由建设单位组织的竣工验收工作，验收合格后办理竣工验收证书，将工程交付建设单位使用。

7. 后评价

建设项目投资后评价是工程竣工投产、生产运营一段时间后，对项目的立项决策、设计施工、竣工投产、生产运营等全过程进行系统评价的一种技术经济活动。投资后评价是工程建设管理的一项重要内容，也是工程建设程序的最后一个环节。其可以使投资主体达到总结经验、吸取教训、改进工作、不断提高项目决策水平和投资效益的目的。目前我国的投资后评价一般分建设单位的自我评价、项目所属行业(地区)主管部门的评价及各级计划部门(或主要投资主体)的评价三个层次进行。

三、建筑施工程序

在以上各阶段的工作中，施工单位的工作主要发生在建设实施阶段。施工单位从承接施工任务到项目交付使用的过程中，各阶段的工作也必须遵循一定的顺序，即施工程序。施工程序一般包括以下四个步骤。

1. 承接施工任务,签订施工合同

建筑施工企业承接施工任务的方式有三种:

(1) 国家或上级主管部门直接下达;

(2) 建设单位直接委托;

(3) 参加公开招标或要求招标,中标得到施工任务。

其中招投标方式是较为公平的通过竞争机制择优选择施工企业的方式,目前已经成为施工企业获得施工任务的主要方式。不论以哪种方式承接施工任务,施工单位都必须同建设单位签订书面施工合同,施工合同签订后才算落实了施工任务。

2. 统筹安排,做好施工规划与施工准备,提出开工报告

施工企业与建设单位签订施工合同后,施工总承包单位要在调查分析项目资料的基础上,拟定施工规划,编制施工组织总设计,部署施工力量,安排施工总进度,确定主要工程施工方案,规划整个施工现场,与建设单位配合,做好全局性的施工准备工作,具备开工条件后,提出开工报告。

3. 组织施工,加强管理

在满足以下开工条件时:

(1) 施工许可证已获政府主管部门批准;

(2) 征地拆迁工作能满足工程进度的需要;

(3) 施工组织设计已获总监理工程师批准;

(4) 承包单位现场管理人员已到位,机具、施工人员已进场,主要工程材料已落实;

(5) 进场道路及水、电、通信等已满足开工要求。

施工单位应提交开工报告报总监理工程师审批,由总监理工程师签发开工通知书。施工单位按照经总监理工程师批准实施的施工组织设计,精心组织施工,加强质量、进度、成本等控制,保证施工安全,做到文明施工。

4. 竣工验收,交付使用

工程完工后,在竣工验收前,施工单位应根据施工质量验收规范逐项进行预验收,检查各分部分项工程的施工质量,整理各项竣工验收的技术经济资料。在此基础上,由建设单位、设计单位、监理单位等有关部门组成验收小组进行验收。验收合格后,双方签订交接验收证书,办理工程移交,并根据合同规定办理工程竣工结算。

案例视频

任务 2　建筑产品与施工特点

微课

建筑产品与施工特点

一、建筑产品的特点

建筑产品具有在空间上的固定性、多样性、体积庞大性、生产周期长。

1. 建筑产品的固定性

建筑产品——各种建筑物和构筑物,在一个地方建造后不能移动,只能在建造的地方供

长期使用，它直接与作为基础的土地连接起来。在许多情况下。这些产品本身甚至就是土地的不可分割的一部分。例如油田、地下铁道和水库等等。这种固定性，乃是建筑产品和其他生产部门的物质产品相区别的一个重要特点。此外，在一般工业生产部门中，生产者和生产设备固定不动，产品在生产线上流动，产品的各个部件可以分别在不同的地点同时加工制造，最后装配在一起而成为最后的产品。但是，建筑产品则相反，产品本身是固定不动的，生产者和生产设备必须不断地在生产线上流动。在工业生产部门的造船工业。船体是不动的，其生产过程在这一点上有些类似建筑业的产品。

2. 建筑产品的多样性

在一般工业生产部门，如机械工业、化学工业、电子工业等，生产的产品数量很大，而产品本身都是标准的同一产品，其规格相同，加工制造的过程也是相同的，按照同一设计图纸、反复地连续进行批量生产，产品的同一性和生产的大量性是这些工业部门能够实行大量生产的基础。当新的产品出现以后，改变一下工艺方法和生产过程，就可以继续进行批量生产。建筑产品则不同，根据不同的用途、不同的地区，建筑不同型式的多种多样的房屋和构筑物，这就表现出建筑产品的多样性。建筑业的每一个建筑产品，都需要一套单独的设计图纸，而在建造时，根据各地区的施工条件，采用不同的施工方法和施工组织。就是采用同一种设计图纸重复建造的建筑产品，由于地形、地质、水文、气候等自然条件的影响，以及交通、材料资源等社会条件的不同。在建造时，往往也需要对设计图纸及施工方法和施工组织等做相应的改变。由于建筑产品的这个特点，使得建筑业生产每个产品都具有其个体性。

3. 建筑产品的体积庞大

建筑产品的体积庞大，在建造过程中要消耗大量的人力、物力和财力，所需建筑材料数量巨大、品种复杂、规格繁多。据统计，1 000 m^3的工业厂房，需要 140 t 以上的材料；每1 000 m^3的民用建筑，需要 500 t 以上的材料。需用材料的品种、规格数以万计。建筑产品需要的资金也是很多的，少则几万、几十万，多则几十亿、上百亿，如武汉某工程，投资 40 多亿元，某核电站投资达 40 亿美元。

由于建筑产品的体积庞大，占用空间多，因而建筑生产不能不常在露天进行，所以，建筑产品与一般工业产品不同，受自然气候条件影响很大。

4. 建筑产品的生产周期长

生产周期是指产品自开始生产至完成生产的全部时间。建筑产品的生产周期则是指建设项目或单项工程在建设过程中所耗用的时间。即从开始施工起，到全部建成投产或交付使用、发挥效益时所经历的时间。

建筑产品与一般工业产品比较，其生产周期较长。有的建筑项目，少则 1～2 年，多则3～4 年、5～6 年，甚至数十年。因此，必须科学地组织建筑生产，不断缩短生产周期，尽快提高投资效益。

建筑产品造型庞大而复杂，产品固定而又具有不可分割性，生产过程中需要投入大量的人力、物力、财力，这些都决定了建筑产品生产周期长的特点。建筑产品生产周期长，决定了它必须长期大量占用和消耗人力、物力和财力，要到整个生产周期完结，才能出产品。

以上为传统建筑产品特点，装配式建筑产品则有着不一样的特点，详见情境五任务 7 装配式建筑施工组织设计。

二、建筑产品施工的特点

建筑施工的特点主要由建筑产品的特点所决定。和其他工业产品相比较，建筑产品具有体积庞大、复杂多样、整体难分、不易移动等特点，从而使建筑施工除了一般工业生产的基本特性外，还具有下述主要特点：

1. 生产的流动性

建筑产品地点的固定性决定了建筑产品生产(施工)的流动性。

施工的流动性体现在一是施工管理机构随着建筑物或构筑物坐落位置变化而整个地转移生产地点；二是在一个工程的施工过程中施工人员和各种机械、电气设备随着施工部位的不同而沿着施工对象上下左右流动，不断转移操作场所。

2. 生产的单件性

建筑产品的多样性决定了建筑产品生产(施工)的单件性。

建筑产品的使用功能千差万别，加之建设地点的自然条件、民族风格、物质条件和精神文明程度差异等因素，导致建筑产品在规模、构造、基础和主体结构形式、装饰做法和风格等方面差异很大，使得建筑产品的生产不可能像其他工业产品那样采用标准化批量生产，而是单个“定做”，具有单件性。建筑产品生产(施工)的单件性要求每个建筑产品必须有单独的施工图纸和施工组织设计。即便外观上看起来完全一致的两个工程，其地下的地基土、地下水等也不一定完全一致，不能采用同一份施工图纸和同一份施工组织设计来指导施工。

3. 生产的长期性

建筑产品的庞大性决定了建筑产品生产的长期性。

建筑产品体形庞大，生产工程必然耗费大量的人力、物力、财力。同时，建筑产品的生产过程还受到工艺流程和生产程序的制约，各专业工种间必须按照合理的施工顺序进行配合和衔接。另外，建筑产品地点的固定性使施工活动的空间具有局限性，导致建筑产品的生产工期长。

4. 生产的复杂性

建筑产品的地点固定，形式、功能多样和体形庞大这些特点形成了建筑产品的复杂性。建筑产品的生产受地域自然和经济条件影响大，具有地区性、露天作业多、受气候条件影响大、高空作业多、不安全因素多等特点，使得建筑产品的生产具有复杂性。同时，建筑产品的生产过程需要多工种协调配合作业，不仅需要现场的施工，还需要组织材料、构配件、机械设备等的供应；不仅要协调好项目部内部各专业施工队之间的关系，还要和建设方、监理方以及市政、环保、消防等有关部门协调，使得建筑产品的生产具有复杂性。建筑施工常需要根据建筑结构情况进行多工种配合作业，多单位(土石方、土建、吊装、安装、运输等)交叉配合施工，所用的物资和设备种类繁多，因而施工组织和施工技术管理的要求较高。

由于建筑产品及其生产的上述特点，工程技术管理人员在施工前要根据每个过程的具体特点、条件和要求，编制出切实可行的指导施工的文件——施工组织设计，并在施工过程中做好施工组织、调度、控制工作。

5. 高空作业多

国家标准规定：在距坠落高度基准面 2 m 或 2 m 以上有可能坠落的高处进行的作业即为高空作业。根据这一规定，在建筑产品生产过程中涉及高空作业的范围是相当广泛的，而高空坠落又是建筑安全生产过程中常出现的一

高空坠落

种事故类型，因此生产和管理人员必要牢固树立安全意识，加强安全管理，防范和减少安全事故隐患，减轻因事故造成的人身伤害和经济损失。请扫码了解高处坠落事故案例和预防措施。

案例视频

任务3　施工组织设计

微课

施工组织设计

一、施工组织设计的概念

"组织"从词性上有名词和动词之分。作为名词性的"组织"，从广义上说，是指由诸多要素按照一方式相互联系起来的系统；从狭义上说，组织是指人们为实现一定的目标，互相协作结合而成的集体或团体，如党团组织、工会组织、工商企业组织、军事组织等。

作为动词性的"组织"，是对完成一项工作或活动所涉及的人力、物力（包括方法、机械、措施）、财力等要素进行合理安排和调度。组织是优质、高效、快速地完成各种工作的前提和基础，工作的量按大、复杂程度越高，合理组织的效果越明显。

施工组织设计是根据施工预期目标和实际施工条件，选择最合理的施工方案，指导拟建工程施工全过程中各项活动的技术、经济和组织的基础性综合文件。其任务是要对具体的拟建工程（建筑群或单个建筑物）的施工准备工作和整个施工过程，在人力和物力、时间和空间、技术和组织上，做出统筹兼顾、全面合理的计划安排，实现科学管理，达到提高工程质量、加快工程进度、降低工程成本、预防安全事故的目的。

二、施工组织设计的任务和作用

1. 施工组织设计的任务

施工组织设计的任务是对具体的拟建工程（建筑群或单个建筑物）施工准备工作和整个施工过程，在人力和物力、时间和空间技术和组织上，做出一个全面、合理且符合好、省、安全要求的计划安排。

2. 施工组织设计的作用

施工组织设计的作用是为拟建工程施工的全过程实行科学管理提供重要手段。通过施工组织设计的编制，可以全面考虑拟建工程的各种具体条件，扬长避短地拟订合理的施工方案，确定施工顺序、施工方法、劳动组织和技术经济的组织措施，合理地统筹安排拟订的施工进度计划，保证拟建工程按期投产或交付使用；也为拟建工程的设计方案在经济上的合理性、技术上的科学性和实施过程中的可能性进行论证提供依据；还为建设单位编制基本建设计划和施工企业编制施工计划提供依据。依据施工组织设计，施工企业可以提前掌握人力、材料和机具使用上的先后顺序，全面安排资源的供应与消耗，还可以合理地确定临时设施的数量、规模和用途，以及临时设施、材料和机具在施工场地上的布置方案。施工组织设计是施工准备工作的一项重要内容，同时又是指导各项施工准备工作的重要依据。

三、施工组织设计的分类

施工组织设计是一个总的概念，根据建设项目的类别、工程规模、编制阶段、编制对象和范围的不同，在编制的深度和广度上也有所不同。

1. 按编制阶段的不同分类

施工组织设计按照编制阶段的不同，分为投标阶段施工组织设计和中标后（实施阶段）施工组织设计（图 1－2）。编制投标阶段施工组织设计，强调的是符合招标文件要求，以中标为目的；编制中标后（实施阶段）施工组织设计，强调的是可操作性，同时鼓励企业技术创新。

施工组织设计
- 投标阶段施工组织设计——综合指导性的施工组织设计，以中标为目的编制
- 中标后施工组织设计——实施性的施工组织设计，以指导施工为目的编制

图 1－2　施工组织设计按编制阶段的不同分类

（1）投标前施工组织设计（标前设计）。投标前施工组织设计是施工单位经营管理层在投标前编制的，是施工单位投标书中技术标书的重要内容，是与招标方签约谈判的依据，也是总包单位进行分包招标和分包单位编制投标书的依据。

（2）投标后施工组织设计（标后设计）。投标后施工组织设计是在中标及签订施工合同后，由项目管理层编制的，具体指导施工全过程的综合性文件，属于对内使用的实施指导型经济文件。

2. 按编制对象范围的不同分类

施工组织设计按编制对象范围的不同可分为施工组织总设计、单项（位）工程施工组织设计、分部分项工程施工组织设计三种。

（1）施工组织总设计。施工组织总设计是以一个建设项目或建筑群为编制对象，用以指导其施工全过程各项活动的技术、经济的综合性文件。其范围较广，内容比较概括，是在初步设计或扩大初步设计批准后，由总承包单位牵头，会同建设、设计和其他分包单位共同编制的。其是施工组织规划设计的进一步具体化的设计文件，也是单项（位）工程施工组织设计的编制依据。

（2）单项（位）工程施工组织设计。单项（位）工程施工组织设计是以一个单项或其中一个单位工程为对象编制的，用以指导其施工全过程各项施工活动的技术、经济、组织、协调和控制的综合性文件。其是在签订相应工程施工合同之后，在项目经理组织下，由项目工程师负责编制，是编制分部（项）工程施工组织设计的依据。

（3）分部分项工程施工组织设计。分部分项工程施工组织设计是以一个分部工程或其中一个分项工程为对象编制的，用以指导其各项作业活动的技术、经济、组织、协调和控制的综合性文件。其是在编制单项（位）工程施工组织设计的同时，由项目主管技术人员负责编制的，作为该项目专业工程具体实施的依据。

上述三类施工组织设计的编制对象、编制负责人和作用见表 1－1。

表1-1　三类施工组织设计的区别

施工组织设计种类	编制对象	编制时间	编制单位、人员	作用
施工组织总设计	建设项目或群体工程	初步设计或扩大初步设计被批准后	总承包单位的技术负责人	指导整个建设项目或建筑群施工，属于全局性、规划性的控制性的技术经济文件
单位工程施工组织设计	单位工程	施工图会审后	项目部技术负责人	指导单位工程施工，较为具体，属于实施指导型技术经济文件
分部(分项)工程施工组织设计(施工方案)	分部(分项)工程	单位工程施工组织设计编制后	项目部技术人员或分包方技术员	指导具体专业工程的作业，属于实施操作型的技术经济文件

四、施工组织设计的主要内容

因施工组织设计的编制对象范围不同，施工难易程度、施工单位组织管理水平不同，不同阶段编制的施工组织设计的作用也不同，施工组织设计的内容也不尽相同。但一般包括以下几个方面的主要内容。

(1) 工程概况

工程概况概要说明本工程性质、规模、建设地点、承建方式、建筑与结构特点、分期分批交付使用的期限、建设单位的要求和可提供的条件；本地区气候、地形、地质、水文和交通运输情况；施工力量、施工条件、资源供应情况等，并找出本工程的主要施工特点(难点)。

(2) 施工部署与施工方案选择

施工部署与施工方案选择依据工程概况及特点分析，依据施工合同、协议书或招标文件以及本施工企业对工程管理目标的要求，制定工期、质量、安全、文明施工、消防、环境保护等工程目标。根据工程需要设置项目管理组织机构，选择和配备项目管理人员，对主要管理人员的岗位职责做出规定。

结合可供投入的各项资源情况，全面部署施工任务，确定施工总顺序和流向；选择主要工种工程的施工方法和施工机械；确定各分部分项工程的施工顺序；对拟建工程可供选用的几种施工方案进行定性、定量的分析，以选出最佳施工方案。

(3) 施工进度计划

施工进度计划是施工方案在时间上的体现和安排。编制施工进度计划应采用先进的计划理论和方法(如流水施工、横道图、垂直图、网络图等)，合理确定施工顺序和各工序的作业时间，使工期、成本和资源的利用达到最佳结合状态，即资源均衡、工期合理、成本低廉。

(4) 施工准备工作计划

施工准备工作计划通过明确施工准备工作的内容、起止时间、具体负责人等，以保证施工准备工作按时、高效、全面地完成。

(5) 资源配置计划

资源配置计划包括劳动力、施工机械、运输设备、主要建筑材料、构件和半成品的需要量计划。

(6) 施工平面图

施工平面图设计的目的是解决施工现场平面和空间安排等问题，即把投入的各种资源(如材料、构件、机成、运输等)和生产、生活所需临建设施和场地，最佳地布置在施工现场，以保证整个现场有组织、有秩序、有计划地文明施工。

(7) 施工管理计划

根据施工合同和施工企业管理目标，确定组织施工的各项目标(工期、质量、成本、安全等)，并制订实施性控制方法和管理措施。

上述施工组织设计内容中，施工方案、施工进度计划和施工现场平面图三项内容最为关键。它们分别在技术组织、时间、空间三大方面对工程施工所涉及的各种资源进行了规划，被称为施工组织设计的“三要素”，简称“一案”“一图”“一表”。

五、施工组织设计的编制原则和依据

1. 施工组织设计的编制原则

施工组织设计的编制必须遵循工程建设程序，并应符合下列原则：

(1) 符合施工合同或招标文件中有关工程进度、质量、安全、环境保护、造价等方面的要求。

(2) 积极开发、使用新技术和新工艺，推广应用新材料和新设备。

(3) 坚持科学的施工程序和合理的施工顺序，采用流水施工和网络计划等方法，科学配置资源，合理布置现场，采取季节性施工措施，实现均衡施工，达到合理的经济技术指标。

(4) 采取技术和管理措施，推广建筑节能和绿色施工。

(5) 与质量、环境和职业健康安全三个管理体系有效结合。

2. 施工组织设计的编制依据

(1) 与工程建设有关的法律、法规和文件。

(2) 国家现行有关标准和技术经济指标。

(3) 工程所在地区行政主管部门的批准文件，建设单位对施工的要求。

(4) 工程施工合同或招标投标文件。

(5) 工程设计文件。

(6) 工程施工范围内的现场条件，工程地质及水文地质、气象等自然条件。

(7) 与工程有关的资源供应情况。

(8) 施工企业的生产能力、机具设备状况、技术水平等。

编制单位工程施工组织设计的班组除依据上述资料外，还要依据施工组织总设计及类似工程的资料等。

六、施工组织设计的编制步骤

(1) 计算工程量

通常可以利用工程预算中的工程量。工程量计算准确，才能保证劳动力和资源需用量的正确计算和分层分段流水作业的合理组织，故工程量必须根据图纸和较为准确的定额资料进行计算。如工程的分层分段按流水作业方法施工时，工程量也应相应地分层分段计算。同时，许多工程量在确定了方法以后可能还需修改，如土方工程的施工由利用挡土板改为放坡以后，土方工程量即相应增加,而支撑工料则将全部取消。这种修改可在施工方法确定后一次进行。

(2) 确定施工方案

如果施工组织总设计已有原则规定,则该项工作的任务就是进一步具体化,否则应加以全面考虑。需要特别加以研究的是主要分部分项工程的施工方法和施工机械的选择,因为它们对整个单位工程的施工具有决定性的作用。具体施工顺序的安排和流水段的划分,也是需要考虑的重点。与此同时,还要很好地研究和决定保证质量、安全和缩短技术性中断的各种技术组织措施。这些都是单位工程施工中的关键,对施工能否做到好、快、省和安全有重大的影响。

(3) 组织流水作业,排定施工进度

根据流水作业的基本原理,按照工期要求、工作面的情况、工程结构对分层分段的影响以及其他因素,组织流水作业,决定劳动力和机械的具体需要量以及各工序的作业时间,编制网络计划,并按工作日安排施工进度。

(4) 计算各种资源的需要量并确定供应计划

依据采用的劳动定额和工程量及进度可以确定劳动量(以工日为单位)和每日的工人需要量。依据有关定额和工程量及进度,就可以计算确定材料和加工预制品的主要种类和数量及其供应计划。

(5) 平衡人工、材料物资和施工机械的需要量并修正进度计划

根据对人工和材料物资需要量的计算就可绘制出相应的曲线以检查其平衡状况。如果发现有过大的高峰或低谷,即应将进度计划做适当的调整与修改,使其尽可能趋于平衡,以使人工的利用和物资的供应更为合理。

(6) 设计施工平面图,使生产要素在空间上的位置合理、互不干扰,加快施工进度。

【情境解决】

情境一

三边工程是违背工程建设基本程序的,在施工过程中的不可预见性、随意性较大,工程质量和安全隐患比较突出,工期不能按计划保证。工程竣工后的运行管理成本较高。

情境二

1. 必须招标的项目,必须按建设项目程序完成招投标后才能进行施工。

2. 即使进行了形式上的招投标,合同仍然无效,主要有以下两点理由:

(1) 招投标是必须招投标项目合同效力的前提

对于必须招投标的项目,招投标是签订施工合同的前提,只有符合法律规定的中标才会形成合法的建设工程施工合同。而当事人先达成约定并施工,之后才在形式上招投标的,顺序上来看就不可能形成有效合同。

(2) 形式上的招投标不具有法律效力

当事人为办理手续等目的,进行形式上招投标的,违反了《招标投标法》保护公共利益与安全的目的,以及公开、公平的原则。因此形式上的招投标不属于有效的招投标活动,不能因此而获得有效的合同。

思考与练习

一、单项选择题

1. 下列建筑中，可以作为一个建设项目的是（　　）。

A. 一个工厂　　B. 学校的教学楼

C. 医院的门诊楼　　D. 装修工程

2. 下列属于分部工程的是（　　）。

A. 办公楼　　B. 住宅　　C. 混凝土垫层　　D. 屋面工程

3. 以一个施工项目为编制对象，用以指导整个施工项目全过程的各项施工活动的技术、经济和组织的综合性文件叫（　　）。

A. 施工组织总设计　　B. 单位工程施工组织设计

C. 分部分项工程施工组织设计　　D. 专项施工组织设计

4. 建筑装饰装修工程属于（　　）。

A. 单位工程　　B. 分部工程　　C. 分项工程　　D. 检验批

5. （　　）是施工组织设计的核心，将直接关系到施工过程的施工效率、质量、工期、安全和技术经济效果。

A. 施工顺序　　B. 施工方案　　C. 施工设备　　D. 施工工艺

6. 某一建设项目的决策以该项目的（　　）被批准为标准。

A. 设计任务书　　B. 项目建议书　　C. 可行性研究报告　D. 初步设计

7. 在同一个建设项目中，下列关系正确的是（　　）。

A. 建设项目≥单项工程＞单位工程＞分部工程＞分项工程

B. 建设项目＞单位工程＞检验批＞分项工程

C. 单项工程≥单位工程＞分部工程＞分项工程

D. 单项工程＞单位工程≥分部工程＞分项工程＞检验批

8. 标前施工组织设计追求的主要目标是（　　）。

A. 施工效率和效益　　B. 中标和经济效益

C. 履行合同义务　　D. 施工效率和合同义务

9. 以一个建筑物或构筑物为对象而进行的各项施工准备，称作（　　）。

A. 全场性施工准备　　B. 单位工程施工准备

C. 分部工程作业条件准备　　D. 施工总准备

10. 现场生活和生产用的临时设施，应按（　　）要求进行搭设。

A. 施工组织设计　B. 施工图纸　　C. 施工现场　　D. 安全文明

二、多项选择题

1. 建筑产品的特点有（　　）。

A. 固定性　　B. 流动性　　C. 多样性　　D. 高成本性

E. 单件性

2. 施工组织设计根据编制对象范围的不同可分为（　　）。

A. 施工组织总设计　　B. 单位工程施工组织设计

C. 分部分项工程施工组织设计　　　　D. 标前设计

E. 标后设计

3. 施工组织设计根据设计阶段的不同可分为(　　)。

A. 施工组织总设计　　　　B. 单位工程施工组织设计

C. 分部分项工程施工组织设计　　　　D. 标前设计

E. 标后设计

4. 编制施工组织设计的依据包括(　　)。

A. 工程设计文件　　　　B. 项目建议书

C. 建设单位的意图和要求　　　　D. 有关定额

E. 标准、规范和法律

三、简答题

1. 什么是基本建设？基本建设工作包括哪几个方面的内容？
2. 什么叫基本建设项目？一个建设项目由哪些内容组成？
3. 建筑施工程序可划分为哪几个步骤？
4. 试述建筑产品及其施工的特点。
5. 建筑施工组织设计的作用有哪些？如何分类？
6. 建筑施工组织设计的编制原则与依据各有哪些？

四、案例分析

甲施工企业作为总承包商，承接了一写字楼工程，该工程为相邻的两栋钢筋混凝土框架——剪力墙结构的高层建筑。两栋楼地下部分及首层相连，中间设有后浇带，两层以上分为A座、B座两栋独立建筑。乙施工企业承接了A座的土建工程。丙施工企业分包了A座、B座的桩基础施工。

问题：这三家企业施工组织的对象有什么区别(范围和复杂程度是否一致)？三家企业针对各自的承包任务，应该在施工前编制什么文件来指导施工？这些文件的编制负责人是谁？

答案扫一扫

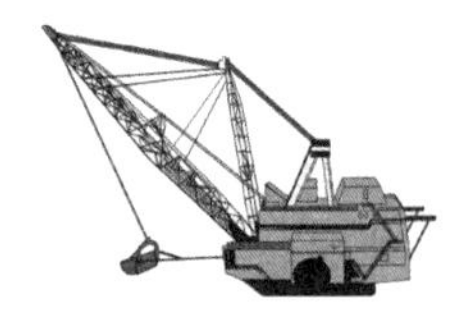

情境二 施工准备工作

微课

施工准备工作

知识目标

1. 了解施工准备工作的意义、分类、要求及其与施工组织之间的关系。
2. 理解并掌握各项施工准备工作的内容。

能力目标

能够根据施工准备工作的内容和要求编写工程施工准备工作计划。

素养目标

1. 培养学生在工作中认真严谨的作风。
2. 分组协作，提高团队合作能力。

【情境导入】

根据恒金能际动力能源互联网项目条件和特点(扫码获取项目详细资料)，编制施工准备工作计划。

项目详细资料

(一) 项目建筑概况

本工程为恒金能际动力能源互联网项目(一期)。总建筑面积：130 798平方米(其中地上130 560平方米，地下238平方米)。设计使用年限为50年，抗震设防烈度6度。地上建筑耐火等级为二级，屋面防水等级为二级；建筑安全等级为二级。

(二) 项目结构概况

钢筋混凝土框架结构，使用年限为50年，抗震设防烈度6度。

任务1 概　述

施工准备工作，是建筑施工管理的一个重要组成部分，是组织施工的前提，是顺利完成建筑工程任务的关键。按施工对象的规模和阶段，可分为全场性和单位工程的施工准备。

全场性施工准备指的是大、中型工业建设项目、大型公共建筑或民用建筑群等带有全局性的部署，包括技术、组织、物资、劳力和现场准备，是各项准备工作的基础。单位工程施工准备是全场性施工准备的继续和具体化，要求做得细致，预见到施工中可能出现的各种问题，能确保单位工程均衡、连续和科学合理地施工。

一、施工准备工作的意义

施工准备工作是为了保证工程顺利开工和施工顺利进行而必须事先做好的各项工作，是建筑工程施工组织和管理的重要内容。施工准备是施工程序中的重要环节，不仅存在于工程开工之前，而且贯穿施工的全过程。认真细致地做好施工准备工作，对于充分发挥人的积极因素，合理组织人力、物力，加快施工进度，提高工程质量，降低工程成本都有着十分重要的作用。具体有以下几个方面。

1. 施工准备是建筑施工程序的重要阶段

现代建筑工程施工是十分复杂的生产活动，不仅要耗费大量的人力、物力、财力，还会遇到各种复杂的技术问题、协作配合等问题。对于这样复杂而庞大的工程而言，只有充分做好施工准备工作，才可以为拟建工程的施工创造必要的技术和物资条件，为工程顺利开工和顺利进行提供全面保障。

2. 做好施工准备工作能降低施工风险

由于建筑产品及其生产的特点，其生产过程即施工受自然因素及外界其他各种因素的干扰较大，因而施工中的风险也较多。只有通过周密细致地分析，做好充分的施工准备，采取有效的风险防范控制措施，才能增强应变能力，取得施工主动权，降低施工的风险和损失。

3. 做好施工准备工作能降低工程成本，提高企业经济效益

做好施工准备工作，能合理调度资源，加快施工进度，提高工程质量，降低工程成本，提高企业经济效益。

4. 施工准备工作是建筑施工企业生产经营管理的重要组成部分

现代企业的管理重点是生产经营，生产经营的核心是决策。施工准备工作作为生产经营管理的重要组成部分，主要根据拟建工程的施工目标，对其资源供应、施工方案、施工现场空间布置和进度安排等方面进行选择和决策，有利于企业进行目标管理，推行技术经济责任制。

二、施工准备工作的分类

1. 按工程项目施工准备工作的范围分类

施工准备工作按施工项目准备工作的范围不同一般可分为全场性施工准备，单位工程施工条件准备和分部分项工程作业条件准备三种。

（1）全场性施工准备：它是以一个建筑工地为对象而进行的各项施工准备。其特点是它的施工准备工作的目的、内容都是为全场性施工服务的，它不仅要为全场性的施工活动创造有利条件，而且要兼顾单位工程施工条件的准备。

（2）单位工程施工条件准备：它是以一个建筑物或构筑物为对象而进行的施工条件准备工作。其特点是它的准备工作的目的、内容都是为单位工程施工服务的，它不仅为该单位工程在开工前做好一切准备，而且要为分部分项工程做好施工准备工作。

(3) 分部分项工程作业条件的准备:它是以一个分部分项工程或冬雨季施工为对象而进行的作业条件准备。

2. 按拟建工程所处的施工阶段的不同分类

施工准备工作按拟建工程所处的施工阶段的不同一般可分为开工前的施工准备和各施工阶段前的施工准备等两种。

(1) 开工前的施工准备:它是在拟建工程正式开工之前所进行的一切施工准备工作。其目的是为拟建工程正式开工创造必要的施工条件。它既可能是全场性的施工准备,又可能是单位工程施工条件的准备。

(2) 各施工阶段前的施工准备:它是在拟建工程开工之后,每个施工阶段正式开工之前所进行的一切施工准备工作。其目的是为施工阶段正式开工创造必要的施工条件。如混合结构的民用住宅的施工,一般可分为地下工程、主体工程、装饰工程和屋面工程等施工阶段,每个施工阶段的施工内容不同,所需要的技术条件、物资条件、组织要求和现场布置等方面也不同,因此在每个施工阶段开工之前,都必须做好相应的施工准备工作。

综上可以看出:不仅在拟建工程开工之前要做好施工准备工作,而且随着工程施工的进展,在各施工阶段开工之前也要做好施工准备工作。施工准备工作既要有阶段性,又要有连贯性,因此施工准备工作必须有计划、有步骤、分期地和分阶段地进行,要贯穿拟建工程整个生产过程的始终。

3. 按工程项目施工准备工作的内容分类

施工准备工作按其工作性质和内容不同,通常分为劳动组织准备、施工技术准备、施工物资准备、施工现场准备、季节性施工准备。

三、施工准备工作的内容

由于工程项目范围和复杂程度不同,施工企业技术水平和管理能力不同,工程本身特点和施工条件的差异等,使得施工准备工作的内容不尽相同,但一般至少要包括五个方面的内容:有劳动组织准备、施工技术准备、施工物资准备、施工现场准备、季节性施工准备。

施工准备工作各项具体内容的准备方法及要求详见任务 2 至任务 6。

四、施工准备工作的要求

1. 施工准备工作应分阶段、有组织、有计划、有步骤地进行

施工准备工作不仅要在开工前集中进行,而且应贯穿于整个施工过程中。随着工程施工的不断进展,施工准备工作可按工程的具体情况划分为开工前、地基与基础、主体结构、屋面和装修工程等时间区段,分期、分阶段地做好各项施工准备工作,可为顺利进行下一阶段的施工创造条件。

为了加强监督检查,落实各项施工准备工作,施工现场应建立施工准备工作的组织机构,明确相关管理人员的职责,并根据各项施工准备工作的内容、时间和人员要求编制出施工准备工作计划。

2. 施工准备工作应建立严格的保证措施

(1) 建立严格的施工准备工作责任制。由于施工准备工作项目多、范围广、时间跨度长,因此必须建立严格的责任制,按计划将责任落实到有关部门及个人,明确各级技术负责

人在施工准备工作中应负的责任，使各级技术负责人认真做好施工准备工作。

（2）建立施工准备工作检查制度。在施工准备工作实施过程中，应定期进行检查。目的在于发现薄弱环节、不断改进工作。施工准备工作检查的主要内容是施工准备工作计划的执行情况。如果没有完成计划的要求，应进行分析，找出原因，排除障碍，协调工准备工作进度或调整施工准备工作计划。检查的方法可采用实际与计划对比法，检查施工准备工作情况，当场分析产生问题的原因，提出解决问题的方法。

（3）坚持按基本建设程序办事，严格执行开工报告和审批制度。依据《建设工程监理规范》(GB 50319—2013)的有关要求，工程项目开工前，施工准备工作情况达到开工条件要求时，施工单位应向监理单位报送工程开工报审表及开工报告、证明文件等，同意后，由总监理工程师签发，并报建设单位后，在规定时间内开工。施工准备工作满足下列条件时方可开工：

① 征地拆迁工作能满足工程进度的需要。

② 施工许可证已获政府主管部门批准。

③ 施工组织设计已获总监理工程师批准。

④ 施工单位现场管理人员已到位，机具、施工人员进场，主要工程材料已落实。

⑤ 进场道路及水、电、通信等已满足开工要求。

3. 施工准备工作应处理好各方面的关系

由于施工准备工作涉及范围广，因此除了施工单位自身努力做好外，还要取得建设单位、监理单位、设计单位、供应单位、行政主管部门、交通运输部门等的协作及相关单位的大力支持，做到步调一致，分工负责，共同做好施工准备工作。为此要处理好以下几个方面的关系。

（1）前期准备与后期准备相结合。由于施工准备工作周期长，有一些是开工前做的，有一些是在开工后交叉进行的，因此，既要立足于前期准备工作，又要着眼于后期的准备工作。要统筹安排好前、后期的施工准备工作，把握时机，及时做好前期的施工准备工作，同时规划好后期的施工准备工作。

（2）土建工程与安装工程相结合。土建施工单位在拟订出施工准备工作计划后，要及时与其他专业工程以及供应部门相结合，研究总包与分包之间综合施工、协作配合的关系，然后各自进行施工准备工作，相互提供施工条件，有问题及早提出，以便采取有效措施，促进各方面准备工作的进行。

（3）室内准备与室外准备相结合。室内准备主要指内业的技术资料准备工作（如熟悉图纸、编制施工组织设计等）；室外准备主要指调查研究、收集资料和施工现场准备、物资准备等外业工作。室内准备对室外准备起着指导作用，而室外准备则是室内准备的具体落实；室内准备工作与室外准备工作要协调一致。

（4）建设单位准备与施工单位准备相结合。为保证施工准备工作顺利全面地完成，不出现漏洞或职责推脱的情况，应明确划分建设单位和施工单位准备工作的范围及职责，并在实施过程中相互沟通、相互配合，保证施工准备工作的顺利完成。

五、施工组织设计与施工准备工作的关系

（1）为保证工程顺利开工和顺利施工，必须要做好施工准备工作，编制施工组织设计是施工准备工作的重要内容（编制施工组织设计是施工准备工作中技术资料准备的内容之一）。

（2）为保证全面、高效地做好施工准备工作，施工准备工作必须要有组织、有计划、分阶段地进行，所以需编制施工准备工作计划，并将施工准备工作计划列入施工组织设计的内容之一。

（3）施工组织设计和施工准备工作是互相包含的关系：施工组织设计是施工准备工作的重要内容，施工组织设计作为指导施工全过程的综合性文件，内容中包含施工准备工作计划，对施工准备工作的实施起着指导作用。

任务2 劳动组织准备

劳动组织准备包括建立工程项目管理组织机构、合理设置施工班组、集结施工力工组织劳动力进场、施工组织设计、施工计划和施工技术的交底、建立健全各项管理制度。

1. 建立工程项目管理组织机构

确定组织机构应遵循的原则是：根据工程项目的规模、结构特点和复杂程度来决定机构中各职能部门的设置，人员的配备应力求精干，以适应任务的需要。坚持合理分工与密切协作相结合，使之便于指挥和管理，分工明确，责权具体。

2. 合理设置施工班组

施工班组的建立要认真考虑专业、工种的合理配合，技工、普工的比例要满足合理的劳动组织，要符合流水施工组织方式的要求，建立施工队组（专业施工队组或混合施工队组）要坚持合理、精干、高效的原则；人员配置要从严控制二、三线管理人员，力求一专多能、一人多职，同时制订出该工程的劳动力需要量计划。

3. 集结施工队，组织劳动力进场

工程项目管理组织机构确定之后，按照开工日期和劳动力需要量计划，组织劳动力进场。进场后应对工人进行技术、安全操作规程以及消防、文明施工等方面的培训教育，并安排好职工的生活。

4. 施工组织设计、施工计划和施工技术的交底

在单位工程或分部分项工程开工之前，应将工程的设计内容、施工组织设计、施工计划和施工技术等要求，详尽地向施工班组和工人进行交底，以保证工程能严格按照设计图纸、施工组织设计、施工技术规范、安全操作规程和施工验收规范等要求进行施工。交底工作应按照管理系统自上而下逐级进行，交底的方式有书面、口头和现场示范等形式。

交底的内容主要有：工程的施工进度计划、月（旬）作业计划；施工组织设计，尤其是施工工艺、安全技术措施、降低成本措施和施工验收规范的要求；新技术、新材料、新结构和新工艺的实施方案和保证措施；有关部位的设计变更和技术核定等事项。

5. 建立健全各项管理制度

工地的各项管理制度是否建立、健全，直接影响其各项施工活动的顺利进行，为此，必须建立、健全工地的各项管理制度。工地各项管理制度一般包括：技术质量责任制度、工程技术档案管理制度、施工图纸学习与会审制度、技术交底制度、各部门及各级人员的岗位责任制、职工考勤、考核制度、工程材料和构件的检查验收制度、工程质量检查与验收制度、材料出入库制度、安全操作制度、机具使用保养制度等。

任务 3　施工技术准备

技术资料准备工作是施工准备工作的核心，对于指导现场施工准备工作、保证建筑产品质量、加快工程进度、实现安全生产、提高企业效益具有十分重要的意义。任何技术差错和隐患都可能引起人身安全和质量事故，造成生命财产和经济的巨大损失，因此必须认真做好技术资料准备工作，不得有半点马虎。施工技术准备主要包括熟悉、审查施工图纸和有关的设计资料；原始资料的调查分析；编制施工图预算和施工预算；编制施工组织设计。

一、熟悉、审查施工图纸和有关的设计资料

1. 熟悉、审查施工图纸的依据

(1) 建设单位和设计单位提供的初步设计或扩大初步设计(技术设计)、施工图设计、建筑总平面、土方竖向设计和城市规划等资料文件；

(2) 调查、搜集的原始资料；

(3) 设计、施工验收规范和有关技术规定。

2. 熟悉、审查设计图纸的目的

(1) 为了能够按照设计图纸的要求顺利地进行施工，生产出符合设计要求的最终建筑产品(建筑物或构筑物)；

(2) 为了能够在拟建工程开工之前，便从事建筑施工技术和经营管理的工程技术人员充分地了解和掌握设计图纸的设计意图、结构与构造特点和技术要求；

(3) 通过审查发现设计图纸中存在的问题和错误，使其改正在施工开始之前，为拟建工程的施工提供一份准确、齐全的设计图纸。

3. 熟悉、审查设计图纸的内容

(1) 审查拟建工程的地点、建筑总平面图同国家、城市或地区规划是否一致，以及建筑物或构筑物的设计功能和使用要求是否符合卫生、防火及美化城市方面的要求；

(2) 审查设计图纸是否完整、齐全，以及设计图纸和资料是否符合国家有关工程建设的设计、施工方面的方针和政策；

(3) 审查设计图纸与说明书在内容上是否一致，以及设计图纸与其各组成部分之间有无矛盾和错误；

(4) 审查建筑总平面图与其他结构图在几何尺寸、坐标、标高、说明等方面是否一致，技术要求是否正确；

(5) 审查工业项目的生产工艺流程和技术要求，掌握配套投产的先后次序和相互关系，以及设备安装图纸与其相配合的装饰施工图纸在坐标、标高上是否一致，掌握装饰施工质量是否满足设备安装的要求；

(6) 审查地基处理与基础设计同拟建工程地点的工程水文、地质等条件是否一致，以及建筑物或构筑物与地下建筑物或构筑物、管线之间的关系；

(7) 明确拟建工程的结构形式和特点，复核主要承重结构的强度、刚度和稳定性是否满足要求，审查设计图纸中的工程复杂、施工难度大和技术要求高的分部分项工程或新结构、

新材料、新工艺，检查现有施工技术水平和管理水平能否满足工期和质量要求并采取可行的技术措施加以保证；

(8) 明确建设期限、分期分批投产或交付使用的顺序和时间，以及工程所用的主要材料、设备的数量、规格、来源和供货日期；明确建设、设计和施工等单位之间的协作、配合关系，以及建设单位可以提供的施工条件。

4. 熟悉、审查设计图纸的程序

熟悉、审查设计图纸的程序通常分为自审阶段、会审阶段和现场签证等三个阶段。

(1) 熟悉图纸阶段

搞好图纸审查工作，首先要求参加审查的人员应熟悉图纸。各专业技术人员在领到施工图后，必须先认真、全面地了解图纸，要清楚设计图及技术标准的规定要求，要熟悉工艺流程和结构特点等重要环节，必要时还要到现场进行详细的调查。

施工项目经理部组织有关工程技术人员熟悉图纸，了解设计意图与建设单位要求及施工应达到的技术标准。熟悉图纸的要求有以下几点：

① 先粗后细。就是先看平面图、立面图、剖面图，对整个工程的概貌有一个了解，对总的长、宽尺寸，轴线尺寸，标高，层高，总高有一个大体的印象；然后看细部做法，核对总尺寸与细部尺寸、位置、标高是否相符，门窗表中的门窗型号、规格、形状、数量是否与结构相符等。

② 先小后大。就是先看小样图，后看大样图。核对在平面图、立面图、剖面图中标注的细部做法与大样图的做法是否相符；所采用的标准构件图集编号、类型、型号与设计图纸有无矛盾，索引符号有无漏标之处，大样图是否齐全等。

③ 先建筑后结构。就是先看建筑图，后看结构图。把建筑图与结构图互相对照，核对其轴线尺寸、标高是否相符，有无矛盾，查对有无遗漏尺寸，有无构造不合理之处。

④ 先一般后特殊。就是先看一般的部位和要求，后看特殊的部位和要求。特殊部位一般包括地基处理方法，变形缝的设置，防水处理要求和抗震、防火、保温、隔热、防尘、特殊装修等技术要求。

⑤ 图纸与说明结合。就是要在看图时对照设计总说明和图中的细部说明，核对图纸和说明有无矛盾，规定是否明确，要求是否可行，做法是否合理等。

⑥ 土建与安装结合。就是看土建图时，有针对性地看一些安装图，核对与土建有关的安装图有无矛盾，预埋件、预留洞、槽的位置、尺寸是否一致，了解安装对土建的要求，以便考虑在施工中的协作配合。

⑦ 图纸要求与实际情况结合。就是核对图纸有无不符合施工实际之处，如建筑物相对位置、场地标高、地质情况等是否与设计图纸相符；对一些特殊的施工工艺，施工单位能否做到等。

(2) 图纸自审阶段

在熟悉施工图纸后，项目经理部还应组织各工种人员对本工种的有关图纸进行审查，掌握和了解图纸中的细节；在此基础上，由总承包单位内部的土建与水、暖、电等专业人员共同核对图纸；最后，总承包单位与分包单位在各自审查图纸的基础上，共同核对图纸中的差错，协商施工配合事项，并写出图纸自审记录，自审图纸的记录应包括对设计图纸的疑问和对设计图纸的有关建议。图纸自审应注意一下几个方面内容：

① 审查拟建工程的地点、建筑总平面图同国家、城市或地区规划是否一致，以及建筑物

或构筑物的设计功能和使用要求是否符合环卫、防火及美化城市方面的要求。

② 审查设计图纸是否完整、齐全及设计图纸和资料是否符合国家有关技术规范要求。

③ 审查建筑、结构、设备安装图纸是否相符，有无“错、漏、碰、缺”；内部结构和工艺设备有无矛盾。

④ 审查地基处理与基础设计同拟建工程地点的工程地质和水文地质等条件是否一致，以及建筑物或构筑物与原地下构筑物及管线之间有无矛盾；深基础的防水方案是否可靠；材料设备能否解决。

⑤ 明确拟建工程的结构形式和特点，复核主要承重结构的承载力、刚度和稳定性是否满足要求，审查设计图纸中的形体复杂、施工难度大和技术要求高的分部（分项）工程或新结构、新材料、新工艺，在施工技术和管理水平上能否满足质量和工期要求，选用的材料、构配件、设备等能否解决。

⑥ 明确建设期限，分期分批投产或交付使用的顺序和时间，以及工程所用的主要材料、设备的数量、规格、来源和供货日期。

⑦ 明确建设、设计和施工等单位之间的协作、配合关系，以及建设单位可以提供的施工条件。

⑧ 审查设计是否考虑了施工的需要，各种结构的承载力、刚度和稳定性是否满足设置内爬、附着、固定式塔式起重机等使用的要求。

（3）设计图纸的会审阶段

图纸会审会一般由建设单位主持，由设计单位和施工单位参加，三方进行设计图纸的会审。图纸会审时，首先由设计单位的工程主设人向与会者说明拟建工程的设计依据、意图和功能要求，并对特殊结构、新材料、新工艺和新技术提出设计要求；然后施工单位根据自审记录以及对设计意图的了解，提出对设计图纸的疑问和建议；最后在统一认识的基础上，对所探讨的问题逐一地做好记录，形成“图纸会审纪要”，由建设单位正式行文，参加单位共同会签、盖章，作为与设计文件同时使用的技术文件和指导施工的依据，以及建设单位与施工单位进行工程结算的依据。图纸会审应注意以下几个方面：

① 施工图纸的设计是否符合国家有关技术规范。

② 图纸及设计说明是否完整、齐全、清楚；图中的尺寸、坐标、轴线、标高、各种管线和道路的交叉连接点是否准确；一套图纸的前、后各图纸及建筑和结构施工图是否吻合一致，有无矛盾；地下和地上的设计是否有矛盾。

③ 施工单位的技术装备条件能否满足工程设计的有关技术要求；采用新结构、新工艺、新技术工程的工艺设计及使用功能要求对土建施工，设备安装，管道、动力、电气安装采取特殊技术措施时，施工单位在技术上有无困难，是否能确保施工质量和施工安全。

④ 设计中所选用的各种材料、配件、构件（包括特殊的、新型的），在组织生产供应时，其品种、规格、性能、质量、数量等方面能否满足设计规定的要求。

⑤ 对设计中不明确或有疑问处，请设计人员解释清楚。

⑥ 指出图纸中的其他问题，并提出合理化建议。

图纸会审应有记录，并由参加会审的各单位会签。对会审中提出的问题，必要时，设计单位应提供补充图纸或变更设计通知单，连同会审记录分送给有关单位。这些技术资料应视为施工图的组成部分并与施工图一起归档。

(4) 设计图纸的现场签证阶段

在拟建工程施工的过程中,如果发现施工的条件与设计图纸的条件不符,或者发现图纸中仍然有错误,或者因为材料的规格、质量不能满足设计要求,或者因为施工单位提出了合理化建议,需要对设计图纸进行及时修订时,应遵循技术核定和设计变更的签证制度,进行图纸的施工现场签证。如果设计变更的内容对拟建工程的规模、投资影响较大时,要报请项目的原批准单位批准。在施工现场的图纸修改、技术核定和设计变更资料,都要有正式的文字记录,归入拟建工程施工档案,作为指导施工、竣工验收和工程结算的依据。

二、原始资料的调查分析

为了做好施工准备工作,除了要掌握有关拟建工程的书面资料外,还应该进行拟建工程的实地勘测和调查,获得有关数据的第一手资料,这对于拟定一个先进合理、切合实际的施工组织设计是非常必要的,因此应该做好以下几个方面的调查分析:

1. 自然条件的调查分析

建设地区自然条件的调查分析的主要内容有地区水准点和绝对标高等情况;地质构造、土的性质和类别、地基土的承载力、地震级别和裂度等情况河流流量和水质、最高洪水和枯水期的水位等情况;地下水位的高低变化情况,含水层的厚度、流向、流量和水质等情况;气温、雨、雪、风和雷电等情况;土的冻结深度和冬雨季的期限等情况。

2. 技术经济条件的调查分析

建设地区技术经济条件的调查分析的主要内容有:地方建筑施工企业的状况、施工现场的动迁状况;当地可利用的地方材料状况和材料供应状况;地方能源和交通运输状况;地方劳动力和技术水平状况;当地生活供应、教育和医疗卫生状况;当地消防、治安状况和参加施工单位的力量状况。

三、编制施工图预算和施工预算

1. 编制施工图预算

施工图预算是技术准备工作的主要组成部分之一,这是按照施工图确定的工程量、施工组织设计所拟定的施工方法、建筑工程预算定额及其取费标准,由施工单位编制的确定建筑安装工程造价的经济文件,它是施工企业签订工程承包合同、工程结算、建设银行拨付工程价款、进行成本核算、加强经营管理等方面工作的重要依据。预算定额的水平是平均水平。

2. 编制施工预算

施工预算是根据施工合同价款、施工图纸、施工组织设计或施工方案、施工定额等文件进行编制的,它直接受施工合同中合同价款的控制。它是施工企业内部控制各项成本支出、考核用工、"两算"对比、签发施工任务单、限额领料、基层进行经济核算的依据。在施工过程中,要按施工预算严格控制各项指标,以促进降低工程成本和提高施工管理水平。施工预算的编制依据是施工定额,施工定额的水平是平均先进水平。

四、编制施工组织设计

建筑施工生产活动的全过程是非常复杂的物质财富再创造的过程,为了正确处理人与物、主体与辅助、工艺与设备、专业与协作、供应与消耗、生产与储存、使用与维修以及它们在空间布置、时间排列之间的关系，施工总承包单位承接施工任务后，便要着手开始编制施工组织设计，它是施工准备工作的重要组成部分，也是指导施工现场全部生产活动的技术经济文件。施工组织设计的编制应结合所收集的原始资料、施工图纸和施工图预算等相关信息，综合拟建工程的规模、结构特点和各参建单位的具体要求，制定出一份能切实指导该工程全部施工活动的科学方案，以保证工程施工好、快、省并且安全、顺利地完成。

施工单位须在开工前完成施工组织设计的编制与自审工作，并填写施工组织设计报审表，报送项目监理机构。总监理工程师应在约定的时间内，组织专业监理工程师审查，提出审查意见后，由总监理工程师审定批准，需要施工单位修改时，由总监理工程师签发书面意见，退回施工单位修改后再报审，总监理工程师应重新审定，已审定的施工组织设计由项目监理机构报送建设单位。施工单位应按审定的施工组织设计文件组织施工。

任务4　施工物资准备

物资准备工作的程序是搞好物资准备的重要手段。通常按如下程序进行：

首先根据施工预算、分部（项）工程施工方法和施工进度的安排，拟定国拨材料、统配材料、地方材料、构（配）件及制品、施工机具和工艺设备等物资的需要量计划；接着根据各种物资需要量计划，组织货源，确定加工、供应地点和供应方式，签订物资供应合同；再根据各种物资的需要量计划和合同，拟运输计划和运输方案；最后按照施工总平面图的要求，组织物资按计划时间进场，在指定地点，按规定方式进行储存或堆放。

物资准备工作主要包括建筑材料的准备；构（配）件和制品的加工准备；建筑安装机具的准备和生产工艺设备的准备。

1. 建筑材料的准备

建筑材料的准备主要是根据施工预算进行分析，按照施工进度计划要求，按材料名称、规格、使用时间、材料储备定额和消耗定额进行汇总，编制出材料需要量计划，为组织备料、确定仓库、场地堆放所需的面积和组织运输等提供依据。

2. 构(配)件、制品的加工准备

根据施工预算提供的构(配)件、制品的名称、规格、质量和消耗量，确定加工方案和供应渠道以及进场后的储存地点和方式，编制出其需要量计划，为组织运输、确定堆场面积等提供依据。

3. 建筑安装机具的准备

根据采用的施工方案，安排施工进度，确定施工机械的类型、数量和进场时确定施工机具的供应办法和进场后的存放地点和方式，编制建筑安装机具的需要量计划，为组织运输，确定堆场面积等提供依据。

4. 生产工艺设备的准备

按照拟建工程生产工艺流程及工艺设备的布置图，提出工艺设备的名称、型号、生产能力和需要量，确定分期分批进场时间和保管方式，编制工艺设备需要量计划，为组织运输，确定堆场面积提供依据。

任务5 施工现场准备

施工现场的准备工作给施工项目创造有利的施工条件，也是保证工程按施工组织设计的要求和安排顺利进行的有力保障。施工现场的准备工作主要包括消除障碍物、施工现场“三通一平”、临时设施搭设和施工现场测量控制网等。

一、消除障碍物

清除障碍物一般由建设单位完成，但有时也委托施工单位完成。清除时，一定要了解现场实际情况，原有建筑物情况复杂、原始资料不全时，应采取相应措施，防止发生事故。

对于原有电力、通信、给排水、煤气、供热网、树木等的拆除和清理，要与有关部门联系并办好手续后方可进行，一般由专业公司来处理。房屋只有在水、电、气切断后才能进行拆除。

二、施工现场“三通一平”

在建筑工程的用地范围内，平整施工场地，接通施工用水、用电和道路，这项工作简称为“三通一平”。如果工程的规模较大，这一工作可分阶段进行，保证在第一期开工的工程用地范围内先完成，再依次进行其他的。除了以上“三通”外，有些项目在开发建设中，还要求有“热通”（供蒸汽）、“气通”（供煤气）、“话通”（通电话）、“通排污”等。

1. 平整施工场地

施工现场的平整工作是按建筑总平面图进行的。首先通过测量，计算出挖土及填土的数量，设计土方调配方案，组织人力或机械进行平整工作。如拟建场地内有旧建筑物，则须拆迁房屋，同时要清理地面上的各种障碍物，如树根、废基等。除此之外，还要特别注意地下管道、电缆等情况，对其采取可靠的拆除或保护措施。

2. 修通道路

施工现场的道路是组织大量物资进场的运输动脉。为了保证建筑材料、机械、设备和构件早日进场，必须先修通主要干道及必要的临时性道路。为了节省工程费用，应尽可能利用已有的道路或结合正式工程的永久性道路。为防止施工时损坏路面并加快修路速度，可以先做路基，施工完毕后再做路面。

3. 水通

施工现场的水通包括给水和排水两个方面。施工用水包括生产与生活用水，其布置应按施工总平面图的规划进行安排。施工给水设施应尽量利用永久性给水线路。临时管线的铺设，既要满足生产用水点的需要和使用方便，又要尽量缩短管线。施工现场的排水也是十分重要的，尤其在雨期。排水有问题，会影响运输和施工的顺利进行，因此，要做好有组织的排水工作。

4. 电通

施工现场的电通是根据各种施工机械用电量及照明用电量，计算选择配电变压器，并与供电部门联系，按施工组织设计的要求，架设好连接电力干线的工地内外临时供电线路及通信线路。应注意对建筑红线内及现场周围不准拆迁的电线、电缆，加以妥善保护。此外，还应考虑到因供电系统供电不足或不能供电时，为满足施工工地的连续供电要求，适当准备备用发电机。

三、临时设施搭设

为了施工方便和安全，对于指定的施工用地的周界，应用围栏围挡起来，围挡的形式和材料应符合所在地部门管理的有关规定和要求。在主要出入口处设置标牌，标明工程名称、施工单位、工地负责人等。各种生产、生活必须用的临时设施，包括各种仓库、混凝土搅拌站、预制构件场、机修站，各种生产作业棚、办公用房、宿舍、食堂、文化生活设施等，均应按批准的施工组织设计规定的数量、标准、面积、位置等要求组织修建。大、中型工程可分批分期修建。

1. 临时围墙和大门

临时围墙在满足当地施工现场文明施工要求的情况下，沿施工临时征地范围边线用硬质材料围护，高度不低于 1.8 m，并按企业 CI 标准作适当装饰及宣传。大门设置以方便通行、便于管理为原则，一般设钢制双扇大门，并设固定岗亭，便于门卫值勤。

2. 生活及办公用房

生活及办公用房按照施工总平面布置图的要求搭建，现一般采用盒子结构、轻钢结构、轻体保温活动房屋结构形式，其既广泛适用于现场建多层建筑，又坚固耐用，便于拆除周转使用。

3. 临时厕所

临时厕所应按当地有关环卫规定搭建，厕所需配化粪池。污水排放可办理排污手续，利用市政排污管网排放。无管网可利用时，化粪池的清理及排放可委托当地环卫部门负责管理。

4. 临时食堂

临时食堂应按当地卫生、环保规定搭建并解决好污水排放控制和使用清洁燃料，一般均设置简易有效的隔油池和使用煤气、天然气等清洁燃料，不得不使用煤炭时，应采用低硫煤和由环保部门批准搭建的无烟回风灶来解决大气污染问题。

5. 生产设施

生产设施包括搅拌机棚、塔式起重机基础、各类加工车间及必需的仓库、棚的搭建及临时水、电线路埋设，要严格按照总平面图的布置和构造设计规定搭建，遵守安全和防火规范的标准及装表计量的要求。

6. 场区道路和排水

施工道路布置既要因地制宜又要符合有关规定要求，尽可能是环状布置。宽度应满足消防车通行需要。道路构造应具备单车最大承重力。场地应设雨水排放明沟或暗沟解决场内排水。一般情况下，道路路面和堆料场地均作硬化处理。

四、施工现场测量控制网

由于建筑施工工期长、现场情况变化大，因此，保证控制网点的稳定、正确是确保建筑施工质量的先决条件，特别是在城区建设中，障碍多、通视条件差，给测量工作带来一定的难度。因此，施工时应根据建设单位提供的由规划部门给定的永久性坐标和高程，按控制网一般采用方格网，这些网点的位置应视工程范围的大小和控制精度而定。建筑方格网多由 100～200 m 的正方形或矩形组成，如果土方工程需要，还应测绘地形图，通常这项工作由专业测量队完成，但施工单位还要根据施工具体情况做一些加密网点的补充在测量放线时，应首先对所使用的经纬仪、水准仪、钢尺、水准尺等测量仪器和测量工具进行检验和矫正，在此基础上制订切实可行的测量方案，包括平面控制、标高控制、沉降观测和竣工测量等工作。

工程定位放线是确定整个工程平面位置的关键环节，必须保证精度，杜绝错误。工程定位放线一般通过设计图中平面控制轴线来确定建筑物的位置，施工单位测定并经自检合格后提交有关部门和建设单位或监理人员验线，以保证定位的准确性。沿建筑红线放线后，还要由城市规划部门验线，以防止建筑物压红线或超红线，为正常顺利施工创造条件。

五、安装、调试施工机具

按照施工机具需要量计划，分期分批组织施工机具进场，根据施工总平面布置图将施工机具安置在规定的地点或存储的仓库内。对于固定的机具要进行就位、搭防护棚、接电源、保养和调试等工作。对所有施工机具都必须在开工之前进行检查和试运转。

六、组织材料、构配件制品进场储存

按照材料、构配件、半成品的需要量计划组织物资、周转材料进场并依据施工总平面图规定的地点和指定的方式进行储存和定位堆放。同时，按进场材料的批量，依据材料试验、检验要求，及时采样并提供建筑材料的试验申请计划，严禁不合格的材料存储在现场。

七、大型临时工程的准备

大型临时工程一般指混凝土构件预制场、混凝土和沥青搅拌站、拼装式龙门吊和架桥机、现浇混凝土的挂篮、大型围堰、大型脚手架和模板、大型构件吊具、塔吊、施工便道和便桥等。大型临时工程均应进行设计计算并出具施工图纸，编制相应的各类计划和制订相应的质量保证和安全劳保技术措施，危险性较大的还需要单独编制施工方案的大型临时设施工程，其设计前后均应由公司或项目经理部组织有关部门和人员对设计提出要求和进行评审。

任务6　季节性施工准备

季节性施工准备包括哪几个主要指夏季和冬季。夏季要防暑降温，冬季要御寒保暖。为确保工程质量，保证对施工全过程的质量控制，根据各部门的工程质量管理工作，并结合项目的实际情况，与各项目部“齐抓共管”把好工程质量关，制定如下季节性施工措施和准备：

一、冬季施工的准备工作

进入冬季，气温下降，昼夜温差大，冷暖变化不规律，一些事故发生概率会因为季节性因素而升高，影响企业的安全生产。安全红线，是不可逾越的，经济社会发展的每一个项目、每一个环节都以安全为前提，因此在冬季生产时注意安全隐患并做好冬季施工的准备：

(1) 明确冬季施工项目，编制进度安排。

因为冬季气温低，施工条件差，技术要求高，费用要增加。为此，便于保证施工质量，而且费用增加较少的项目安排在冬季施工。例如安装、打桩、室内粉刷、装修、室内管道、电线铺设、可用蓄热法养护(可加促凝剂)的砌筑和砼工程；对费用增加很多又不能确保施工质量的土方基础工程；外粉刷、屋面防水、道路，不宜安排在冬季施工。

(2) 做好冬季测温组织工作，落实各种热源的供应渠道，保证冬季施工的顺利进行。

冬季昼夜温差大，为保证工程施工质量，应做好组织测温工作，要防止砂浆、砼在凝结硬化前受到冰冻而被破坏。冬季到来之前，安排做好室内的保温施工项目，准备好冬季施工用的各种保温材料和热源设备的储存和供应，如先完成供热系统，安装好门窗玻璃等，保证室内其他项目顺利施工。

(3) 做好室外各种临时设施的保温、防冻工作。如做好给排水管道的保温工作，防止管子冻裂。要防止道路上积水成冰，及时清理道路上的积雪，以保证运输畅通。

(4) 冬季到来前，储存足够的材料、构件、物资等，节约运费的支出。

(5) 做好停止施工部位的安排和检查，例如基础完成后，及时回填土至基础同一高度；沟管要盖板；砌完一层砖后，将楼板及时安装完成；室内装修抹灰要一层一室一次完成，避免分块留尾，室内装饰力求一次完成，如必须停工，应停在分层分格的整齐部位；楼地面要保温防冻等。

(6) 加强安全教育，严防火灾发生，落实防火安全技术措施，经常检查落实情况，保证各热源设备的完好使用，做好职工培训及冬季施工的技术操作和安全施工的教育，确保工程施工质量，避免安全事故发生。

二、雨季施工准备

1. 道路

凡主要运输暂设道路，应将路基碾压实，上铺焦渣或天然级配砂石，并做好路拱。道路两旁要设排水沟，保证雨后不滑、不陷、不存水，通行无阻。

2. 现场排水

(1) 施工现场及构件生产基地应根据地形对场地的排水系统进行疏通，以保证排水流畅，不积水。利用正式雨水管道排水的，要修筑有沉淀处理的雨水井。

(2) 防积水下沉。已堆放构件的场地，凡不实之处应积极采取补救措施。

(3) 地基两侧要挖排水沟，塔基与枕木之间应埋设管道，将塔轨之间、塔基与建筑物之间的积水引入排水沟。

3. 机电设备

(1) 在施工前现场机械操作棚，如搅拌机棚、卷扬机棚、泵送棚等必须搭设严密，防止漏雨。

(2) 对机电设备及电闸箱要采取防雨、防潮、防淹等措施，并必须安装接地安全装置。流动电闸箱要安装漏电保护装置。

(3) 塔式起重机在组立的同时应随即做好接地装置，接地体的埋深、距离、棒径和地线截面应符合规程要求，并在雨季施工前进行一次观测。

4. 大小型设施检修及设备维护

(1) 现场临时设施，如员工宿舍、办公室、食堂及仓库等应进行全面检查，危险建筑物应进行翻修、加固或拆除。

(2) 暂不用的模板及壁板堆放架应刷好防腐油漆，并妥善堆放，防止锈蚀。

5. 材料储备与保管

(1) 门窗、地板、木构件、石膏板和轻钢龙骨等，应尽量放入室内，加垫码垛放好，并经常通风，若露天存放应用苫布盖严。

（2）防雨材料及设备（如水泵及苫布等）要有适当储备，水泵要配套进场，并备有相应的易损件。

（3）地下室窗口及人防通道洞口，在雨季应遮盖或封闭，防止雨水灌入。

6. 停工部位雨季施工

应施工到合理部位（如盖上混凝土楼板）后再停工，并做好洞１：１封闭。

三、夏季施工准备

（1）动员员工，根据生产的实际情况，积极采取行之有效的防暑降温措施，充分发挥现有降温设备的效能，添置必要的设施，并及时做好检查维修工作。

（2）关心员工的生产、生活，注意劳逸结合，调整作息时间，严格控制加班加点，入暑前抓紧做好高温高空作业工作工人的体检，对不适合高温高空作业的适当调换工作。

（3）加强现场防暑降温工作，配备足够的防暑降温药品（人丹、藿香正气丸、十滴水，风油精等）和物品，改善员工的生活环境和工作环境，合理的调整作息时间，避开高温时间段作业（11:00～14:30）并建立防暑应急救援组织。

四、冬季施工措施

（1）当室外平均气温低于＋5℃，最低气温低于－3℃时，各分项工程均应按冬季施工要求施工，确保砼在受冻前的强度不低于设计强度标准值的30％。

（2）在砼中掺入早强剂提高砼的早期强度，增强砼的抗冻能力。

（3）备足一定数量塑料薄膜和石棉被等覆盖物，用于覆盖新浇砼。

（4）延长砼构件的拆模时间，利用模板蓄热保温。

（5）冬季施工中须用的材料应事先准备，妥善保管；使用的砂、石中不得含冰、雪等结块；须用热水拌和砼时，热水温度不得大于80％。

（6）钢筋焊接时应尽可能避开低温天气，以防接头冷却太快产生液断，闪光对焊采用玻璃棉覆盖保温约3～5分钟，电渣压力焊采用延长拆除焊接盒时间的办法进行保温。

（7）冬季施工期间，应注意收听天气预报，低温作业尽量安排在天气相对较暖的时间进行。

（8）对已浇筑的砼要指定专人负责现场测温工作，并做好测温记录，测温时间为浇筑后6小时、12小时、18小时、24小时，严密监视气温变化，以便及时采取措施，防止砼被冻坏。

五、雨季施工措施

（1）砌筑工程：砖在雨期必须集中堆放，不宜浇水砌墙时应干湿合理搭配，如大雨必须停工时，砌砖收工时在顶层砖上覆盖一层平砖，避免大雨冲刷灰浆，砌体在雨后施工，须复核已完工砌体的垂直度和标高。

（2）砼工程：模板隔离层在涂刷前要及时掌握天气预报以防隔离层被雨水冲掉，遇到大雨时，应停止浇筑砼，已浇部位应加以覆盖。

（3）抹灰工程：

① 雨天不准进行室外抹灰，至少能预计1～2天的天气变化情况，对已施工的墙面应注

意防止雨水污染。

② 室内抹灰尽量在做完屋面后进行。

③ 雨天不宜做罩面油漆。

(4) 所有的机械棚要搭设牢固，防止倒塌漏雨。机电设备，采取防雨、防淹措施，安装接地安全装置。

(5) 材料仓库应加固，保证不漏雨，不进水。

(6) 根据施工现场的情况，在建筑物四周做好排水沟，开挖沉淀池，通过水泵排入总下水道内。

(7) 如遇暴雨和雷雨，应暂停施工，尤其是塔吊遇到六级以上大风或雷雨时应停止作业。

六、夏季施工措施

(1) 砖块要充分湿润，铺灰长度相应减小。

(2) 屋面工程应安排在下午3点钟以后进行，避开高温时间。

(3) 对已浇筑的砼及时用草袋覆盖，并设专人浇水养护。

(4) 高温季节做好防暑降温工作，适当调整休息时间，避开高温施工。

(5) 做好防台防汛工作，遇有六级以上台风，禁止高空作业。

附录：施工准备工作计划表

序号	施工准备工作名称	准备工作内容	主办单位（主要负责人）	协办单位（主要协办人）	完成时间	备注
1						
2						
3						
…						

【情境解决】

扫码查看
情境解决参考方案

一、单项选择题

1. 施工组织设计是(　　)的一项重要内容。

A. 施工准备工作　B. 施工过程　C. 试车阶段　D. 竣工验收

2. 施工图纸的会审一般由(　　)组织并主持会议。

A. 建设单位　B. 施工单位　C. 设计单位　D. 监理单位

3. (　　)是施工准备的核心,指导着现场施工准备工作。

A. 资源准备　B. 施工现场准备　C. 季节施工准备　D. 技术资料准备

4. 现场的临时设施,应按照(　　)要求进行搭设。

A. 建筑施工图　B. 结构施工图　C. 总平面图　D. 施工平面布置图

二、填空题

1. 在施工准备工作中,技术资料的准备工作通常包括________、________和________等几方面内容。

2. 在施工准备工作中,施工现场准备工作中的“三通一平”是指________、________、________和________等工作。

3. 按工程项目施工准备工作的范围不同,一般可分为________、________和________等三种。

4. 施工准备工作的内容包括调查________、________、________、________和________等几个方面。

5. 施工队伍的准备包括________、________、________和________等准备工作。

三、简答题

1. 试述施工准备工作的意义。
2. 简述施工准备工作的分类和主要内容。
3. 原始资料的收集包含哪些方面的内容?
4. 技术资料准备包括哪些内容?图纸会审应注意哪些方面?
5. 如何做好劳动组织准备工作?
6. 物资准备包括哪些内容?
7. 施工现场准备工作包括哪些方面的内容?“三通一平”包括哪些内容?
8. 冬、雨期施工准备工作应如何进行?

四、案例题

某工程土石方中,承包商在合同中标明有松软石的地方没有遇到松软石,因此工期提前了一个月,但是在合同中另一未标明有坚硬岩石的地方遇到了更多坚硬岩石,使开挖工作更加困难,工期因此拖延3个月。由于工期拖延,使得施工不得不在雨期进行,按一般公认标准推算,影响工期2个月。为此,承包商准备提出索赔。

问题:在该事件中,承包商提出施工索赔能否成立,为什么?应提出的索赔内容包括哪两方面。

答案扫一扫

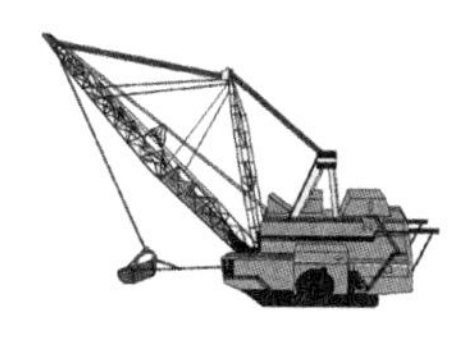

情境三 流水施工原理

知识目标

1. 熟悉流水施工的基本概念、流水施工的特点。
2. 掌握流水施工的基本参数及其计算方法。
3. 掌握流水施工的组织方法。

能力目标

能够组织小型单位工程和分部工程的等节奏流水施工、异节奏流水施工及无节奏流水施工。

素养目标

1. 培养吃苦耐劳、精益求精的劳模和工匠精神。
2. 通过产业新材料新工艺新技术的接触，增加行业和专业自信，坚定科技强国信心。

【情境导入】

某一宿舍楼的基础和首层主体结构，工序名称和工作时间如下表所示。

表 3-0

分部工程	工序名称	计划时间
基础工程	土方开挖	4
	基础垫层施工	3
	独立基础结构施工	4
	柱结构施工	3
	地梁及地圈梁结构施工	3
首层主体结构	柱结构施工	6
	梁结构施工	6
	板结构施工	6

请根据施工管理岗位要求，完成下列问题：
1. 要求工期 30 天，请选择合适的组织施工的方式。
2. 编制该工程基础和首层主体结构的施工进度计划。

微课

组织施工的基本方式

任务 1 概 述

一、施工组织的方式

任何一个建筑工程都是由许多施工过程组成的，而每一个施工过程可以组织一个或多个施工队组来进行施工。如何组织各施工队组的先后顺序或平行搭接施工，是组织施工中的一个基本问题。通常，归纳起来有三种基本方式，分别是依次作业、平行作业和流水作业。现以工程项目施工为例，将这三种组织方式的特点和效果分析如下：

1. 依次作业组织方式

依次作业的组织方式是将拟建工程项目的整个建造过程分解成若干个施工过程，按照一定的施工顺序，前一个施工过程完成后，后一个施工过程才开始施工的作业组织方式。它是一种最基本的、最原始的施工作业组织方式。

【例 3-1】 某住宅区拟建三幢结构相同的建筑物，其编号分别为Ⅰ、Ⅱ、Ⅲ。各建筑物的基础工程均可分解为挖土方、浇混凝土基础和回填土三个施工过程，分别由相应的专业队按施工工艺要求依次完成，每个专业队在每幢建筑物的施工时间均为 5 周，各专业队的人数分别为 10 人、16 人和 8 人。三幢建筑物基础工程分别组织依次、平行和流水施工的方式如图 3-1 所示。

编号	施工过程	人数	施工周数	进度计划/周									进度计划/周			进度计划/周				
				5	10	15	20	25	30	35	40	45	5	10	15	5	10	15	20	25
Ⅰ	挖土方	10	5																	
	浇基础	16	5																	
	回填土	8	5																	
Ⅱ	挖土方	10	5																	
	浇基础	16	5																	
	回填土	8	5																	
Ⅲ	挖土方	10	5																	
	浇基础	16	5																	
	回填土	8	5																	
资源需要量/人				10 16 8 10 16 8 10 16 8									30 48 24			10 26 34 24 8				
施工组织方式				依次施工									平行施工			流水施工				
工期/周				T=45									T=15			T=25				

图 3-1 流水施工的三种方式

由图 3-1 可以看出，依次作业组织方式的优点是每天投入的劳动力较少，机具使用不集中，材料供应较单一，施工现场管理简单，便于组织和安排。

依次作业组织方式的缺点如下：

（1）由于没有充分利用工作面去争取时间，所以工期长；

（2）各队组施工及材料供应无法保持连续和均衡，工人有窝工的情况；

（3）不利于改进工人的操作方法和施工机具，不利于提高工程质量和劳动生产率；

（4）按施工过程依次施工时，各施工队组虽能连续施工，但不能充分利用工作面，工期长，且不能及时为上部结构提供工作面。

由此可见，采用依次施工不但工程拖得较长，而且在组织安排上也不尽合理。当工程规模比较小，施工工作面又有限时，依次施工是适用的，也是常见的。

视频

中国速度

2. 平行作业组织方式

由图 3－1 可以看出，平行作业组织方式具有以下特点：

（1）充分地利用了工作面，争取了时间，可以缩短工期。

（2）工作队不能实现专业化生产，不利于提高工程质量和劳动生产率。

（3）工作队及其工人不能连续作业。

平行作业一般适用于工期要求紧，大规模的建筑群及分批分期组织施工的工程任务。该方式只有在各方面的资源供应有保障的前提下，才是合理的。

3. 流水作业组织方式

流水作业的组织方式是将拟建工程在平面上划分成若干个作业段，在竖向上划分成若干个作业层，再给每个作业过程配以相应的专业队组，各专业队组按照一定的作业顺序依次连续地投入到各作业段，完成各自的任务，从而保证拟建工程在时间和空间上，有节奏、连续均衡地进行下去，直到完成全部作业任务的一种作业组织方式。

由图 3－1 可以看出，流水作业组织方式具有以下特点：

（1）无工作面闲置，工期较短；

（2）各专业施工班组工作连续，没有窝工现象；

（3）施工专业化，利于提高工程质量和劳动生产率；

（4）日资源需求均衡；

（5）利于现场文明施工和科学管理。

二、组织流水作业的必要条件

（1）划分分部分项工程

首先，将拟建工程根据工程特点及施工要求，划分为若干个分部工程，每个分部工程又根据施工工艺要求、工程量大小、施工队组的组成情况，划分为若干施工过程（即分项工程）。

（2）划分施工段

根据组织流水施工的需要，将所建工程在平面或空间上，划分为工程量大致相等若干个施工区段。

（3）每个施工过程组织独立的施工队组

在一个流水组中，每个施工过程尽可能组织独立的施工队组，其形式可以是专业组，也可以是混合队组，这样可以使每个施工队组按照施工顺序依次地、连续地、均衡地从一个施工段转到另一个施工段进行相同的操作。

(4) 主要施工过程必须连续、均衡地施工

对工程量较大、施工时间较长的施工过程,必须组织连续、均衡地施工,对其他次要施工过程,可考虑与相邻的施工过程合并或在有利于缩短工期的前提下,安排其间断施工。

(5) 不同的施工过程尽可能组织平行搭接施工

按照施工先后顺序要求,在有工作面的条件下,除必要的技术和组织间歇时间外,尽可能组织平行搭接施工。

三、流水作业的技术经济效果

视频

超级工程
纪录片

(1) 按专业工种建立劳动组织,实行生产专业化,有利于劳动生产率的不断提高;

(2) 科学地安排施工进度,使各施工过程在保证连续施工的条件下,最大限度地实现搭接施工,从而减少了因组织不善而造成的停工、窝工损失,合理地利用了施工的时间和空间,有效地缩短了施工工期;

(3) 由于施工的连续性、均衡性,使劳动消耗、物资供应、机械设备利用等处于相对平稳状态,充分发挥管理水平,降低工程成本。

微课

流水施工参数

任务2　流水施工参数

由流水施工的基本概念及组织流水施工的要点和条件可知:施工过程的分解、流水段的划分、施工队组的组织、施工过程间的搭接、各流水段的作业时间五个方面的问题是流水施工中需要解决的主要问题。只有解决好这几方面的问题,使空间和时间得到合理、充分的利用,方能达到提高工程施工技术经济效果的目的。为此,流水施工基本原理中将上述问题归纳为工艺、空间和时间三个参数,称为流水施工基本参数。

一、工艺参数

在组织流水施工时,用以表达流水施工在施工工艺上开展顺序及其特征的参数,称为工艺参数。通常,工艺参数包括施工过程数和流水强度两种。

1. 施工过程数

施工过程数是指参与一组流水的施工过程的数目,一般以 n 表示。

在组织建筑工程流水施工时,首先应将施工对象划分为若干个施工过程。施工过程划分数目的多少和粗细程度一般与下列因素有关。

(1) 施工计划的性质和作用

对于长期计划及建筑群体、规模大、工期长的工程施工控制性进度计划,其施工过程的划分可以相一些、综合性强一些。对于中小型单位工程及工期较短的工程实施性计划,其施工过程的划分可以细一些、具体一些,一般可划分至分项工程。对于月度作业性计划,有些施工过程还可以分解为工序,如钢筋绑扎、支模板等工程。

(2) 施工方案及工程结构

施工过程的划分与工程的施工方案及工程结构形式有关。如厂房的柱基础与设备基础

挖土，如同时施工，可合并为一个施工过程，若先后施工，可分为两个施工过程，承重墙与非承重墙的砌筑也是如此。砖混结构、大墙板结构、装配式框架与现浇钢筋混凝土框架等不同结构体系，其施工过程划分及其内容也各不相同。

(3) 工程量大小与劳动力组织

施工过程的划分与施工队组的组织形式有关，如现浇钢筋混凝土结构的施工，如果是单一工种组成的施工班组，可以划分为支模板、扎钢筋、浇混凝土三个施工过程：同时为了组织流水施工的方便或需要，也可合并成一个施工过程，这时劳动班组的组成是多工种混合班组，施工过程的划分还与劳动量大小有关，劳动量小的施工过程，当组织流水施工有困难时，可与其他施工过程合并，如垫层劳动量较小时可与挖土合并为一个施工过程，这样可以使各个施工过程的劳动量大致相等，便于组织流水施工。

(4) 施工的内容和范围

施工过程的划分与其内容和范围有关，如直接在施工现场或工程对象上进行的劳动过程，可以划入流水施工过程，如安装砌筑类施工过程，随工现场制备及运输类施工过程等；而场外劳动内容可以不划入流水施工过程，如部分场外制备和运输类施工过程。

综上所述，施工过程的划分概不能太多、过细，那样将给计算增添麻烦，重点不突出：也不能太少、过粗，那样将过于笼统，失去指导作用。

2. 流水强度

某施工过程在单位时间内所完成的工程量，称为该施工过程的流水强度。一般以 V_i 表示。

(1) 机械施工过程的流水强度

$$V_i = \sum_{i=1}^{x} R_i S_i \tag{3-1}$$

式中：V_i——某施工过程 i 的机械操作流水强度；

R_i——投入施工过程 i 的某种施工机械台数；

S_i——投入施工过程 i 的某种施工机械产量定额；

x——投入施工过程 i 的施工机械种类数。

(2) 人工施工过程的流水强度

$$V_i = R_i S_i \tag{3-2}$$

式中：R_i——投入施工过程 i 的工作队人数；

S_i——投入施工过程 i 的工作队平均产量定额；

V_i——某施工过程 i 的人工操作流水强度。

例如，某饰面工程每日安排 4 名工人，其产量定额 5(m^2/工日)，则该饰面工程流水强度 20(m^2/工日)。

二、空间参数

在组织流水施工时，用以表达流水施工在空间布置上所处状态的参数，称为空间参数。空间参数主要有：工作面、施工段数和施工层数。

1. 工作面

某专业工种的工人在从事建筑产品施工生产过程中，所必须具备的活动空间，这个活动空间称为工作面。例如，砌砖墙 7～8(m/人)。它的大小是根据相应工种单位时间内的产量定额、工程操作规程和安全规程等的要求确定的。工作面确定的合理与否，直接影响到专业工种工人的劳动生产率，对此，必须认真加以对待，合理确定。

2. 施工段数和施工层数

为了有效地组织流水施工，通常把拟建工程项目在平面上划分成若干个劳动量大致相等的施工段落，这些施工段落称为施工段。施工段的数目，通常以 m 表示，它是流水施工的基本参数之一。把建筑物垂直方向划分的施工区段称为施工层，用符号 j 表示。

划分施工区段的目的，就在于保证不同的施工队组能在不同的施工区段上同时进行施工，消灭由于不同的施工队组不能同时在一个工作面上工作而产生的互等、停歇现象，为流水创造条件。

划分施工段的基本要求：

(1) 施工段的数目要合理。施工段数过多势必要减少人数，工作面不能充分利用，拖长工期；施工段数过少，则会引起劳动力、机械和材料供应的过分集中，有时还会造成“断流”的现象。

(2) 各施工段的劳动量(或工程量)要大致相等(相差宜在 15%以内)，以保证各施工队组连续、均衡、有节奏地施工。

(3) 要有足够的工作面，使每一施工段所能容纳的劳动力人数或机械台数能满足合理劳动组织的要求。

(4) 要有利于结构的整体性。施工段分界线宜划在伸缩缝、沉降缝以及对结构整体性影响较小的位置。

(5) 以主导施工过程为依据进行划分。例如在砌体结构房屋施工中，就是以砌砖、楼板安装为主导施工过程来划分施工段的。而对于整体的钢筋混凝土框架结构房屋，则是以钢筋混凝土工程作为主导施工过程来划分施工段的。

(6) 当组织流水施工的工程对象有层间关系，分层分段施工时，应使各施工队组能连续施工。即施工过程的施工队组做完第一段能立即转入第二段，施工完第一层的最后一段能立即转入第二层的第一段。因此每层的施工段数必须大于或等于其施工过程数。即：

$$m \geqslant n \tag{3-3}$$

【例 3－2】 某二层现浇钢筋混凝土工程，有支模板、绑扎钢筋和浇混凝土三个施工过程，即 $n=3$。在竖向上划分为两个施工层，即结构层与施工层相一致。设每个施工工程在各个施工段上施工所需的时间均是 3 天，则施工段数与施工过程数之间可能有下述三种情况：

(1) 当施工段数 m 大于施工过程数 n，各施工段上不能连续有工作队在工作，但各工作队能连续工作，不会产生窝工现象。如图 3－2(a)所示。

(2) 当施工段数 m 等于施工过程数 n，各工作队都能连续工作，且各施工段上都能连续有工作队在工作。如图 3－2(b)所示。

(3) 当施工段数 m 小于施工过程数 n，各工作队不能连续工作，产生窝工现象，但各施工段上能连续地有工作队在工作。如图 3－2(c)所示。

施工层	施工过程名称	施　工　进　度/天									
		3	6	9	12	15	18	21	24	27	30
Ⅰ层	支模板	①	②	③	④						
	绑扎钢筋		①	②	③	④					
	浇混凝土			①	②	③	④				
Ⅱ层	支模板					①	②	③	④		
	绑扎钢筋						①	②	③	④	
	浇混凝土							①	②	③	④

图 3-2(a)　$m>n$ 时的进度安排

施工层	施工过程名称	施　工　进　度/天							
		3	6	9	12	15	18	21	24
Ⅰ层	支模板	①	②	③					
	绑扎钢筋		①	②	③				
	浇混凝土			①	②	③			
Ⅱ层	支模板				①	②	③		
	绑扎钢筋					①	②	③	
	浇混凝土						①	②	③

图 3-2(b)　$m=n$ 时的进度安排

施工层	施工过程名称	施　工　进　度/天						
		3	6	9	12	15	18	21
Ⅰ层	支模板	①	②					
	绑扎钢筋		①	②				
	浇混凝土			①	②			
Ⅱ层	支模板				①	②		
	绑扎钢筋					①	②	
	浇混凝土						①	②

图 3-2(c)　$m<n$ 时的进度安排

三、时间参数

在组织流水施工时，用以表达流水施工在时间排列上所处状态的参数，称为时间参数。它包括：流水节拍、流水步距、平行搭接时间、技术与组织间歇时间、工期。

1. 流水节拍

流水节拍是指某个专业队在某一个施工段上的作业持续时间。流水节拍的大小，可以反映出流水施工速度的快慢、节奏感的强弱和资源消耗量的多少。

(1) 定额计算法

根据各施工段的工程量、能够投入的工人数、机械台数和材料量等，按下式计算。

这是根据各施工段的工程量、能够投入的资源量(工人数、机械台数和材料量等)，按下式进行计算

$$t_i = \frac{Q_i}{S_i \cdot R_i \cdot N_i} \tag{3-4}$$

式中：t_i——某专业工作队在第 i 施工段的流水节拍；

Q_i——某专业工队在第 i 施工段要完成的工程量；

S_i——某专业工作队的计划产量定额；

R_i——某专业工作队投入的工作人数或机械台数；

N_i——某专业工作队的工作班次。

(2) 经验估算法

它是依据以往的施工经验进行估算流水节拍的方法。一般为了提高其准确程度，往往先后估算出该流水节拍的最长、最短和正常(即最可能)三种时间，然后根据此求出期望时间作为某专业工作队在某施工段上的流水节拍。所以，本法也称为三种时间估算法。其计算公式如下：

$$t_i = \frac{a_i + 4c_i + b_i}{6} \tag{3-5}$$

式中：t_i——某施工过程 i 在某施工段上的流水节拍；

a_i——某施工过程 i 在某施工段上的最短估算时间；

b_i——某施工过程 i 在某施工段上的最长估算时间；

c_i——某施工过程 i 在某施工段上的正常估算时间；

这种方法多用于采用新工艺、新方法和新材料等没有定额可循的工程或项目。

(3) 工期计算法

对某些施工任务在规定日期内必须完成的工程项目，往往采用倒排进度法，即根据工期要求先确定流水节拍 t_i，然后应用式(3-4)求出所需的施工队组人数或机械台数。但在这种情况下，必须检查劳动力和机械供应的可能性，物资供应能否与之相适应。具体步骤如下：

① 根据工期倒排进度，确定某施工过程的工作延续时间；

② 确定某施工过程在某施工段上的流水节拍。若同一施工过程的流水节拍不等，则用

估算法；若流水节拍相等，则按公式(3－6)计算

$$t_i = \frac{T_i}{m} \tag{3-6}$$

式中：t_i——某施工过程的流水节拍；

T_i——某施工过程的工作持续时间；

m——施工段数。

确定流水节拍应考虑的因素：

A. 施工队组人数应符合该施工过程最小劳动组合人数的要求。所谓最小劳动组合，就是指某一施工过程进行正常施工所必需的最低限度的队组人数及其合理组合。如模板安装就要按技工和普工的最少人数及合理比例组成施工队组，人数过少或比例不当都将引起劳动生产率的下降，甚至无法施工。

B. 要考虑工作面的大小或某种条件的限制。施工队组人数也不能太多，每个工人的工作面要符合最小工作面的要求。否则，就不能发挥正常的施工效率或不利于安全生产。

C. 要考虑各种机械台班的效率或机械台班产量的大小。

D. 要考虑各种材料、构配件等施工现场堆放量、供应能力及其他有关条件的制约。

E. 要考虑施工及技术条件的要求。例如，浇筑混凝土时，为了连续施工有时要按照三班制工作的条件决定流水节拍，以确保工程质量。

F. 确定一个分部工程各施工过程的流水节拍时，首先应考虑主要的、工程量大的施工过程的节拍，其次确定其他施工过程的节拍值。

G. 节拍值一般取整数，必要时可保留 0.5 天(台班)的小数值。

2. 流水步距

流水步距是指两个相邻的施工过程的施工队组相继进入同一施工段开始施工的最小时间间隔(不包括技术与组织间隔时间)，用符号 $K_{i,i+1}$ 表示(i 表示前一个施工过程，$i+1$ 表示后一个施工过程)。

流水步距的大小，对工期有着较大的影响。一般说来，在施工段不变的条件下，流水步距越大，工期越长；流水步距越小，则工期越短。流水步距还与前后两个相邻施工过程流水节拍的大小、施工工艺技术要求、施工段数目、流水施工的组织方式有关。

流水步距的数目等于($n-1$)个参加流水施工的施工过程(队组)数。

(1) 确定流水步距的基本要求

A. 主要施工队组连续施工的需要。流水步距的最小长度，必须使主要施工专业队组进场以后，不发生停工、窝工现象。

B. 施工工艺的要求。保证每个施工段的正常作业程序，不发生前一个施工过程尚未全部完成，而后一施工过程提前介入的现象。

C. 最大限度搭接的要求。流水步距要保证相邻两个专业队在开工时间上最大限度地、合理地搭接；

D. 要满足保证工程质量，满足安全生产、成品保护的需要。

(2) 确定流水步距的方法

确定流水步距的方法很多，简捷、实用的方法主要有图上分析计算法(公式法)和累加数

列法(潘特考夫斯基法)。公式法确定见本章第三节中的相关内容,而累加数列法适用于各种形式的流水施工,且较为简捷、准确。

累加数列法没有计算公式,它的文字表达式为:“累加数列错位相减取大差”。其计算步骤如下:

① 将每个施工过程的流水节拍逐段累加,求出累加数列;

② 根据施工顺序,对所求相邻的两累加数列错位相减;

③ 根据错位相减的结果,确定相邻施工队组之间的流水步距,即相减结果中数值最大者。

【例 3-3】 某项目由 A、B、C、D 四个施工过程组成,分别由四个专业工作队完成,在平面上划分成四个施工段,每个施工过程在各个施工段上的流水节拍见表 3-1。试确定相邻专业工作队之间的流水步距。

表 3-1 某工程流水节拍

施工段 施工过程	Ⅰ	Ⅱ	Ⅲ	Ⅳ
A	4	2	3	2
B	3	4	3	4
C	3	2	2	3
D	2	2	1	2

【解】 (1) 求流水节拍的累加数列

A:4,6,9,11　　　　B:3,7,10,14

C:3,5,7,10　　　　D:2,4,5,7

(2) 错位相减

A 与 B

$$\begin{array}{rrrrrr} & 4, & 6, & 9, & 11, & 0 \\ -) & 0 & 3, & 7, & 10, & 14 \\ \hline & 4, & 3, & 2, & 1, & -14 \end{array}$$

B 与 C

$$\begin{array}{rrrrrr} & 3, & 7, & 10, & 14, & 0 \\ -) & 0, & 3, & 5, & 7, & 10 \\ \hline & 3, & 4, & 5, & 7, & -10 \end{array}$$

C 与 D

$$\begin{array}{rrrrrr} & 3, & 5, & 7, & 10, & 0 \\ -) & 0, & 2, & 4, & 5, & 7 \\ \hline & 3, & 3, & 3, & 5, & -7 \end{array}$$

(3) 确定流水步距

因流水步距等于错位相减所得结果中数值最大值,故有

$K_{A,B}=MAX\{4, 3,2,1,-14\}=4$ 天

$K_{B,C}=MAX\{3, 4, 5, 7,-10\}=7$ 天

$K_{C,D}=MAX\{3,3, 3, 5,-7\}=5$ 天

3. 平行搭接时间

组织流水施工时，有时为了缩短工期，在工作面允许的条件下，如果前一个专业工作队完成部分施工任务后，能够提前为后一个专业工作队提供工作面，使后者提前进入该工作面，两者在同一施工段上平行搭接施工，这个搭接时间称为平行搭接时间。如绑扎钢筋与支模板可平行搭接一段时间。平行搭接时间通常以 $C_{i,i+1}$ 表示。

4. 技术与组织间歇时间

在组织流水施工时，有些施工过程完成后，后续施工过程不能立即投入施工，必须有足够的间歇时间。由建筑材料或现浇构件工艺性质决定的间歇时间称为技术间歇。如现说混凝土构件的养护时间、抹灰层的干燥时间和油漆层的干燥时间等。由施工组织原因造成的间歇时间称为组织间隔。如回填土前地下管道检查验收，施工机械转移和砌筑墙体前的错身位置弹线，以及其他作业前的准备工作。技术与组织间歇时间以 $Z_{i,i+1}$ 表示。

5. 流水施工工期 T

流水施工工期是指从第一个专业工作队投入施工开始，到最后一个专业工作队完成施工为止的整个持续时间。由于一项建设工程往往包含有许多流水组，故流水施工工期一般不是整个工程的总工期。一般可采用公式(3－7)计算完成一个流水组的工期。

$$T=\sum K_{i,i+1}+T_n+\sum Z_{i,i+1}-\sum C_{i,i+1} \tag{3-7}$$

式中：T——流水施工工期；

$\sum K_{i,i+1}$ ——流水施工中各流水步距之和；

T_n——流水施工中最后一个施工过程的持续时间；

$Z_{i,i+1}$——第 i 施工过程与第 $i+1$ 个施工过程之间的技术与组织间歇时间；

$C_{i,i+1}$——第 i 个施工过程与第 $i+1$ 个施工过程之间的平行搭接时间。

四、流水施工的基本组织方式

1. 流水施工的分级

根据组织流水施工的工程对象的范围大小，流水施工通常可分为：

(1) 分项工程流水施工

分项工程流水施工也称为细部流水施工。它是在一个施工过程内部组织起来的流水施工。例如砌砖墙施工过程的流水施工、现浇钢筋混凝土施工过程的流水施工等。细部流水施工是组织工程流水施工中范围最小的流水施工。

(2) 分部工程流水施工

分部工程流水施工也称为专业流水施工。它是在一个分部工程内部、各分项工程之间组织起来的流水施工。例如：基础工程的流水施工、主体工程的流水施工、装饰工程的流水施工，分部工程流水施工是组织单位工程流水施工的基础。

(3) 单位工程流水施工

单位工程流水施工也称为综合流水施工，它是在一个单位工程内部、各分部工程之间组织起来的流水施工。如一幢办公楼、一个厂房车间等组织的流水施工。单位工程流水施工是分部工程流水施工的扩大和组合，是建立在分部工程流水施工基础之上。

(4) 群体工程流水施工

群体工程流水施工也称为大流水施工,它是在一个个单位工程之间组织起来的流水施工。它是为完成工业或民用建筑群而组织起来的全部单位工程流水施工的总和。

2. 流水施工的基本组织方式

建筑工程的流水施工要求有一定的节拍,才能步调和谐,配合得当。流水施工的节奏是由节拍所决定的。由于建筑工程的多样性,各分部分项的工程量差异较大,要使所有的流水施工都组织成统一的流水节拍是很困难的。在大多数的情况下,各施工过程的流水节拍不一定相等,甚至一个施工过程本身在各施工段上的流水节拍也不相等。因此形成了不同节奏特征的流水施工。

根据流水施工节奏特征的不同,流水施工的基本方式分为有节奏流水施工和无节奏流水施工两大类。有节奏流水又可分为等节奏流水和异节奏流水,如图 3-3 所示。

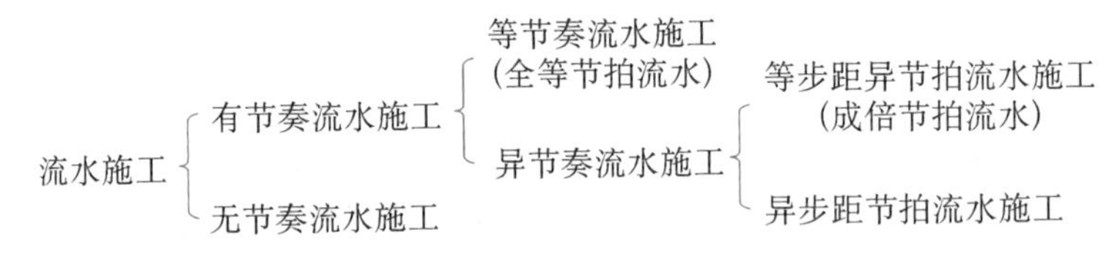

图 3-3 流水施工组织方式分类图

任务 3 流水施工计算

一、全等节拍流水施工

1. 组织全等节拍流水施工的条件

当所有的施工过程在各个施工段上的流水节拍彼此相等,这时组织的流水施工方式称为全等节拍流水。组织这种流水,首先,尽量使各施工段的工程量基本相等;其次,要先确定主导施工过程的流水节拍;第三,使其他施工过程的流水节拍与主导施工过程的流水节拍相等,做到这一点的办法主要是调节各专业队的人数。

2. 组织方法

(1) 确定项目施工起点流向,分解施工过程。

(2) 确定施工顺序,划分施工段。

(3) 确定流水节拍。根据全等节拍流水要求,应使各流水节拍相等。

(4) 确定流水步距,$k=t$。

(5) 计算流水施工的工期。

流水施工的工期可按下式进行计算

$$T=(j\cdot m+n-1)\cdot K+\sum Z_1-\sum C_1 \tag{3-8}$$

式中:T——流水施工总工期;

j——施工层数;

m——施工段数;

n——施工过程数；

k——流水步距；

Z_1——两施工过程在同一层内的技术组织间歇时间；

C_1——同一层内两施工过程间的平行搭接时间。

(6) 绘制流水施工指示图表，如下图 3－4。

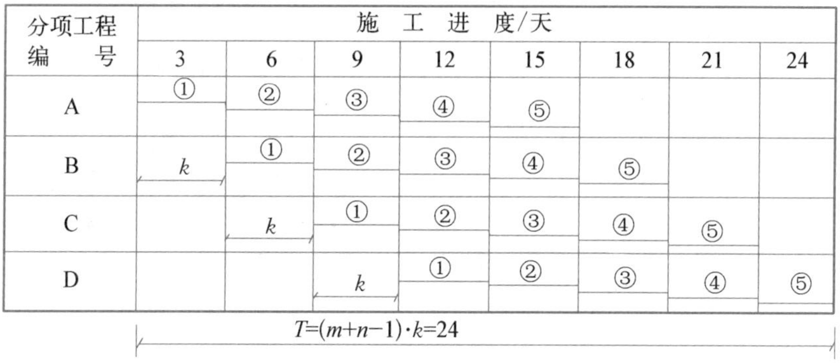

分项工程编号	施工进度/天							
	3	6	9	12	15	18	21	24
A	①	②	③	④	⑤			
B	k	①	②	③	④	⑤		
C		k	①	②	③	④	⑤	
D			k	①	②	③	④	⑤

$T=(m+n-1)\cdot k=24$

图 3－4　全等节奏流水施工

3. 多层建筑物有技术间歇和平行搭接

组织多层建筑物有技术间歇和平行搭接的流水施工时，为保证工作队在层间连续施工，施工段数目 m 应满足下列条件：

$$m \geqslant \sum b_i + (\sum Z_1 - \sum C_1)/k + Z_2/k \tag{3-9}$$

式中：$\sum b_i$ ——施工班组数之和；

$\sum Z_1$ ——一个楼层内各施工过程间的技术组织间歇时间之和；

Z_2——楼层间技术组织间歇时间的最大值；

k——流水步距；

$\sum C_1$——一层内平行搭接时间之和。

【例 3－4】 某项目有Ⅰ、Ⅱ、Ⅲ、Ⅳ四个施工过程，分两个施工层组织流水施工，施工过程Ⅱ完成后需养护一天，下一个施工过程Ⅲ才能施工，且层间技术间歇为一天，流水节拍均为一天。试确定施工段数，计算工期，绘制流水施工进度表。

【解】 (1) 确定流水步距：$k=t=t_i=1$ 天

(2) 确定施工段数：

(3) 计算工期：　$T=(j\cdot m+n-1)\cdot k+\sum Z_1-\sum C_1$

$=(2\times 6+4-1)\times 1+1-0=16$(天)

(4) 绘制流水施工进度表，见图 3－5。

施工层	施工过程名称	施工进度/天															
		1	2	3	4	5	6	7	8	9	10	11	12	13	14	15	16
Ⅰ	Ⅰ	①	②	③	④	⑤	⑥										
	Ⅱ		①	②	③	④	⑤	⑥									
	Ⅲ			z_1	①	②	③	④	⑤	⑥							
	Ⅳ					①	②	③	④	⑤	⑥						
Ⅱ	Ⅰ						z_2	①	②	③	④	⑤	⑥				
	Ⅱ								①	②	③	④	⑤	⑥			
	Ⅲ									z_1	①	②	③	④	⑤	⑥	
	Ⅳ											①	②	③	④	⑤	⑥

$(n-1)\cdot k+\Sigma z_1$　　$j\cdot m\cdot t$

图 3－5　例 3－3 流水施工横道图

二、异步距异节拍流水施工

微课
异节拍流水施工

1. 异步距异节拍流水施工的特征

(1) 同一施工过程流水节拍相等，不同施工过程之间的流水节拍不一定相等。

(2) 各个施工过程之间的流水步距不一定相等。

(3) 各施工工作队能够在施工段上连续作业，但有的施工段之间可能有空闲。

(4) 施工班组数(m)等于施工过程数(n)。

2. 异步距异节拍流水施工主要参数的确定

(1) 流水步距的确定

$$K_{i,i+1}=\begin{cases}t_i(\text{当 } t_i\leqslant t_{i+1})\\ mt_i-(m-1)t_{i+1}\quad(\text{当 } t_i>t_{i+1})\end{cases}\tag{3-10}$$

式中：t_i——第 i 个施工过程的流水节拍；

t_{i+1}——第 $i+1$ 个施工过程的流水节拍。

流水步距也可由前述“累加数列法”求得。

(2) 流水施工工期 T

$$T=\sum K_{i,i+1}+mt_n+\sum Z_{i,i+1}-\sum C_{i,i+1}\tag{3-11}$$

式中：t_n——最后一个施工过程的流水节拍。

其他符号含义同前。

3. 异步距异节拍流水施工的组织

组织异步距异节拍流水施工的基本要求是：各施工队组尽可能依次在各施工段上连续施工，允许有些施工段出现空闲，但不允许多个施工班组在同一施工段交叉作业，更不允许发生工艺顺序颠倒的现象。

异步距异节拍流水施工适用于施工段大小相等的分部和单位工程的流水施工，它在进度安排上比等节奏流水灵活，实际应用范围较广泛。

4. 应用举例

【例 3 - 5】 某工程划分为 A、B、C、D 四个施工过程，分三个施工段组织施工，各施工过程的流水节拍分别为 $t_A=3$ 天，$t_B=4$ 天，$t_C=5$ 天，$t_D=3$ 天；施工过程 B 完成后有 2 天的技术间歇时间，施工过程 D 与 C 搭接 1 天。试求各施工过程之间的流水步距及该工程的工期，并绘制流水施工进度表。

【解】 (1) 确定流水步距

根据上述条件及式(3 - 10)，各流水步距计算如下：

$\because t_A < t_B$

$\therefore K_{A,B} = t_A = 3$(天)

$\because t_B < t_C$

$\therefore K_{B,C} = t_B = 4$(天)

$\because t_C > t_D$

$\therefore K_{C,D} = mt_C - (m-1)t_D = 3\times5 - (3-1)\times3 = 9$(天)

(1) 计算流水工期

$$T = \sum K_{i,i+1} + mt_n + \sum Z_{i,i+1} - \sum C_{i,i+1} = (3+4+9)+3\times3+2-1=26(\text{天})$$

(2) 绘制施工进度计划表如图 3 - 6 所示。

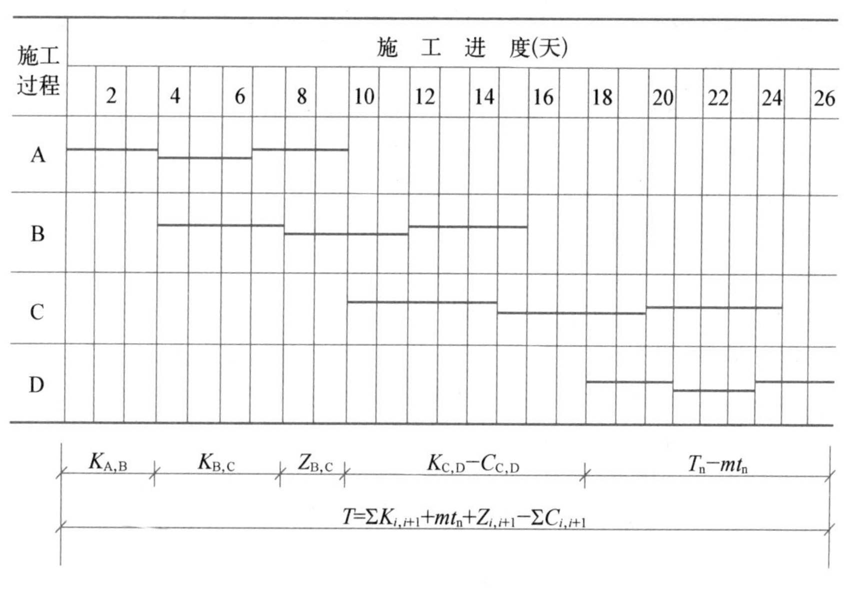

图 3 - 6　例 3 - 5 流水施工横道图

三、成倍节拍流水施工(等步距异节拍流水施工)

成倍节拍流水施工

1. 组织成倍节拍流水施工的条件

当同一施工过程在各施工段上的流水节拍都相等,不同施工过程之间彼此的流水节拍全部或部分不相等但互为倍数时,可组织成倍节拍流水施工。

2. 组织方法

(1) 确定施工起点流向,分解施工过程。

(2) 确定流水节拍。

(3) 确定流水步距 k,计算公式为:k=各流水节拍最大公约数。

(4) 确定专业工作队数,计算公式为:

$$n' = \sum b_i = \sum t_i / k \tag{3-12}$$

式中:i——施工过程;

t_i——i 施工过程的流水节拍;

b_i——施工过程 i 所要组织的专业工作队数;

n'——专业工作队总数。

(5) 确定施工段数

① 不分施工层时,可按划分施工段的原则确定施工段数,不一定要求 $m \geqslant n$。

② 分施工层时,施工段数应满足公式 3-9 的要求。

(6) 确定计划总工期:$T = (j \cdot m + n' - 1) \cdot K + \sum Z_1 - \sum C_1$

式中:j——施工层数;

n'——专业施工队数;

k——流水步距;

其他符号含义同前。

(7) 绘制流水施工进度表。

3. 应用举例

【例 3-6】 某项目由Ⅰ、Ⅱ、Ⅲ三个施工过程组成,分 6 个施工段流水节拍分别为 2 天,6 天,4 天,试组织成倍节拍流水施工,并绘制流水施工的横道图进度表。

【解】 (1) 确定流水步距 k=最大公约数{2,6,4}=2(天)

(2) 求专业工作队数:(队)

$$b_1 = \frac{t_1}{k_b} = \frac{2}{2} = 1(\text{队})$$

$$b_2 = \frac{t_2}{k_b} = \frac{6}{2} = 3(\text{队})$$

$$b_3 = \frac{t_3}{k_b} = \frac{4}{2} = 2(\text{队})$$

$$n_1 = \sum_{i=1}^{3} b_i = \frac{4}{2} = 2(\text{队})$$

(3) 施工段数 $m=6$ 段。

(4) 计算工期：$T=(6+6-1)\times 2=22$(天)。

(5) 绘制流水施工进度表，见图 3－7。

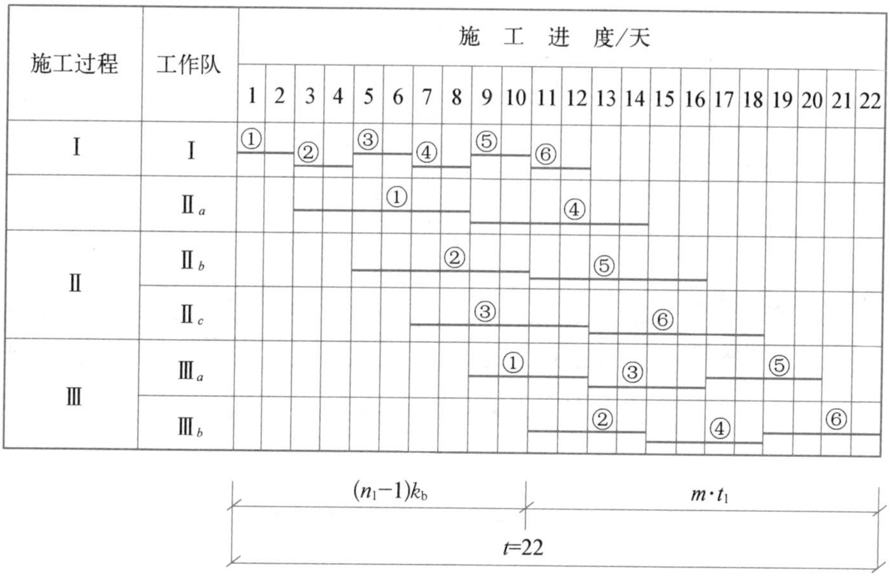

施工过程	工作队	施工进度/天																					
		1	2	3	4	5	6	7	8	9	10	11	12	13	14	15	16	17	18	19	20	21	22
Ⅰ	Ⅰ	①		②		③		④		⑤		⑥											
	$Ⅱ_a$						①						④										
Ⅱ	$Ⅱ_b$								②					⑤									
	$Ⅱ_c$									③						⑥							
Ⅲ	$Ⅲ_a$										①				③					⑤			
	$Ⅲ_b$													②				④				⑥	

$(n_1-1)k_b$　　$m\cdot t_1$

$t=22$

图 3－7　例 3－6 流水施工横道图

【例 3－7】 某二层现浇钢筋混凝土工程，有支模板，绑扎钢筋，浇混凝土三道工序，流水节拍分别为 4 天，2 天，2 天。绑扎钢筋与支模板可搭接 1 天。层间技术间歇为 1 天。试组织成倍节拍流水施工。

【解】 (1) 确定流水步距：k_b＝各流水节拍的最大公约数＝2(天)

(2) 求工作队数：

$$b_1=\frac{t_1}{k_b}=\frac{4}{2}=2$$

$$b_2=\frac{t_2}{k_b}=\frac{2}{2}=1(\text{队})$$

$$b_3=\frac{t_3}{k_b}=\frac{2}{2}=1(\text{队})$$

$$n_1=\sum_{i=1}^{3}b_i=2+1+1=4(\text{队})$$

(3) 求施工段数：$m=n_1+\dfrac{\sum Z_1}{k_b}+\dfrac{\sum Z_2}{k_b}-\dfrac{\sum c}{k_b}=4+\dfrac{0}{2}+\dfrac{1}{2}-\dfrac{1}{2}=4(\text{段})$

(4) 求总工期：$T=(j\cdot m+n_1-1)k_b+\sum Z_1-\sum c=(2\times 4+4-1)\times 2+0-1=$ 21(天)

(5) 绘制流水施工进度表，见图 3－8。

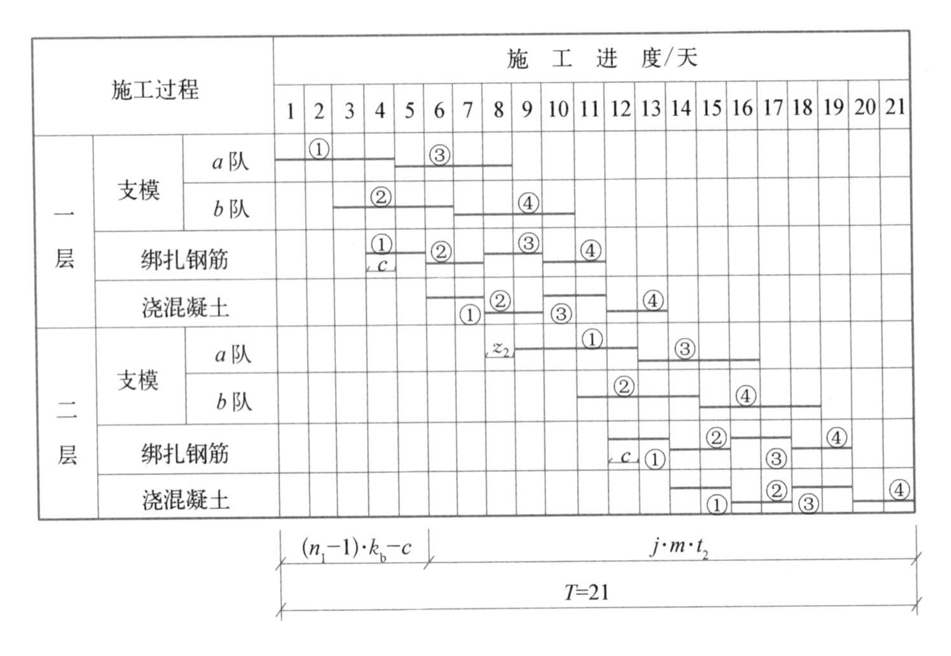

图 3－8　例 3－7 流水施工横道图

四、无节奏流水施工

1. 组织无节奏流水施工的条件

在组织流水施工时，经常由于工程结构形式、施工条件不同等原因，使得各施工过程在各施工段上的工程量有较大差异，导致各施工过程的流水节拍差异很大，无任何规律。这时，可组织无节奏流水施工，最大限度地实现连续作业。这种无节奏流水，亦称分别流水，是工程项目流水施工的普遍方式。

2. 组织方式

(1) 充分利用工作面(空间连续)

① 确定施工起点流向，分解施工过程。

② 确定施工顺序，划分施工段。

③ 按相应的公式计算各施工过程在各个施工段上的流水节拍。

④ 按空间连续或时间连续的组织方法确定相邻两个专业工作队之间的流水步距。

(2) 保证班组无窝工的组织方式(时间连续)

按“潘特考夫斯基定理”即“累加数列错位相减求大差法”计算流水步距，方法如下：

① 根据专业工作队在各施工段上的流水节拍，求累加数列。累加数列是指同一施工过程或同一专业工作队在各个施工段上的流水节拍的累加。

② 根据施工顺序，对所求相邻的两累加数列，错位相减。

③ 取错位相减结果中数值最大者作为相邻专业工作队之间的流水步距。

④ 绘制流水施工进度表。

3. 应用举例

【例 3-8】 某屋面工程有三道工序:保温层→找平层→卷材层,分三段进行流水施工,试分别绘制该工程时间连续和空间连续的横道图进度计划。各工序在各施工段上的作业持续时间如表 3-2 所示。

表 3-2　各工序作业持续时间表

施工过程	第一段	第二段	第三段
保 温 层	3 天	3 天	4 天
找 平 层	2 天	2 天	3 天
卷 材 层	1 天	1 天	2 天

【解】 (1) 按时间连续组织流水施工。

① 确定流水步距:首先求保温层与找平层两施工过程之间的流水步距 $K_{a,b}$,然后同理求得找平层与卷材层之间的流水步距 $K_{b,c}$。

$$\begin{array}{r} 3,\ 6,\ 10,\ 0 \\ -)\ 0,\ 2,\ 4,\ 7 \\ \hline 3,\ 4,\ 6,\ -7 \end{array} \qquad \begin{array}{r} 2,\ 4,\ 7,\ 0 \\ -)\ 0,\ 1,\ 2,\ 4 \\ \hline 2,\ 3,\ 5,\ -4 \end{array}$$

$K_{a,b}=\max\{3,4,6,-7\}=6$(天)　　　$K_{b,c}=\max\{2,3,5,-4\}=5$(天)

②计算工期:$T=K_{a,b}+K_{b,c}+T_c=6+5+(1+1+2)=15$ 天

③ 绘制时间连续横道图进度计划,如图 3-9(a)所示。

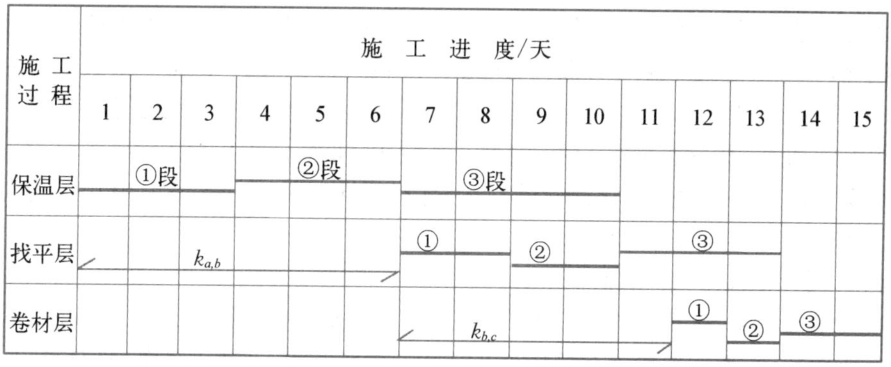

施工过程	施工进度/天														
	1	2	3	4	5	6	7	8	9	10	11	12	13	14	15
保温层		①段			②段			③段							
找平层			$k_{a,b}$				①		②			③			
卷材层								$k_{b,c}$				①	②	③	

图 3-9(a)　班组无窝工的无节奏流水施工

(2) 按空间连续组织施工。

① 确定流水步距。按流水施工概念分别确定。

② 绘制空间连续横道图进度计划,如图 3-9(b)所示。

施工过程	施工进度/天														
	1	2	3	4	5	6	7	8	9	10	11	12	13	14	15
保温层		①			②			③							
找平层				①			②					③			
卷材层						①			②					③	

图 3-9(b)　充分利用工作面的无节奏流水施工

微课

流水施工实例(上、下)

任务 4　流水施工实例

在建筑施工中，需要组织许多施工过程的活动，在组织这些施工过程的活动中，我们把在施工工艺上互相联系的施工过程组成不同的专业组合(如基础工程，主体工程以及装饰工程等)，然后对各专业组合，按其组合的施工过程的流水节拍特征(节奏性)，分别组织成独立的流水组进行分别流水，这些流水组的流水参数可以是不相等的，组织流水的方式也可能有所不同。最后将这些流水组按照工艺要求和施工顺序依次搭接起来，即成为一个工程对象的工程流水或一个建筑群的流水施工。需要指出，所谓专业组合是指围绕主导施工过程的组合，其他的施工过程不必都纳入流水组，而只作为调剂项目与各流水组依次搭接。在更多情况下，考虑到工程的复杂性，在编制施工进度计划时，往往只运用流水作业的基本概念，合理选定几个主要参数，保证几个主导施工过程的连续性。对其他非主导施工过程，只力求使其在施工段上尽可能各自保持连续施工。各施工过程之间只有施工工艺和施工组织上的约束，不一定步调一致。这样，对不同专业组合或几个主导施工过程进行分别流水的组织方式就有极大的灵活性，且往往更有利于计划的实现。下面用几个较为常见的工程施工实例来阐述流水施工的应用。

【例 3-9】 框架结构房屋的流水施工

某四层学生公寓，底层为商业用房，上部为学生宿舍，建筑面积 3 277.96 m^2。基础为钢筋混凝土独立基础，主体工程为全现浇框架结构。装修工程为铝合金窗、胶合板门；外墙贴面砖；内墙为中级抹灰，普通涂料刷白；底层顶棚吊顶，楼地面贴地板砖；屋面用 200 mm 厚加气混凝土块做保温层，上做 SBS 改性沥青防水层，其劳动量一览表见表 3-3。

表 3-3　某幢四层框架结构公寓楼劳动量一览表

序　号	分项工程名称	劳动量(工日或台班)
	基础工程	
1	机械开挖基础土方	6 台班
2	混凝土垫层	30

续表

序　号	分项工程名称	劳动量(工日或台班)
3	绑扎基础钢筋	59
4	基础模板	73
5	基础混凝土	87
6	回填土	150
	主体工程	
7	脚手架	313
8	柱筋	135
9	柱、梁、板模板(含楼梯)	2 263
10	柱混凝土	204
11	梁、板筋(含楼梯)	801
12	梁、板混凝土(含楼梯)	939
13	拆模	398
14	砌空心砖墙(含门窗框)	1 095
	屋面工程	
15	加气混凝土保温隔热层(含找坡)	236
16	屋面找平层	52
17	屋面防水层	49
	装饰工程	
18	顶棚墙面中级抹灰	1 648
19	外墙面砖	957
20	楼地面及楼梯地砖	929
21	顶棚龙骨吊顶	148
22	铝合金窗扇安装	68
23	胶合板门	81
24	顶棚墙面涂料	380
25	油漆	69
26	室外	
27	水、电	

由于本工程各分部的劳动量差异较大，因此先分别组织各分部工程的流水施工，然后再考虑各分部之间的相互搭接施工。具体组织方法如下：

1. 基础工程

基础工程包括基槽挖土、混凝土垫层、绑扎基础钢筋、支设基础模板、浇筑基础凝土、回填土等施工过程。其中基础挖土采用机械开挖，考虑到工作面及土方运输的需要，将机械挖土与其他手工操作的施工过程分开考虑，不纳入流水。混凝土垫层劳动量较小，为了不影响其他施工过程的流水施工，将其安排在挖土施工过程完成之后，也不纳入流水。

基础工程平面上划分两个施工段组织流水施工($m=2$)，在六个施工过程中，参与流水的施工过程有 4 个，即 $n=4$，组织全等节拍流水施工如下：

基础绑扎钢筋劳动量为 59 个工日，施工班组人数为 10 人，采用一班制施工，其流水节拍为

$$t_{筋} = \frac{59}{2 \times 10 \times 1} = 3 \text{ 天}$$

其他施工过程的流水节拍均取 3 天，其中基础支模板 73 个工日，施工班组人数为

$$R_{水} = \frac{73}{2 \times 3} = 12 \text{ 人}$$

浇筑混凝土劳动量为 87 个工日，施工班组人数为

$$R_{混凝土} = \frac{87}{2 \times 3} = 15 \text{ 人}$$

回填土劳动量为 150 个工日，施工班组人数为

$$R_{回填} = \frac{150}{2 \times 3} = 25 \text{ 人}$$

流水工期计算如下：

$$T = (m + n - 1)K = (2 + 4 - 1) \times 3 = 15 \text{ 天}$$

土方机械开挖 6 个台班，用一台机械二班制施工，则作业持续时间为

$$t_{挖土} = \frac{6}{1 \times 2} = 3 \text{ 天(取 3 天)}$$

混凝土垫层 30 个工日，15 人一班制施工，其作业持续时间为

$$t_{混凝土} = \frac{30}{15 \times 1} = 2 \text{ 天}$$

则基础工程的工期为

$$T_1 = 3 + 2 + 15 = 20 \text{ 天}$$

2. 主体工程

主体工程包括立柱子钢筋，安装柱、梁、板模板，浇捣柱子混凝土，梁、板、楼梯钢筋绑

扎，浇捣梁、板、楼梯混凝土，搭脚手架，拆模板，砌空心砖墙等施工过程，其中后三个施工过程属平行穿插施工过程，只根据施工工艺要求，尽量搭接施工即可，不纳入流水施工。主体工程由于有层间关系，要保证施工过程流水施工，必须使 $m=n$，否则，施工班组会出现窝工现象。本工程中平面上划分为两个施工段，主导施工过程是柱、梁、板模板安装，要组织主体工程流水施工，就要保证主导施工过程连续作业，为此，将其他次要施工过程综合为一个施工过程来考虑其流水节拍，且其流水节拍值不得大于主导施工过程的流水节拍，以保证主导施工过程的连续性，因此，则主体工程参与流水的施工过程数 $n=2$ 个，满足 $m=n$ 的要求。具体组织如下：

柱子钢筋劳动量为 135 个工日，施工班组人数为 17 人，一班制施工，则其流水节拍为

$$t_{\text{柱筋}}=\frac{135}{4\times2\times17\times1}=1\text{天}$$

主导施工过程的柱、梁、板模板劳动量为 2 263 个工日，施工班组人数为 25 人，两班制施工，则流水节拍为

$$t_{\text{模}}=\frac{2\ 263}{4\times2\times25\times2}=5.65\text{天(取 6 天)}$$

柱子混凝土，梁、板钢筋，梁、板混凝土及柱子钢筋统一按一个施工过程来考虑其流水节拍，其流水节拍不得大于 6 天，其中，柱子混凝土劳动量为 204 个工日，施工班组人数为 14 人，两班制施工，其流水节拍为

$$t_{\text{柱混凝土}}=\frac{204}{4\times2\times14\times2}=0.9\text{天(取 1 天)}$$

梁、板钢筋劳动量为 801 个工日，施工班组人数为 25 人，两班制施工，其流水节拍为

$$t_{\text{梁、板筋}}=\frac{801}{4\times2\times25\times2}=2\text{天(取 6 天)}$$

梁、板混凝土劳动量为 939 个工日，施工班组人数为 20 人，三班制施工，其流水节拍为

$$t_{\text{混凝土}}=\frac{939}{4\times2\times20\times3}=2\text{天}$$

因此，综合施工过程的流水节拍仍为(1+2+2+1)=6 天，可与主导施工过程一起组织全等节拍流水施工。其流水工期为

$$\begin{aligned}T&=(j\times m+n-1)t\\&=(2\times4+2-1)\times6=54\text{天}\end{aligned}$$

拆模施工过程计划在梁、板混凝土浇捣 12 天后进行，其劳动量为 398 个工日，能工班组人数为 25 人，一班制施工，其流水节拍为

$$t_{\text{拆模}}=\frac{398}{4\times2\times25\times1}=2\text{天}$$

砌空心砖墙(含门窗框)劳动量为 1 095 个工日，施工班组人数为 45 人，一班制施工，其

流水节拍为

$$t_{砌墙} = \frac{1\ 095}{4 \times 2 \times 45 \times 1} = 3 天$$

则主体工程的工期为

$$T_2 = 54 + 12 + 2 + 3 = 71 天$$

3. 屋面工程

屋面工程包括屋面保温隔热层、找平层和防水层三个施工过程。考虑屋面防水要求高，所以不分段施工，即采用依次施工的方式。屋面保温隔热层劳动量为 236 个工日，施工班组人数为 40 人，一班制施工，其施工持续时间为

$$t_{保温} = \frac{236}{40 \times 1} = 6 天$$

屋面找平层劳动量 52 个工日，18 人一班制施工，其施工持续时间为

$$t_{找平} = \frac{52}{18 \times 1} = 3 天$$

屋面找平完成后，安排 7 天的养护和干燥时间，方可进行屋面防水层的施工。SBS 改性沥青防水层劳动量 47 个工日，安排 10 人一班制施工，其施工持续时间为

$$t_{防水} = \frac{47}{10 \times 1} = 4.7 天(取 5 天)$$

4. 装饰工程

装饰工程包括顶棚墙面中级抹灰、外墙面砖、楼地面及楼梯地砖、一层顶棚龙骨吊顶、铝合金窗扇安装、胶合板门安装、内墙涂料、油漆等施工过程。其中一层顶棚龙骨吊顶属于穿插施工过程，不参与流水作业，因此参与流水的施工过程为 $n=7$。

装修工程采用自上而下的施工起点流向。结合装修工程的特点，把每层房屋视为一个施工段，共 4 个施工段($m=4$)，其中抹灰工程是主导施工过程，组织有节奏流水施工如下：顶棚墙面抹灰劳动量为 1 648 个工日，施工班组人数为 60 人，一班制施工，其流水节拍为

$$t_{抹灰} = \frac{1\ 648}{4 \times 60 \times 1} = 6.8 天(取 7 天)$$

外墙面砖劳动量为 957 个工日，施工班组人数为 34 人，一班制施工，则其流水节拍为

$$t_{外墙} = \frac{957}{4 \times 34 \times 1} = 7 天$$

楼地面及楼梯地砖劳动量为 929 个工日，施工班组人数为 33 人，一班制施工，其流水节拍为

$$t_{地面} = \frac{929}{4 \times 33 \times 1} = 7 天$$

铝合金窗扇安装 68 个工日，施工班组人数为 6 人，一班制施工，则流水节拍为

$$t_{窗}=\frac{68}{4\times 6\times 1}=2.83\text{ 天(取 3 天)}$$

其余胶合板门、内墙涂料、油漆安排一班制施工，流水节拍均取 3 天，其中，胶合板门劳动量为 81 个工日，施工班组人数为 7 人；内墙涂料劳动量为 380 个工日，施工班组人数为 32 人；油漆劳动量为 69 个工日，施工班组人数为 6 人。

顶棚龙骨吊顶属于插施工过程，不占总工期，其劳动量为 148 个工日，施工班组人数为 15 人，一班制施工，则施工持续时间为

$$t_{顶棚}=\frac{148}{15\times 1}=10\text{ 天}$$

装饰分部流水施工工期计算如下

$$K_{抹灰、外墙}=7\text{ 天}$$
$$K_{外墙、地面}=7\text{ 天}$$
$$K_{地面、窗}=4\times 7-(4-1)\times 3=28-9=19\text{ 天}$$
$$K_{窗、门}=3\text{ 天}$$
$$K_{门、涂料}=3\text{ 天}$$
$$K_{涂料、油漆}=3\text{ 天}$$
$$T_3=\sum K_{I,I+1}+mt_m$$
$$=(7+7+19\mp 3+3+3)+4\times 3=54\text{ 天}$$

BIM5D 施工
模拟视频

本工程流水施工进度计划安排见书后附图 1。

【情境解决】

扫码查看
情境解决参考方案

一、单项选择题

1. 全部工程任务的各施工段同时开工、同时完成的施工组织方式是(　　)。

A. 依次施工　　B. 平行施工

C. 流水施工　　D. 搭接施工

2. 当组织流水施工的工程对象有层间关系时，使各施工队组能连续施工、工作面有空闲的条件是(　　)。

A. $m\geqslant n$　　B. $m=n$　　C. $m>n$　　D. $m<n$

3. 某施工段上的工程量为 300 m^3，由某专业工作队施工，已知计划产量定额为 10 m^3/工

日,每天安排两班制,每班 5 人,则流水节拍为(　　)天。

A. 3　　B. 4　　C. 5　　D. 6

4. 两个相邻施工队组相继进入同一施工段开始施工的最小时间间隔,称为(　　)。

技术间歇　　B. 流水节拍　　C. 流水步距　　D. 组织间歇

5. 流水施工的工艺参数有(　　),流水强度。

A. 工作面　　B. 施工段　　C. 施工过程　　D. 流水节拍

6. 流水施工的空间参数有工作面,(　　),施工层数。

A. 施工过程　　B. 施工段数　　C. 流水节拍　　D. 流水步距

7. 组织流水施工时,流水节拍、施工过程、施工段如表所示,则该工程最适宜采用(　　)方式组织施工。

施工段 施工过程	Ⅰ	Ⅱ	Ⅲ
①	3	3	3
②	3	3	3
③	3	3	3

A. 等节拍　　B. 异节拍　　C. 无节拍　　D. 无节奏

8. 组织流水施工时,流水节拍、施工过程、施工段如表所示,则流水步距的计算正确的是(　　)。

施工段 施工过程	Ⅰ	Ⅱ	Ⅲ
①	3	3	3
②	3	3	3
③	3	3	3

A. 均等于 2　　B. 均等于 3

C. $K_{①,②}=2$,$K_{②,③}=3$　　D. $K_{①,②}=3$,$K_{②,③}=2$

9. 采用等步距异节拍组织流水施工时,下列说法错误的是(　　)。

A. 同一施工过程在各施工段之间流水节拍相等

B. 各施工过程之间流水步距相等

C. 专业施工班组数大于施工过程数

D. 流水步距等于流水节拍

10. 下列组织流水施工的方式中,专业班组数大于施工过程数的是(　　)。

A. 等节拍流水　　B. 异步距异节拍流水

C. 等步距异节拍流水　　D. 无节奏流水

二、多项选择题

1. 流水施工使工程施工连续、均衡有节奏地进行,可以起到的作用有(　　)。

A. 降低工程造价　　B. 缩短结算时间
C. 缩短工程工期　　D. 减少工程索赔
E. 提高工程质量

2. 组织依次施工时，如果按专业成立专业工作队，则其特点有(　　)。
A. 各专业工作队不能在各段连续施工
B. 没有充分利用工作面进行施工
C. 完成施工任务所消耗的资源总量较多
D. 施工现场的组织管理比较复杂
E. 不利于提高劳动生产率和工程质量

3. 关于组织流水施工中时间参数的有关问题，下列叙述正确的是(　　)。
A. 流水节拍是某个专业工作队在一个施工段上的施工时间
B. 主导施工过程中的流水节拍应是各施工过程流水节拍的平均值
C. 流水步距是两个相邻的工作队进入流水作业的最小时间间隔
D. 工期是指第一个专业队投入流水施工开始到最后一个专业队完成流水施工止的延续时间
E. 流水步距的最大长度必须保证专业队进场后不发生停工、窝工现象

4. 下列流水施工组织方式中，施工班组数等于施工过程数的有(　　)。
A. 等节拍流水　　B. 异步距异节拍流水
C. 等步距异节拍流水　　D. 无节奏流水

5. 组织流水施工时，流水节拍、施工过程、施工段如表所示，则下列说法正确的有(　　)。

施工段 施工过程	Ⅰ	Ⅱ	Ⅲ	Ⅳ
①	3	3	3	3
②	3	3	3	3
③	3	3	3	3

A. 应采用等节拍流水组织施工　　B. 应采用异节拍流水组织施工
C. $K_{①,②}=3, K_{②,③}=3$　　D. $K_{①,②}=3, K_{②,③}=6$

三、计算题

1. 某分部工程由四个分项工程组成，划分成五个施工段，流水节拍均为 3 天，无技术、组织间歇，试确定流水步距，计算工期，并绘制流水施工进度表。

2. 某项目由Ⅰ、Ⅱ、Ⅲ、Ⅳ等四个施工过程组成，划分两个层组织流水施工，施工过程Ⅱ完成后需养护一天下一个施工过程才能施工，且层间技术间歇为一天，流水节拍均为一天。为了保证工作队连续作业，试确定施工段数，计算工期，绘制流水施工进度表。

3. 某 3 层框架结构由支模、扎钢筋、浇混凝土等三个施工过程组成，支模和扎钢筋两个施工过程允许搭接两天，浇混凝土后需养护两天。流水节拍为支模六天、扎钢筋四天、浇混凝土两天。为了保证工作队连续作业，试确定施工段数，计算工期，绘制流水施工进度表。

4. 某工程有四个施工过程，三个施工段，流水节拍如下表，试组织分别流水施工。

施工过程 施工段	Ⅰ	Ⅱ	Ⅲ	Ⅳ
一	2	3	2	1
二	1	2	1	2
三	3	1	2	1

5. 工程外墙装饰工程有水刷石、陶瓷锦砖(马赛克)、干粘石三种装饰内容，在一个流水段上的工程量分别为：40 平方米，85 平方米，124 平方米；采用的劳动定额分别为 3.6 平方米/工日，0.435 工日/平方米，4.2 平方米/工日。

   求各装饰分项的劳动量；此墙共有 5 段，如每天工作一班 12 人做，则装饰工程的工期为多少天？

6. 某工程墙体工程量为 1 026 立方米，采用的产量定额为 1.04 立方米/工日，一班制施工，要求 30 天内完成。

   求(1) 墙体所需的劳动工日数；(2) 砌墙每天所需的施工人数。

7. 某四层砖混结构，基础需 40 天，主体墙需 240 天，屋面防水层需 10 天，现每层均匀分为二段，一个结构层为二个施工层，则基础、主题墙及屋面防水层的节拍各为多少？

8. 某建筑装饰工程地面抹灰划分为三个施工段，三个施工过程分别为基层、中层、面层，相关数据见下表。试编制该装饰工程的施工进度计划。

   【问题】

   (1) 填写表中的空格内容。

   (2) 按不等节拍组织流水施工，绘制进度计划及劳动力动态曲线。

   (3) 按成倍节拍组织流水施工，绘制进度计划及劳动力动态曲线。

施工过程的相关数据

过程名称	施工段	工程量 Q/m^2	每段施工量 Q_i/m^2	产量或时间定额 S_i 或 H_i	劳动量 P_i	R_i	t_i
基层		108		0.98 m^2/工日		9 人	
中层		1 050		0.084 9 工日/m^2		5 人	
面层		1 050		0.062 7 工日/m^2		11 人	

答案扫一扫

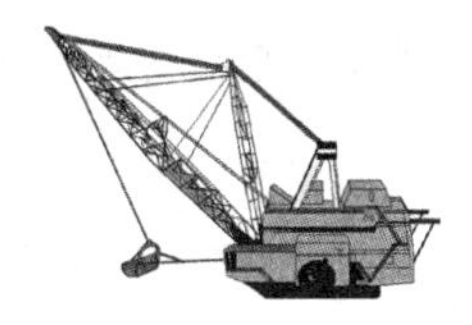

情境四 网络计划技术

知识目标

1. 了解网络计划的基本原理。
2. 掌握双代号和单代号网络图的基本概念和基本组成要素。
3. 掌握双代号和单代号网络图的绘制、时间参数的计算。
4. 掌握时标网络计划的绘制、应用。
5. 掌握网络计划优化的方法。

能力目标

能够根据工作间的逻辑关系正确绘制网络计划、计算网络计划的各项参数、确定关键工作和关键线路,并进行网络计划的调整和优化。

素养目标

1. 培养探索精神,学习精神,为行业新技术的发展、应用和发展增添动能。
2. 树立岗位责任感,塑造精益求精的工匠精神。

【情境导入】

1. 施工单位(乙方)与建设单位(甲方)签订了建造无线电发射试验基地施工合同,合同工期为50天。请根据以下工序逻辑关系表,编制该项目的初始网络进度计划。

2. 开工后,因为基础工程进行地质勘测复核耽误了5天,而项目需按合同要求按时完工并投入使用,请你作为施工管理者,对初始网络计划进行合理的工期调整和优化。

表4-0

工序名称	紧前工作	计划时间	极限工作时间	费用变化率(万元/天)
A房屋基础	—	8	6	1
B发射塔基础	A	20	16	1
C房屋主体	A	10	8	1.2

续表

工序名称	紧前工作	计划时间	极限工作时间	费用变化率(万元/天)
D管沟	A	6	6	0.8
E房屋装修	C	12	10	1.2
F敷设电缆	D	8	6	1.6
G发射塔制作安装	B	14	12	1.5
H安装设备	B、E	16	12	1.5
J调试	GHF	4	2	2

微课

网络计划概述

任务1 概 述

随着科学技术的不断进步，建设规模的日益扩大，要求计划、生产管理的方法也必须科学化和现代化，要对一个复杂的工程项目进行有效的管理，必须依赖于进度计划；要做好进度计划，必须将工程项目的全部作业具体形象化，并按适当顺序加以安排，形成进度计划，从而对工程实行控制，达到预期目标。横道图较易编制、简单明了、直观易懂、便于检查、使用方便，故从20世纪初一直合用至今。但是，横道图不能体现出哪些工作是关键工作，哪些工作有时差。网络计划技术符合统筹兼顾、适当安排的原则，适应现代化大生产的组织管理和科学研究的需要，因而，在现代化大生产的组织管理中，该方法正在逐步地替代传统的计划管理方法。

一、网络计划的概念及特点

1. 网络计划的概念

网络计划是用网络图表达任务构成、工作顺序并标注工作时间参数的进度计划。

网络图是由前线和节点组成的，反映工作流程的有向、有序的网状图形。

网络计划技术是利用网络图的形式表达各项工作之间相互制约和相互依赖的关系，分析其内在规律，从而寻求最优方案的方法。

网络计划技术是一种科学的计划管理方法，英文缩写为CPM，也称为关键路线法，1956年出现于美国，20世纪60年代引人我国。它是用网络图表示各项工作之间的相互关系，找出控制工期的关键路线，在一定工期、成本、资源条件下获得最佳的计划安排，以达到缩短工期、提高工效、降低成本的目的。

2. 网络计划特点

与横道图进度计划线路比较，网络计划有以下优点：

(1) 能够明确地反映各施工过程之间相互依存与相互制约关系，便于对复杂及难度大的项目系统做出有序可行的安排，从而取得良好的管理效果和经济效益；

(2) 利用网络计划，通过计算，可以找出网络计划中的关键线路(关键线路上的工作，花费的时间长，消费的资源多，在全部工作中所占的比例小）和次关键线路；

（3）能够在错综复杂的计划中找出影响整个工程进度的关键施工过程，便于管理人员集中精力抓施工中的主要矛盾，确保按期竣工，避免盲目抢工；

（4）根据施工过程之间明确的逻辑关系，便于进行各种时间参数计算，有助于进行定量计分析；

（5）利用网络计划可计算出除关键工作之外其他工作的机动时间。有利于工作中利用这些机动时间，优化资源强度，调整工作进程，降低成本；

（6）网络计划有利于计算机技术的应用。其绘图、计算、优化、调整、控制、统计与分析等管理过程都可以在计算机上完成。

网络计划技术的缺点主要体现在对进度的状况不能一目了然，表达不直观，绘图的难度和修改的工作量都很大，不易被更多的人所掌握，对应用者具有较高的要求。

二、网络计划的分类

1. 按性质分类

（1）肯定型网络计划。肯定型网络计划是指工作与工作之间的逻辑关系以及工作的工期（在各施工段的流水节拍）都是确定的。

（2）非肯定型网络计划。与肯定型网络计划相反，指工作之间的逻辑关系不确定或工作的工期确定。

2. 按表示方法分类

（1）单代号网络计划。单代号网络计划是指用单代号表示法绘制的网络图，在单代号网络图中，用个节点表示一项工作，箭线仅用来表示各项工作之间相互制约、相互依赖的关系，如图 4－1 所示。

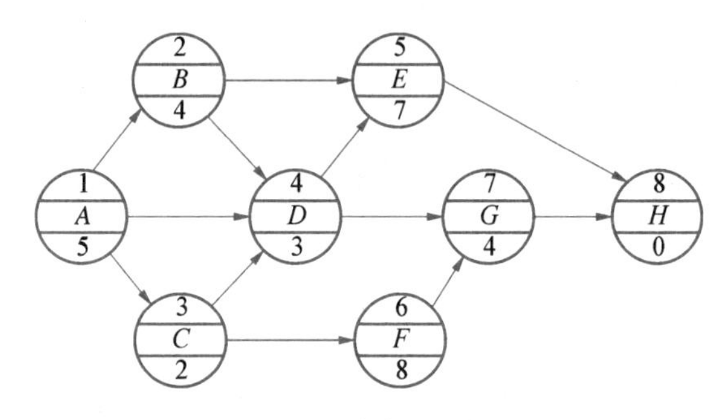

图 4－1　单代号网络图

（2）双代号网络计划。双代号网络计划是指用双代号表示法绘制的网络计划图，在双代号网络图用一条箭线来表示一项工作（工作名称、工作时间及工作之间的逻辑关系），如图 4－2 所示。

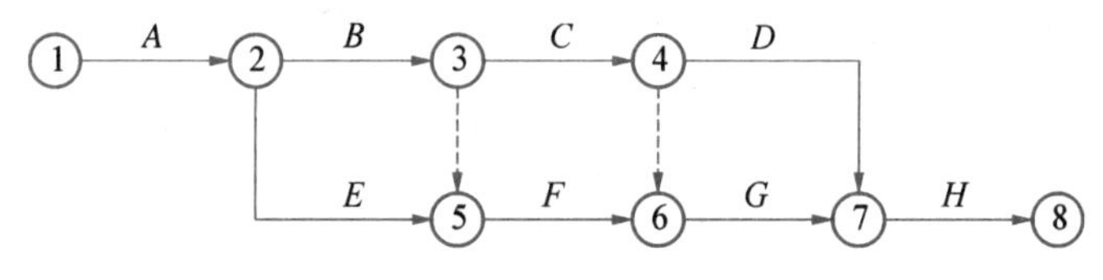

图 4－2　双代号网络图

3. 按有无时间坐标分类

(1) 时标网络计划。时标网络计划是指以时间坐标为尺度绘制的时标网络计划，如图4-3所示。

(2) 非时标网络计划。非时标网络计划是指不按时间坐标绘制的网络计划图，如图4-2所示。

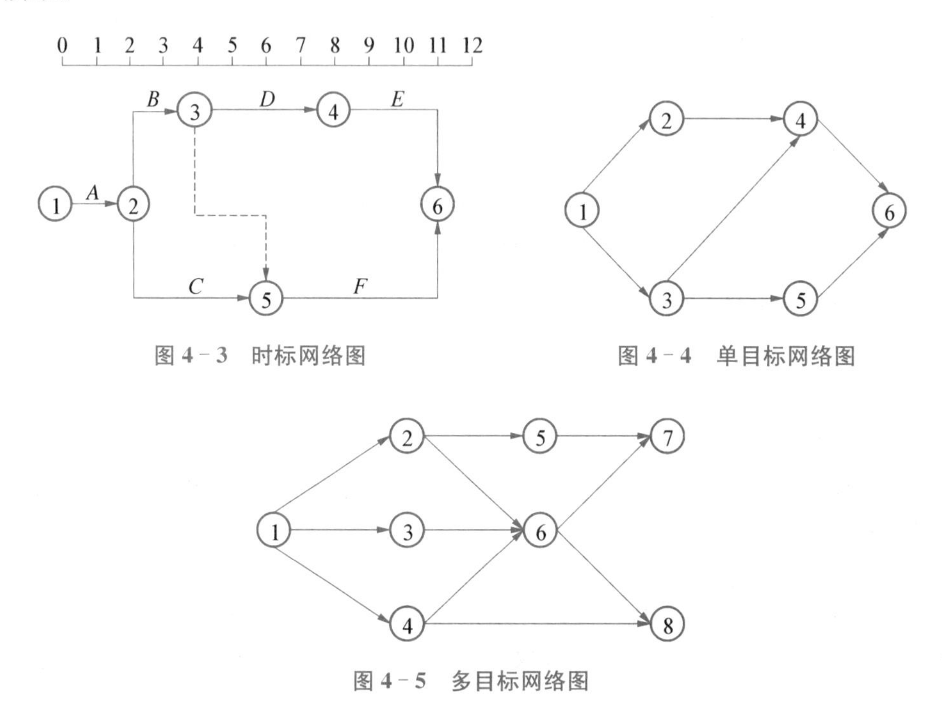

图4-3 时标网络图

图4-4 单目标网络图

图4-5 多目标网络图

4. 按目标多少分类

(1) 单目标网络计划。只有一个终点节点的网络计划称为单目标网络计划，如图4-4所示。

(2) 多目标网络计划。有多个终点节点的网络计划称为多目标网络计划，如图4-5所示。

以上所称终点节点，是指网络图的最后一个节点，它表示一项任务的完成。终点节点的特征是没有外向箭线，即没有从该节点引出的箭线。

单目标网络图与多目标网络图都只有一个起点节点，即网络图的第一个节点，表示一项任务的开始。

5. 按网络计划的层次分类

(1) 局部网络计划。是指以一个分部工程或单位工程为对象编制的网络计划。

(2) 单位工程网络计划。是指以一个单位工程或单体工程为对象编制的网络计划。

(3) 综合网络计划。是指以一个单项工程或以一个建设项目为对象编制的网络计划。

微课

网络计划编制

任务 2　网络计划的编制

一、双代号网络计划图的组成

用一条箭线及两端的两个节点编号表示一项工作(或施工过程、工序、活动)的网络图称为双代号网络图。双代号网络图由三个要素组成:箭线、节点和线路。

1. 箭线(工作)

箭线在双代号网络图中表示一项工作。如图 4-6 所示,箭尾表示工作的开始,箭头表示工作的结束(节点内进行编号,用箭尾和箭头的两个编号作为工作代号),工作名称或代号标注在箭线上方或左侧,完成工作所需时间(工作持续时间)标注在箭线下方或右侧。箭线的长度不代表时间的长短,画图时原则上是任意的,但应满足网络图绘制规则。箭线的形式可以是直线、折线或斜线,必要时也可以画成曲线,但应以水平直线为主,一般不宜画成垂直线。

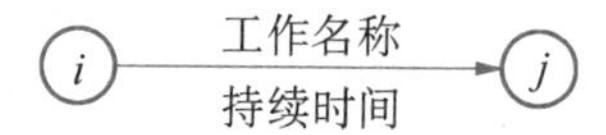

图4-6　双代号网络图表示一项工作的基本形式

(1) 双代号网络图中箭线的分类

双代号网络图中,指向某个节点的箭线称为该节点的内向箭线,从某个节点引出的箭线称为该节点的外向箭线。如 4-6 图中的箭线既是ⓘ节点的外向箭线,又是ⓙ节点的内向箭线。

(2) 双代号网络图中的工作性质

① 实工作

指的是一项实际存在的工作,它消耗一定的资源和时间。对于只消耗时间而不消耗资源的工作,如混凝土的养护,也作为一项实工作考虑。实工作用实箭线表示。

② 虚工作

双代号网络图中,只表示相邻工作之间的逻辑关系,既不占用时间,也不消耗资源的虚拟工作称为虚工作。虚工作用虚箭线表示,如图 4-7 所示。

图 4-7　双代号网络图中虚工作的表达形式

虚箭线一般起着工作之间的联系、区分和断路三个作用。联系作用是指应用虚箭线正确表达工作之间相互依存的关系,如图 4-8 所示;

区分作用是指双代号网络图中每一项工作都必须用一条箭线和两个代号表示,若两项工作的代号相同时,应使用虚工作加以区分,如图 4-9 所示;

断路作用是用虚箭线断掉多余联系(即在网络图中把无联系的工作连接上了时,应加上虚工作将其断开)，如图 4-10 所示。

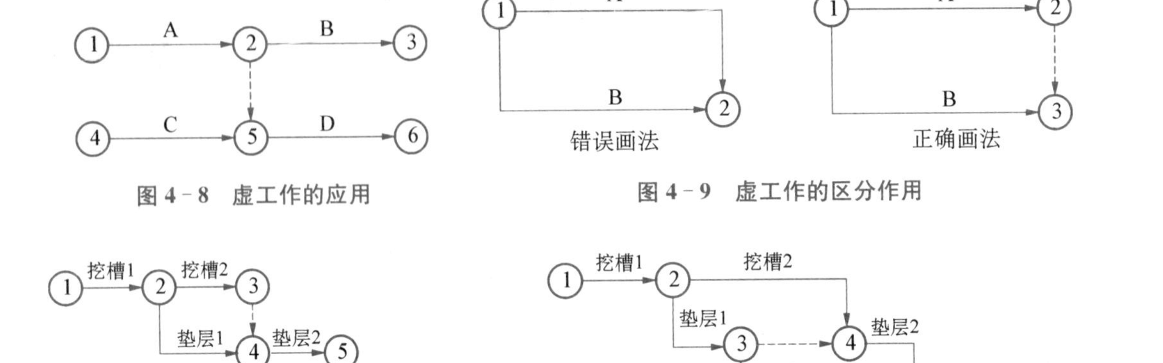

图 4-8　虚工作的应用

图 4-9　虚工作的区分作用

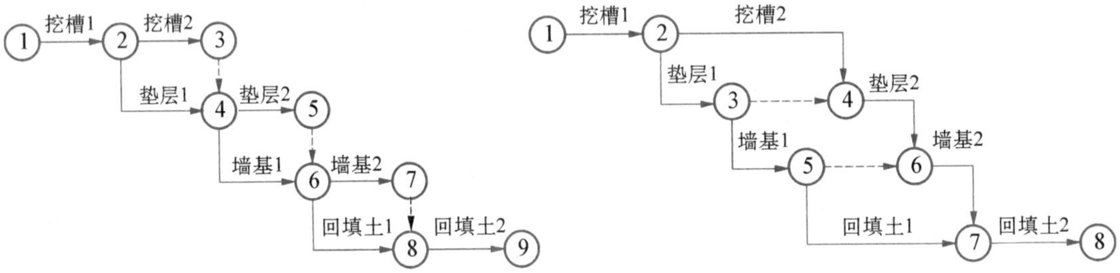

(a) 错误的表达形式

(b) 正确的表达形式

图 4-10　虚工作的断路作用

(3) 双代号网络图中工作之间的关系

双代号网络图中工作之间有紧前工作、紧后工作和平行工作三种关系，其表达如图 4-11 所示。

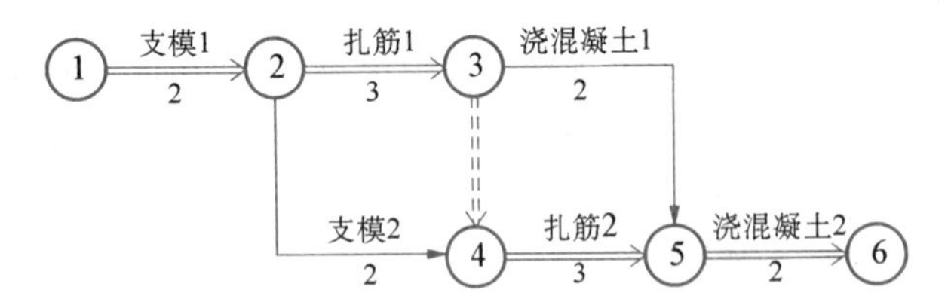

图 4-11　双代号网络图工作的三种关系

① 紧前工作指的是紧排在本工作之前的工作。双代号网络图中，本工作和紧前工作之间可能有虚工作，如图中，支模 1 是支模 2 组织上的紧前工作；扎筋 1 和扎筋 2 之间虽有虚工作，但扎筋 1 仍是扎筋 2 组织关系上的紧前工作；扎筋 1 是浇混凝土 1 工艺关系上的紧前工作。

② 紧后工作指的是紧排在本工作之后的工作。双代号网络图中，本工作和紧后工作之间可能有虚工作。如图所示，扎筋 2 是扎筋 1 组织关系上的紧后工作，浇混凝土 1 是扎筋 1 工艺关系上的紧后工作。

③ 平行工作指的是可与本工作同时进行的工作，在图中，支模 2 是扎筋 1 的平行工作。

2. 节点

节点是网络图中箭线之间的连接点。在双代号网络图中，节点既不占用时间、也不消耗资源，是个瞬时值，即它只表示工作的开始或结束的瞬间，起着承上启下的衔接作用。

(1)节点的分类

根据节点在网络图中的位置不同，可以将节点分为起点节点、终点节点、中间节点。

① 起点节点

网络图的第一个节点叫“起点节点”，它只有外向箭线，一般表示一项任务或一个项目的开始，如图 4－12 所示。

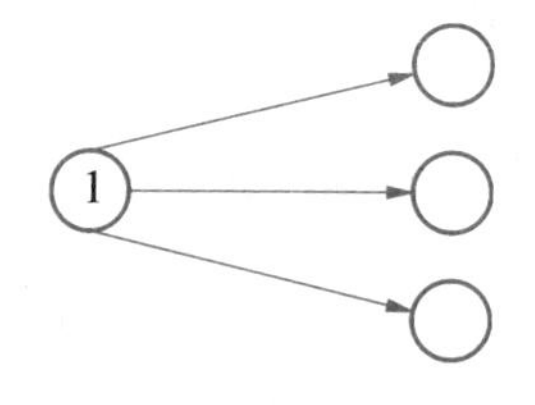

图 4－12　双代号网络图起点节点

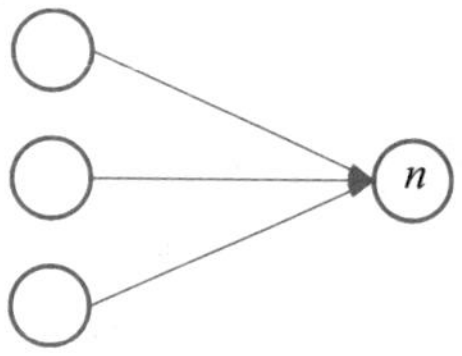

图 4－13　双代号网络图终点节点

② 终点节点

网络图的最后一个节点叫“终点节点”，它只有内向箭线，一般表示一项任务或一个项目的完成，如图 4－13 所示。

③ 中间节点

网络图中即有内向箭线，又有外向箭线的节点称为中间节点，如图 4－14 所示。

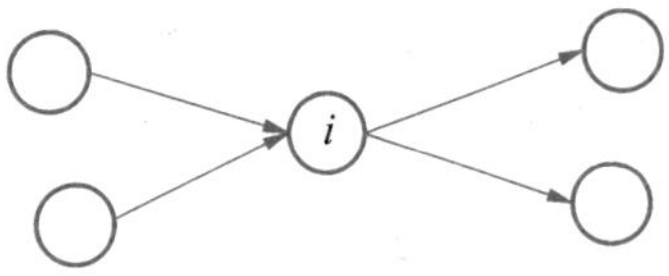

图 4－14　双代号网络图中间节点

(2)节点的编号

为了便于网络图的检查和计算，需对网络图各节点进行编号。节点的编号应满足以下原则：

① 在一个网络图中，所有节点不能出现重复编号，更不允许漏编；编号的号码可以按自然数顺序排列，也可以采用不连续编号法，以备网络图调整时留出备用节点号；

②节点编号的顺序是由起点节点顺箭线方向至终点节点，因此，箭头节点编号应大于箭尾节点编号。

节点编号的方法可以采用水平编号法，即从起点节点开始由上到下逐行编号，每行则自左到右按顺序进行，如图 4－15 所示；也可以采用垂直编号法，即从起点节点开始自左到右列编号，每列则根据编号规则的要求进行编号，见图 4－16 所示。

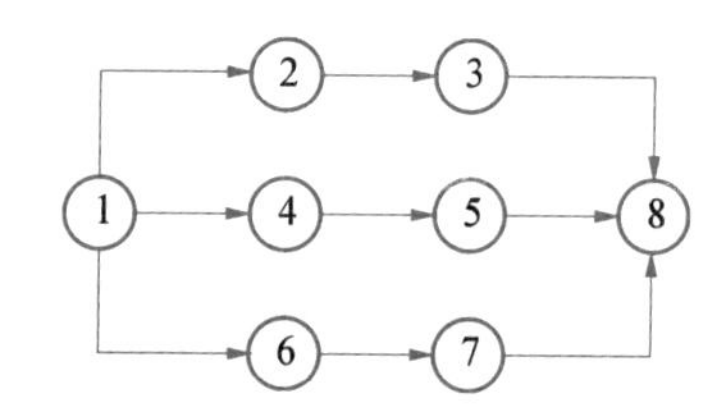

图 4－15　水平编号法

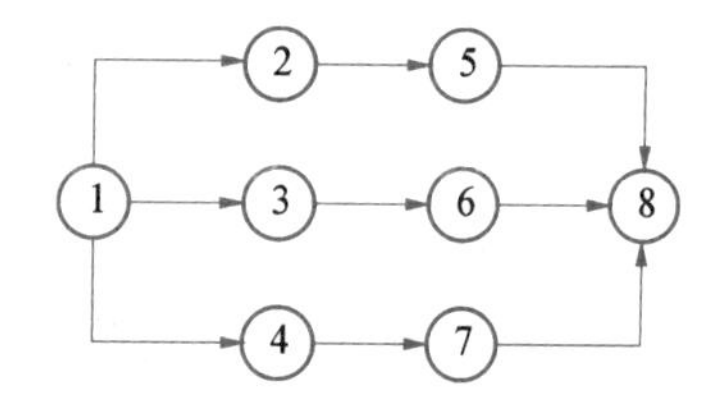

图 4－16　垂直编号法

3. 线路

网络图中由起点节点沿箭线方向经过一系列箭线与节点，最后达到终点节点所形成的路线，称为线路。一个网络图中，从起点节点到终点节点，一般都存在多条线路，可依次用该线路上的节点代号来记述，如 4－11 图中，有 3 条线路，每条线路都包含若干项工作，这些工作的持续时间之和就是该线路的时间长度，即线路上总的工作持续时间。

(1) 关键线路与非关键线路

在一项计划的所有线路中,持续时间最长的线路称关键线路,其余的线路称为非关键线路。关键线路对整个工程的完工起决定性的作用,关键线路的持续时间即为该项计划的工期。在网络图中它一般以双箭线、粗箭线或其他颜色箭线表示。

(2) 关键工作与非关键工作

位于关键线路上的工作称为关键工作,其余工作称为非关键工作。关键工作的快慢直接影响整个工期计划的实现。

通常一个网络图中至少有一条关键线路。关键线路也不是一成不变的,当环境或条件发生变化时,关键线路和非关键线路也会相互转化。例如,当采取技术组织措施,缩短关键工作的持续时间,或延长非关键工作的持续时间,都有可能使关键线路发生转移。在网络计划中,关键工作的比重一般不宜过大,以便于抓住主要矛盾,加强管理工作的控制。在保证计划工期的前提下,非关键线路具有一定的机动时间,称为时差。时差的意义在于可以使非关键工作在时差允许范围内放慢施工进度,将部分人、财、物转移到关键工作上去,以加快关键工作的进程;或者在时差允许范围内改变工作开始与结束时间,达到均衡施工的目的。

二、单代号网络计划图的组成

同双代号网络图一样,单代号网络图的基本构成要素也是箭线、节点、线路。

1. 箭线

单代号网络图中,箭线表示紧邻工作之间的逻辑关系。箭线可以画成直线、折线或斜线。箭线的水平投影方向应自左向右,表达工作的进行方向。单代号网络图的箭线均为实箭线。

2. 节点

单代号网络图中每一个节点表示一项工作,宜用圆圈或矩形符号表示,节点所表示的工作名称、持续时间和工作编号等应标注在节点内,如图 4-17 所示。

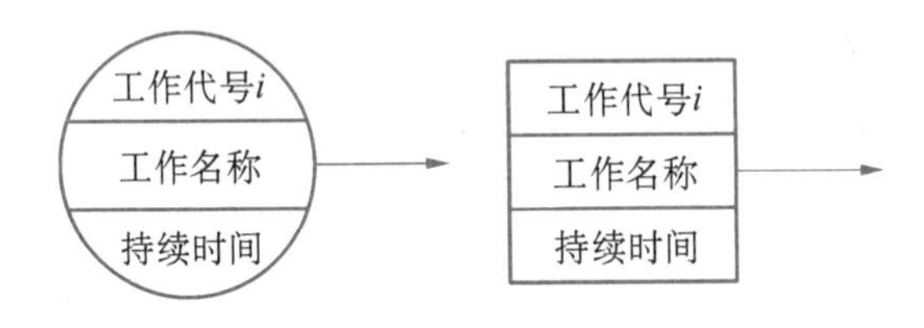

图 4-17 单代号网络图节点编号的原则同双代号网络图

3. 线路

单代号网络图中线路的含义与双代号网络图相同,单代号网络图的线路是指从起点节点至终点节点,沿箭线方向顺序经过一系列箭线与节点所形成的若干通路。其中,持续时间最长的线路为关键线路,其余线路称为非关键线路。

三、双代号网络计划图的绘制

1. 双代号网络图的逻辑关系

网络图中工作之间相互制约或相互依赖的关系称为逻辑关系,它包括工艺关系和组织关系，在网络中均应表现为工作之间的先后顺序。

1. 工艺关系

生产性工作之间由工艺过程决定的、非生产性工作之间由工作程序决定的先后顺序叫工艺关系。对于一项具体的分部工程来说，当确定了施工方法以后，则该部分工程的各施工过程的先后顺序一般就是固定的，有的绝对不能颠倒的，如在现浇混凝土柱施工中，扎筋→支模→浇筑混凝土为工艺关系。

2. 组织关系

工作之间由于组织安排需要或资源（人力、材料、机械设备和资金等）调配需要而规定的先后顺序关系叫组织关系。这种关系不是工程本身性质决定的，而是在保证施工质量、安全和工期等前提下，人为主观上安排的施工先后顺序关系。如在图中，支模 1→支模 2；扎筋 1→扎筋 2；浇混凝土 1→浇混凝土 2 均为组织关系。

网络图必须正确地表达整个工程或任务的工艺流程和各工作开展的先后顺序及它们之间相互依赖、相互制约的逻辑关系，因此，绘制网络图时必须遵循一定的基本规则和要求。

2. 双代号网络图逻辑关系表达方法

双代号网络图常见的逻辑关系表达方法见表 4－1。

表 4－1　双代号网络图中各工作逻辑关系表达方法

序 号	工作之间的逻辑关系	网络图中表示方法	说　明
1	有 A、B 两项工作，按照依次施工方式进行	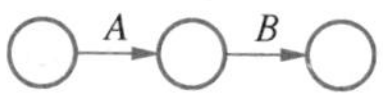 A B	B 工作依赖着 A 工作，A 工作约束着 B 工作的开始
2	有 A、B、C 三项工作同时开始	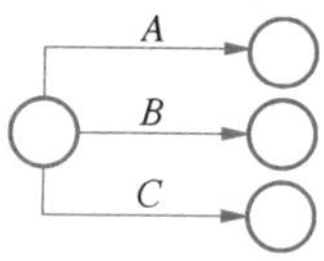 A B C	A. B、C 三项工作称为平行工作
3	有 A、B、C 三项工作同时结束	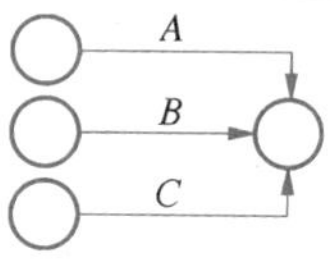 A B C	A. B、C 三项工作称为平行工作
4	有 A、B、C 三项工作，只有在 A 完成后，B、C 才能开始	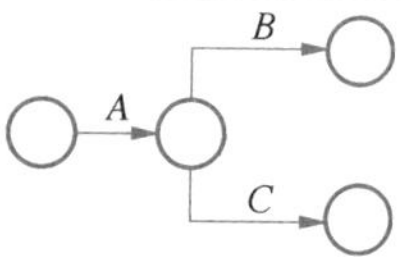 B A C	A 工作制约着 B、C 工作的开始，B、C 为平行工作
5	有 A、B、C 三项工作，C 工作只有在 A、B 完成后才能开始	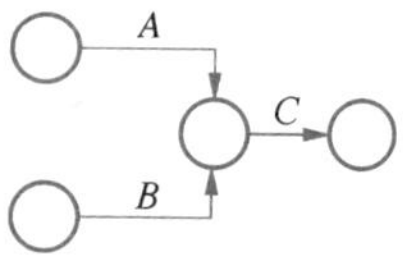 A C B	C 工作依赖着 A、B 工作，A、B 为平行工作
6	有 A、B、C、D 四项工作，只有当 A、B 完成后，C、D 才能开始	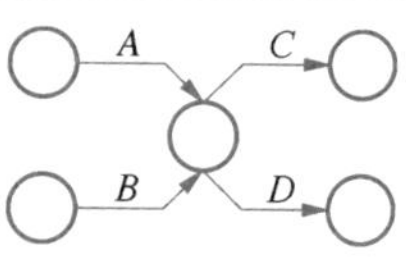 A C B D	通过中间事件，正确地表达了 A、B、C、D 之间的关系

续表

序号	工作之间的逻辑关系	网络图中表示方法	说明
7	有A、B、C、D四项工作，A完成后C才能开始，A、B完成后D才开始		D与A之间引入了逻辑连接(虚工作)只有这样才能正确表达它们之间的约束关系
8	A. B两项工作分三个施工段，平行施工		每个工种工程建立专业工作队，在每个施工段上进行流水作业，不同工种之间用逻辑搭接关系表示

3. 双代号网络图的绘制原则

(1) 双代号网络图必须正确表达已定的逻辑关系。

(2) 双代号网络图中，严禁出现循环回路。

所谓循环回路是指从网络图中的某一个节点出发，顺着箭线方向又回到了原来出发点的线路。如图4-18所示。

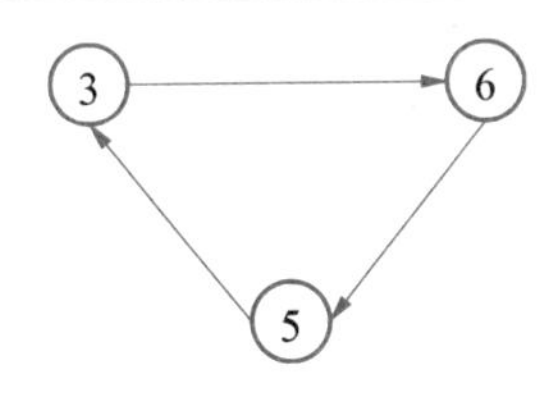

图 4-18　出现循环回路的错误网络图

(3) 双代号网络图中，在节点之间严禁出现带双向箭头或无箭头的连线。如4-19图所示。

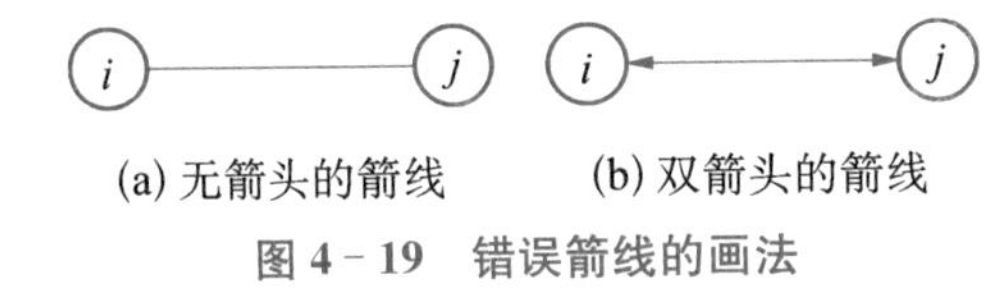

图 4-19　错误箭线的画法

(4) 双代号网络图中，严禁出现没有箭头节点或没有箭尾节点的箭线。如图4-20所示。

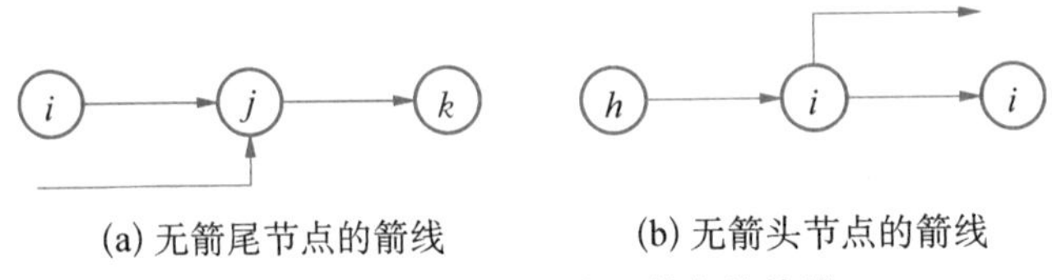

图 4-20　无箭头和箭尾节点的箭线

(5) 当双代号网络图的某些节点有多条外向箭线或多条内向箭线时，为使图形简洁，可使用母线法绘制(但应满足一项工作用一条箭线和相应的一对结点表示)，如图4-21所示。

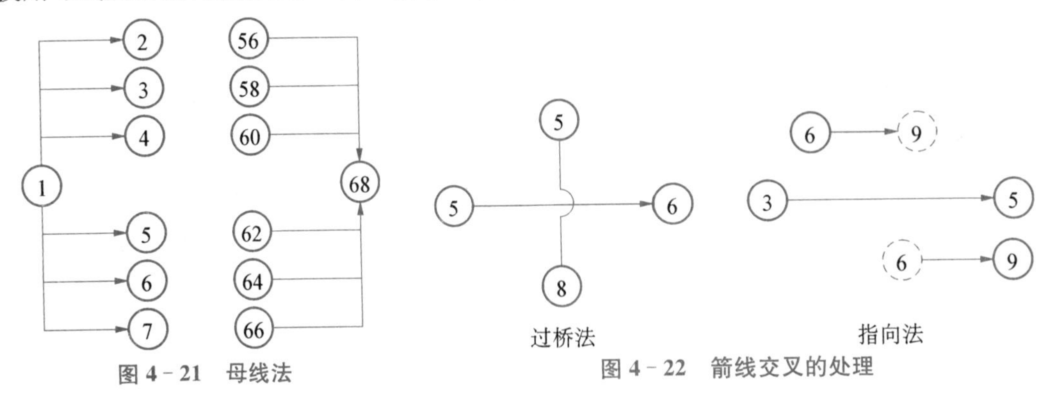

图 4-21　母线法

图 4-22　箭线交叉的处理

（6）绘制网络图时，箭线不宜交叉；当交叉不可避免时，可用过桥法或指向法。如图4－22所示。

（7）双代号网络图中应只有一个起点节点和一个终点节点（多目标网络计划除外）；而其他所有节点均应是中间节点。如4－23(a)图所示，出现①、②两个起点节点和⑧、⑨、⑩三个终点节点是错误的。该网络图的正确画法是将①、②合并成一个起点节点，将⑧、⑨、⑩合并成一个终点节点，如图4－23(b)所示。

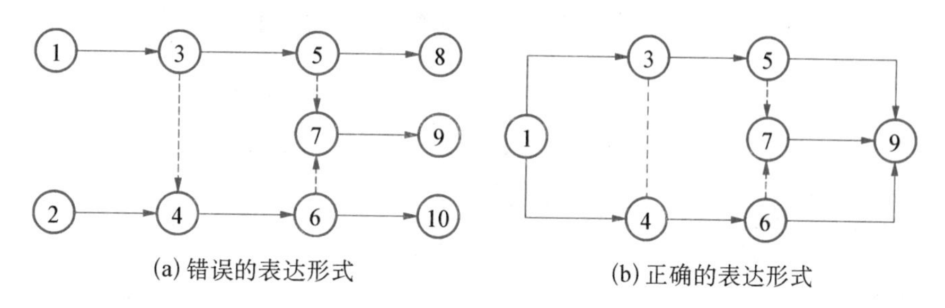

图4－23　起点节点和终点节点的表达

4. 双代号网络图对的绘制步骤

先根据网络图的逻辑关系，绘制出网络图草图，再结合绘图规则进行布局调整，最后形成正式网络图。当已知每一项工作的紧前工作时，可按以下步骤绘制双代号网络图。

（1）绘制没有紧前工作的工作箭线，使它们具有相同的开始节点，以保证网络图只有一个起点节点。

（2）依次绘制其他工作箭线。这些工作箭线的绘制条件是其所有紧前工作箭线都已经绘制出来。在绘制这些工作箭线时，应按下列原则进行：

① 当所要绘制的工作只有一项紧前工作时，则将该工作箭线直接画在其紧前工作箭线之后即可。

② 当所要绘制的工作有多项紧前工作时，应按以下四种情况分别予以考虑：

A. 对于所要绘制的工作（本工作）而言，如果在其紧前工作之中存在一项只作为本工作紧前工作的工作（即在紧前工作栏目中，该紧前工作只出现一次），则应将本工作箭线直接画在该紧前工作箭线之后，然后用虚箭线将其他紧前工作箭线的箭头节点与本工作箭线的箭尾节点分别相连，以表达它们之间的逻辑关系。

B. 对于所要绘制的工作（本工作）而言，如果在其紧前工作之中存在多项只作为本工作紧前工作的工作，应先将这些紧前工作箭线的箭头节点合并，再从合并后的节点开始，画出本工作箭线，最后用虚箭线将其他紧前工作箭线的箭头节点与本工作箭线的箭尾节点分别相连，以表达它们之间的逻辑关系。

C. 对于所要绘制的工作（本工作）而言，如果不存在情况a和情况b时，应判断本工作的所有紧前工作是否都同时作为其他工作的紧前工作（即在紧前工作栏目中，这几项紧前工作是否均同时出现若干次）。如果上述条件成立，应先将这些紧前工作箭线的箭头节点合并后，再从合并后的节点开始画出本工作箭线。

D. 对于所要绘制的工作（本工作）而言，如果既不存在情况a和情况b，也不存在情况c时，则应将本工作箭线单独画在其紧前工作箭线之后的中部，然后用虚箭线将其各紧前工作箭线的箭头节点与本工作箭线的箭尾节点分别相连，以表达它们之间的逻辑关系。

(3) 合并那些没有紧后工作之工作箭线的箭头节点,以保证网络图只有一个终点节点(多目标网络计划除外)。

(4) 当确认所绘制的网络图正确后,即可进行节点编号。网络图的节点编号在满足前述要求的前提下,既可采用连续的编号方法,也可采用不连续的编号方法,如1、3、5……或5、10、15……等,以避免以后增加工作时而改动整个网络图的节点编号。

【例4-1】 已知各工作之间的逻辑关系如表所示,则可按下述步骤绘制其双代号网络图。

表4-2 工作间的逻辑关系

工作	A	B	C	D
紧前工作	—	—	A、B	B

绘制步骤:

(1) 绘制工作箭线A和工作箭线B,如图4-24(a)所示。

(2) 按前述原则(2)中的情况① 绘制工作箭线C,如图4-24(b)所示。

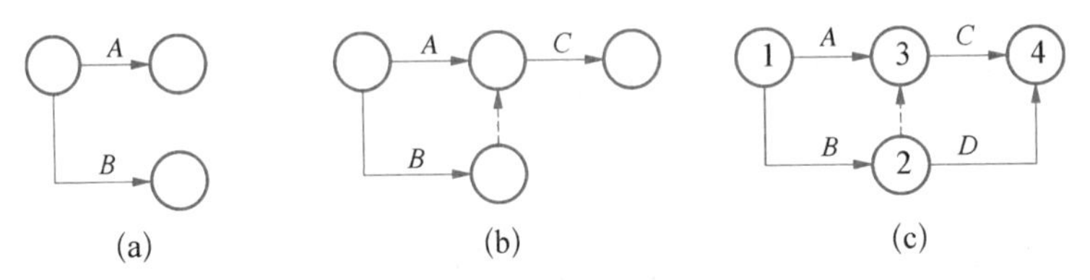

图4-24 例【4-1】绘图过程

(3) 按前述原则(1)绘制工作箭线D后,将工作箭线C和D的箭头节点合并,以保证网络图只有一个终点节点。当确认给定的逻辑关系表达正确后,再进行节点编号。表4-2给定逻辑关系所对应的双代号网络图如图4-24(c)所示。

【例4-2】 已知各工作之间的逻辑关系如表4-3所示,则可按下述步骤绘制其双代号网络图。

表4-3 工作逻辑关系表

工作	A	B	C	D	E
紧前工作	—	—	A	A、B	B

(1) 绘制工作箭线A和工作箭线B,如图4-25(a)所示。

(2) 按前述原则(1)分别绘制工作箭线C和工作箭线E,如图4-25(b)所示。

(3) 按前述原则(2)中的情况④ 绘制工作箭线D,并将工作箭线C、工作箭线D和工作箭线正的箭头节点合并,以保证网络图的终点节点只有一个。当确认给定的逻辑关系表达正确后,再进行节点编号。表4-3给定逻辑关系所对应的双代号网络图如图4-25(c)所示。

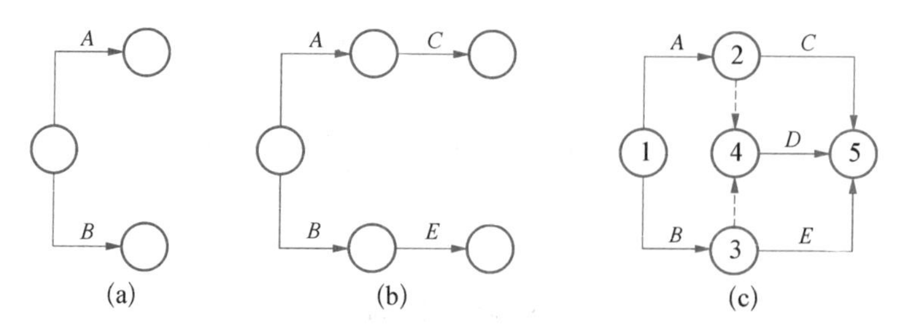

图 4－25　【例 4－2】绘图过程

【例 4－3】　已知各工作之间的逻辑关系如表 4－4 所示，则可按下述步骤绘制其双代号网络图。

表 4－4　工作逻辑关系表

工作	A	B	C	D	E	G	H
紧前工作	—	—	—	—	A、B	B、C、D	C、D

(1) 绘制工作箭线 A、箭线 B、箭线 C、箭线 D、如图 4－26(a)所示。

(2) 按前原则(2)中的情况① 绘制工作箭线 E，如图 4－26(b)所示。

(3) 按前述原则(2)中的情况② 绘制工作箭线 H，如图 4－26(c)所示。

(4) 按前述原则(2)中的情况④ 绘制工作箭线 G，并将工作箭线 E、工作箭线 G 和工作箭线 H 的箭头节点合并，以保证网络的终点节点中有一个。当确认给定的逻辑关系表达正确后，再进行节点编号。表 4－4 给定逻辑关系所对应的双代号网络图如图 4－26(d)所示。

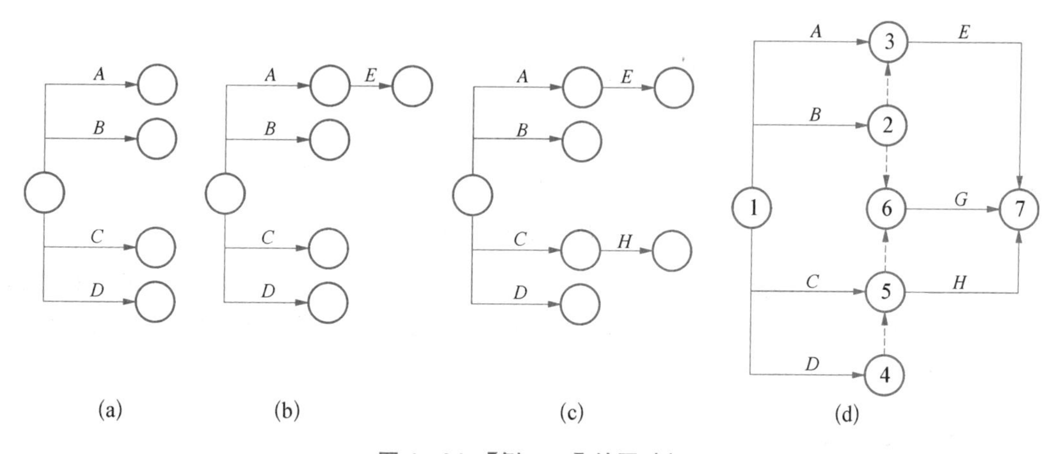

图 4－26　【例 4－3】绘图过程

(5) 网络图的排列

网络图的排列在网络计划的实际应用中，要求网络图条理清楚，层次分明，形象直观，按一定的次序组织排列，主要的排列方法如下：

① 混合排列。对于简单的网络图，可根据施工顺序和逻辑关系将各施工过程对称排列，如图 4－27 所示，其效果是美观、形象、大方。

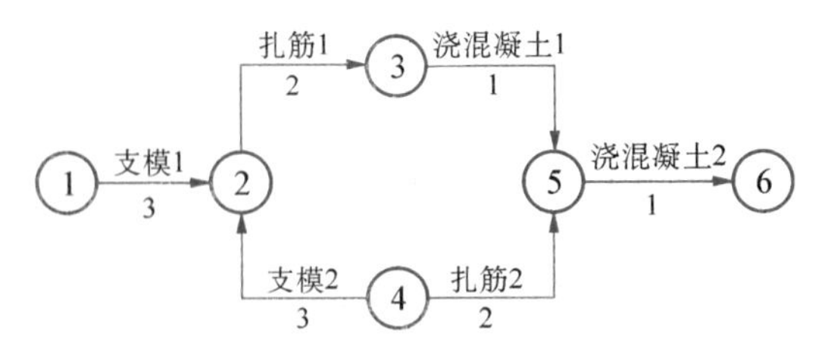

图 4-27　混合排列

② 按施工过程排列。根据施工顺序把各施工过程按垂直方向排列，施工段按水平方向排列，如图 4-28 所示，其特点是相同工种在同一水平线上，突出不同工种的工作情况。

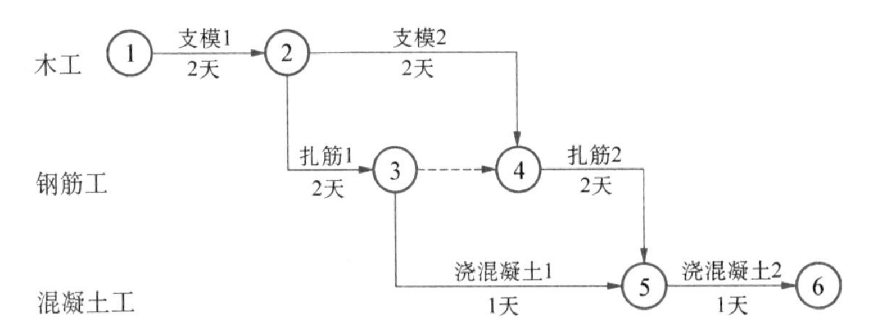

图 4-28　按施工过程排列

③ 按施工段排列。同一施工段上的有关施工过程按水平方向排列，施工段按垂直方向排列，如图 4-29 所示，其特点是同一施工段的工作在同一水平线上，反映出分段施工的特征，突出工作面的利用情况。

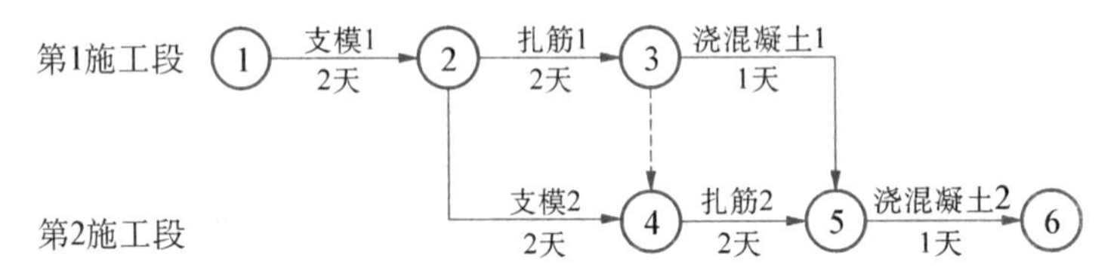

图 4-29　按施工段排列

④ 按楼层排列。这种方法是把楼层按垂直方向排列。例如，某一幢三层砖混结构主体工程，分砌砖、圈梁、楼板三个施工过程，按自下而上，沿着房屋的楼层按一定顺序施工时，其网络计划如图 4-30 所示。

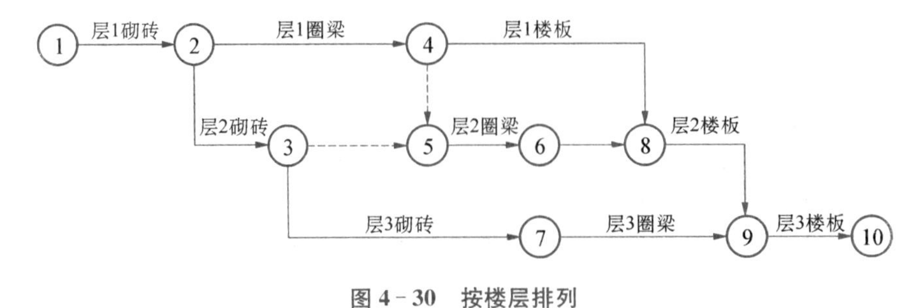

图 4-30　按楼层排列

四、单代号网络图的绘制

1. 单代号网络图的逻辑关系

单代号网络图的逻辑关系用箭线表示，工作间的逻辑关系包括工艺关系和组织关系，在网络图中表现为工作之间的先后顺序。单代号网络图逻辑关系标志方法见表 4－5。

表 4－5　单代号网络图逻辑关系表示法

序号	逻辑关系描述	网络图中表示方法	序号	逻辑关系描述	网络图中表示方法
1	A 工作完成后进行 B 工作	A→B	3	B 工作完成后，D、C 工作可以同时开始	B→D，B→C
2	B、C 工作完成后进行 D 工作	B→D，C→D	4	A 工作完成后，可以进行 C 工作，B 工作完成后可以同时进行 C、D 工作	A→C，B→C，B→D

2. 单代号网络图的绘制规则

单代号网络图的绘图规则与双代号网络图的绘图规则基本相同，主要区别如下：

（1）起点节点和终点节点当网络图中有多项开始工作时，应增设一项虚拟工作（S），作为该网络图的起点节点，当网络图中有多项结束工作时，应增设一项虚拟工作（F），作为该网络图的终点节点。如图 4－31 所示，其中 S 与 F 均为虚拟工作。

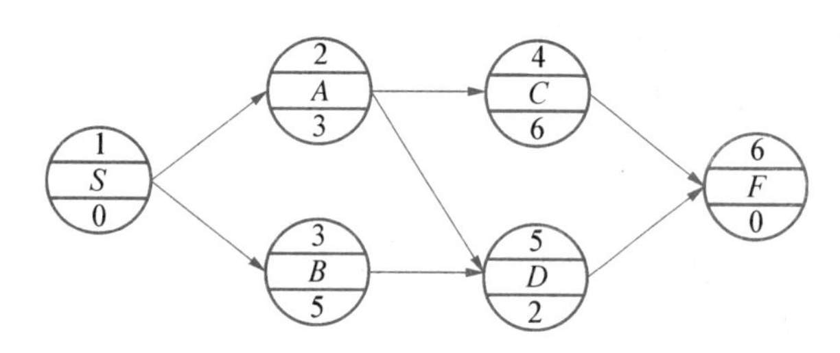

图 4－31　具有虚拟起点节点和终点节点的单代号网络图

（2）无虚工作单代号网络图中，紧前工作和紧后工作直接用箭线表示，其逻辑关系不需要引入虚工作来表达。

3. 单代号网络图绘制步骤

单代号网络图的绘制步骤与双代号网络图相同，且由于单代号网络图逻辑关系更容易表达，因此绘制方法更为简便，其绘制步骤如下：

（1）根据提供的逻辑关系表中每项工作的紧前工作，确定其紧后工作；

（2）绘制没有紧后工作的工作，当网络图中有多项起点节点时，应在网络图的始端设置一项虚拟的起点节点；

（3）依次绘制其他各项工作一直到终点节点。当网络图中有多项终点节点时，应在网络图的末端设置一项虚拟的终点节点；

（4）检查、修改并进行结构调整，最后绘制正式网络图。

▶ 任务3 网络计划时间参数的计算 ◀

一、网络计划时间参数的概念

网络计划时间参数的计算，主要是用来确定关键工作、关键线路和计算工期。其作用为：

一是确定网络计划的关键线路与关键工作，安排资源需用量，进行工期控制，尽量缩短关键线路占用的时间，达到工期控制的目的；二是利用非关键工作时差，挖掘潜力，合理调配资源，达到节约资源的目的；三是将网络计划时间参数标注到箭线上，为合理优化网络计划打下基础。

1. 工作持续时间

工作持续时间是指一项工作从开始到完成所经历的时间，在双代号网络计划中，工作 $i-j$ 的持续时间用 D_{i-1}，表示，在单代号网络计划中，工作 i 的持续时间用 D_i 表示。

2. 工期

工期是指完成一项任务所需要的时间。在网络计划中，工期一般有以下三种。

(1) 计算工期　是指根据网络计划时间参数计算得到的工期，用 T_c 表示。

(2) 要求工期　是指任务委托人所提出的指令性工期，用 T_r 表示。

(3) 计划工期　是指根据要求工期和计算工期所确定的，作为实施目标的工期，用 T_p 表示。

当已规定了要求工期时，计划工期不应超过要求工期，即 $T_p \leqslant T_r$；当未规定要求工期时，可令计划工期等于计算工期，即 $T_p = T_c$。

3. 节点的时间参数

节点的时间参数包括节点最早时间和节点最迟时间。

(1)节点最早时间　是指双代号网络计划中，以该节点为开始节点的各项工作可能的最早开始时刻，用符号 ET_i 表示。

(2)节点最迟时间　是指双代号网络计划中，以该节点为结束节点的各项工作最迟完成的时间，用符号 LT_i 表示。

4. 工作的六个时间参数

(1) 最早开始时间　是指在各紧前工作全部完成后，本工作有可能开始的最早时刻。工作 $i-j$ 的最早开始时间用 ES_{i-j} 表示。

(2) 最早完成时间　是指在各紧前工作全部完成后，本工作有可能完成的最早时刻。工作 $i-j$ 的最早完成时间用 EF_{i-j} 表示。

(3) 最迟开始时间　是指在不影响整个任务按期完成的前提下，工作必须开始的最迟时刻。工作 $i-j$ 的最迟开始时间用 LS_{i-j} 表示。

(4) 最迟完成时间　是指在不影响整个任务按期完成的前提下，工作必须完成的最迟时刻。工作 $i-j$ 的最迟完成时间用 LF_{i-j} 表示。

(5) 总时差　是指在不影响总工期的前提下，本工作可以利用的机动时间。工作 $i-j$ 的总时差用 TF_{i-j} 表示。

（6）自由时差　是指在不影响其紧后工作最早开始的前提下，本工作可以利用的机动时间。工作 $i-j$ 的自由时差用 FF_{i-j} 表示。

微课

双代号网络计划时间参数

二、双代号网络计划时间参数的计算

网络图时间参数的计算方法主要有工作计算法、节点计算法、图上计算法和表上计算法等。较为简单的网络计划，可采用人工计算，大型较为复杂的网络计划则采用计算机程序进行绘制和计算。

（一）工作计算法

工作计算法是以网络计划中的工作为对象，直接计算各项工作的时间参数。这些时间参数包括：工作的最早开始时间和最早完成时间、工作的最迟开始时间和最迟完成时间、工作的息时差和自由时差，此外，还应计算网络开划的计算工期。时间参数的计算结果应标注在箭线之上，如图 4－32 所示。

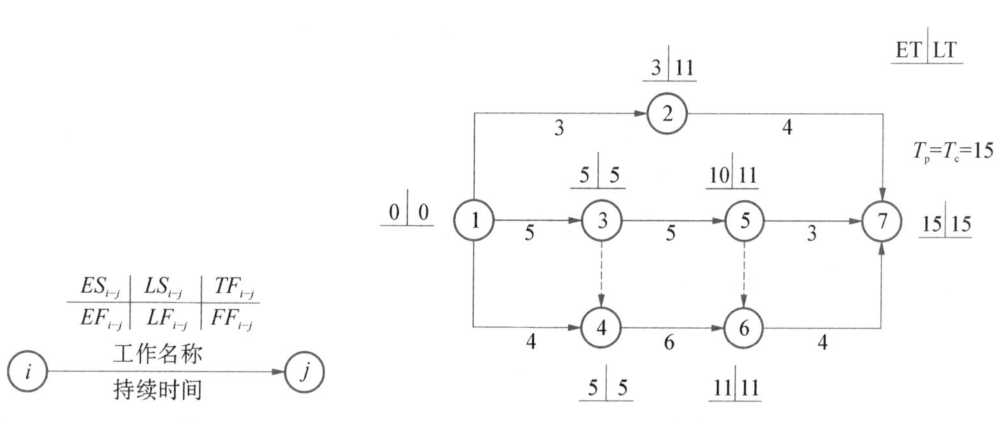

图 4－32　工作计算法的标注内容　　　　图 4－33　双代号网络计划

为了简化计算，网络计划时间参数中的开始时间和完成时间都应以时间单位的终了时刻为标准，例如，第一天开始即是指第一天终了（即下班）时刻开始，实际上是第二天上班时刻才开始；第三天完成即是指第三天终了（即下班）时刻完成。

下面以某双代号网络计划（图 4－33）为例说明工作计算法时间参数的计算过程。

1. 计算工作的最早开始时间和最早完成时间

工作的最早开始时间和最早完成时间的计算应从网络计划的起点节点开始，顺着箭线的方向依次进行，其计算步骤如下：

（1）以网络计划起点节点为开始节点的工作，当未规定其最早开始时间时，其最早开始时间为零。即

$$ES_{i-j}=0 \tag{4-1}$$

（2）各项工作的最早完成时间等于其最早开始时间加上该工作的持续时间，即

$$EF_{i-j}=ES_{i-j}+D_{i-j} \tag{4-2}$$

（3）其他工作的最早开始时间应等于其紧前工作最早完成时间的最大值，即

$$ES_{i-j} = \text{Max}[EF_{h-i}] \tag{4-3}$$

或

$$ES_{i-j} = \text{Max}[ES_{h-i} + D_{h-i}] \tag{4-4}$$

在本例中各项工作的最早开始时间和最早完成时间计算如下：

工作 1－2、1－3、1－4 的最早开始时间为

$$ES_{1\text{-}2}=ES_{1\text{-}3}=ES_{1\text{-}4}=0$$

工作 1－2、1－3、1－4 的最早完成时间为

$$EF_{1\text{-}2}=ES_{1\text{-}2}+D_{1\text{-}2}=0+3=3EF_{1\text{-}3}=ES_{1\text{-}3}+D_{1\text{-}3}=0+5=5$$
$$EF_{1\text{-}4}=ES_{1\text{-}4}+D_{1\text{-}4}=0+4=4$$

工作 2－7、3－5、4－6 的最早开始时间为

$$ES_{2\text{-}7}=EF_{1\text{-}2}=ES_{1\text{-}2}+D_{1\text{-}2}=0+3=3$$
$$ES_{3\text{-}5}=EF_{1\text{-}3}=ES_{1\text{-}3}+D_{1\text{-}3}=0+5=5$$
$$ES_{4\text{-}6}=\max\{EF_{1\text{-}3},EF_{1\text{-}4}\}=\max\{5,4\}=5$$

工作 2－7、3－5、4－6 的最早完成时间为

$$EF_{2\text{-}7}=ES_{2\text{-}7}+D_{2\text{-}7}=3+4=7$$
$$EF_{3\text{-}5}=ES_{3\text{-}5}+D_{3\text{-}5}=5+5=10$$
$$EF_{4\text{-}6}=ES_{4\text{-}6}+D_{4\text{-}6}=5+6=11$$

工作 5－7、6－7 的最早开始时间为

$$ES_{5\text{-}7} = EF_{3\text{-}5} = 10$$
$$ES_{6\text{-}7} = \max\{EF_{3\text{-}5},EF_{4\text{-}6}\} = \max\{10,11\} = 11$$

工作 5－7、6－7 的最早完成时间为

$$ES_{5\text{-}7} = ES_{5\text{-}7} + D_{5\text{-}7} = 10 + 3 = 13$$
$$EF_{6\text{-}7} = ES_{6\text{-}7} + D_{6\text{-}7} = 11 + 4 = 15$$

通过本例计算可以看出，在进行工作的最早时间计算时应特别注意以下几点：一是坚持从起点节点开始顺箭线方向，按节点次序逐项工作计算得工作程序；二是明确该工作的紧前工作是哪几项，以便准确计算；三是同一节点的所有外向工作最早开始时间都相同。

2. 计算网络计划工期

如前所述，当规定了要求工期时，网络计划的计划工期不应超过要求工期，即 $T_p \leqslant T_r$；当未规定要求工期时，可令计划工期等于计算工期，即 $T_p = T_c$。其中，网络计划的计算工期等于以网络计划终点节点为完成节点的工作最早完成时间的最大值，如网络计划终点节点的编号为 n，则网络计划的计算工期为

$$T_c = \max\{EF_{i-n}\} = \max\{ES_{i-n} + D_{i-n}\} \tag{4-5}$$

本例中，未规定要求工期，所以其网络计划工期等于其计算工期，即

$$T_p = T_c = \max\{EF_{2\text{-}7},EF_{5\text{-}7},EF_{6\text{-}7}\} = \max\{7,13,15\} = 15$$

3. 计算各项工作的最迟完成时间和最迟开始时间

各项工作的最迟完成时间和最迟开始时间的计算应从网络计划的终点节点开始，逆着箭线的方向依次进行。其步骤如下。

(1) 以网络计划终点节点为完成节点的工作，其最迟完成时间等于网络计划的计划工期 T_p，即

$$LF_{i-n} = T_P \tag{4-6}$$

(2) 工作的最迟开始时间等于其最迟完成时间减去其持续时间，即

$$LS_{i-j} = LF_{i-j} - D_{i-j} \tag{4-7}$$

(3) 其他工作最迟完成时间等于各紧后工作的最迟开始时间 LS_{j-k} 的最小值：

$$LF_{i-j} = \min\{LS_{j-k}\} = \min\{LF_{j-k} - D_{j-k}\} \tag{4-8}$$

在本例中，各项工作的最迟完成时间和最迟开始时间计算如下：

工作 2－7、5－7、6－7 的最迟完成时间为

$$LF_{2\text{-}7}=LF_{5\text{-}7}=LF_{6\text{-}7}=15$$

工作 2－7、5－7、6－7 的最迟开始时间为

$$LF_{2\text{-}7}=LF_{5\text{-}7}-D_{2\text{-}7}=15-4=11$$
$$LF_{5\text{-}7}=LF_{5\text{-}7}-D_{5\text{-}7}=15-3=12$$
$$LF_{6\text{-}7}=LF_{6\text{-}7}-D_{6\text{-}7}=15-4=11$$

工作 1－2、3－5、4－6 的最迟完成时间为

$$LF_{1\text{-}2}=LS_{2\text{-}7}=11$$
$$LF_{3\text{-}5}=\min\{LS_{5\text{-}7},LS_{6\text{-}7}\}=\{12,11\}=11$$
$$LF_{4\text{-}6}=LS_{6\text{-}7}=11$$

工作 1－2、3－5、4－6 的最迟开始时间为

$$LS_{1\text{-}2}=LF_{1\text{-}2}-D_{1\text{-}2}=11-3=8$$
$$LS_{3\text{-}5}=LF_{3\text{-}5}-D_{3\text{-}5}=11-5=6$$
$$LS_{4\text{-}6}=LF_{4\text{-}6}-D_{4\text{-}6}=11-6=5$$

工作 1－3、1－4 最迟完成时间为

$$LF_{1\text{-}3}=\min\{LS_{3\text{-}5},LS_{4\text{-}6}\}=\{6,5\}=5$$
$$LF_{1\text{-}4}=LS_{4\text{-}6}=5$$

工作 1－3、1－4 最迟开始时间为

$$LS_{1\text{-}3}=LF_{1\text{-}2}-D_{1\text{-}3}=5-5=0$$
$$LS_{1\text{-}4}=LF_{1\text{-}4}-D_{1\text{-}4}=5-4=1$$

通过本例计算可以看出，在进行工作的最迟时间计算时应特别注意以下几点：一是坚持从终点节点开始逆箭线方向，按节点次序逐项计算的工作程序；二是要弄清本工作的紧后工

作有哪几项，以便正确计算；三是同一节点的所有内向工作最迟完成时间相同。

4. 计算各工作的总时差

如图 4－34 所示，在不影响总工期的前提下，一项工作可以利用的时间范围是从该工作最早开始时间到最迟完成时间，当工作实际需要的持续时间是 D_{i-j} 时，扣除 D_{i-j} 后，余下的一段时间就是该工作可以利用的机动时间—总时差。总时差的概念指出了一项工作在其最早开始时间至最迟开始时间期间内开始，均不会影响总工期。总时差等于最迟开始时间减去最早开始时间，或最迟完成时间减去最早完成时间，即

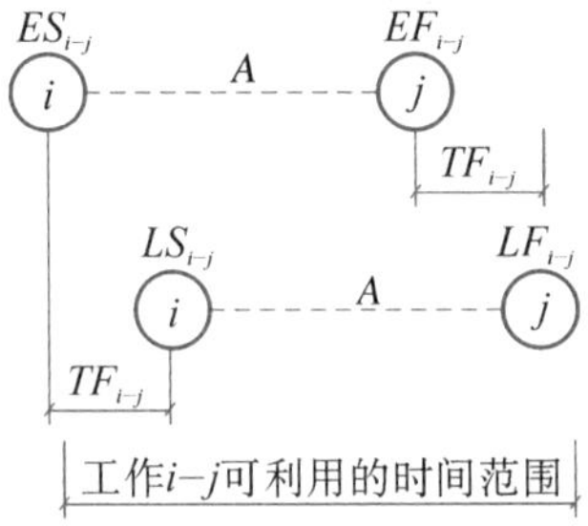

图 4－34　总时差计算简图

$$TF_{i-j} = LS_{i-j} - ES_{i-j} \quad (4-9)$$

或

$$TF_{i-j} = LF_{i-j} - EF_{i-j} \quad (4-10)$$

在图 4－33 所示网络图中，各项工作的总时差计算如下：

$$TF_{1\text{-}2} = LS_{1\text{-}2} - ES_{1\text{-}2} = 8 - 0 = 8$$
$$TF_{1\text{-}3} = LS_{1\text{-}3} - ES_{1\text{-}3} = 0 - 0 = 0$$
$$TF_{1\text{-}4} = LS_{1\text{-}4} - ES_{1\text{-}4} = 1 - 0 = 1$$
$$TF_{2\text{-}7} = LS_{2\text{-}7} - ES_{2\text{-}7} = 11 - 3 = 8$$
$$TF_{3\text{-}5} = LS_{3\text{-}5} - ES_{3\text{-}5} = 6 - 5 = 1$$
$$TF_{4\text{-}6} = LS_{4\text{-}6} - ES_{4\text{-}6} = 5 - 5 = 0$$
$$TF_{5\text{-}7} = LS_{5\text{-}7} - ES_{5\text{-}7} = 12 - 10 = 2$$
$$TF_{6\text{-}7} = LS_{6\text{-}7} - ES_{6\text{-}7} = 11 - 11 = 0$$

通过计算，可以总结出总时差的如下特性：

（1）总时差最小的工作即为关键工作；由关键工作连接构成的线路即为关键线路；关键线路上各工作之和即为总工期。在图 4－33 中，工作 1—3、3—4、4—6、6—7 为关键工作，线路 1—3—4—6—7 为关键线路。

（2）当网络计划的计划工期等于计算工期时，凡总时差大于零的工作均为非关键工作，凡具有非关键工作的线路即为非关键线路。

（3）一项工作的总时差既可以被该工作利用，又属于某非关键线路所共有，当某项工作使用了其全部或部分总时差时，则将引起通过该工作的线路上所有工作总时差的重新分配。如图 4－33 中，非关键线路 1—2—7 中，$TF_{1\text{-}2} = TF_{2\text{-}7} = 8$ 天，如果工作 1—2 使用了 8 天机动时间，则工作 2—7 就没有总时差可利用；反之若工作 2—7 使用了 3 天机动时间，则工作 1—2 可以利用的机动时间就只有 5 天了。

5. 计算各工作的自由时差

如图 4－35 所示，一项工作在不影响其紧后工作最早开始的前提下，可以利用的机动时间范围是从该工作最早开始时间至其紧后工作最早开始时间。当工作实际需要的持续时间是 D_{i-j} 时，扣除 D_{i-j} 后，所剩余的一段时间就是该工作的自由时差。其计算按以下两种情况考虑。

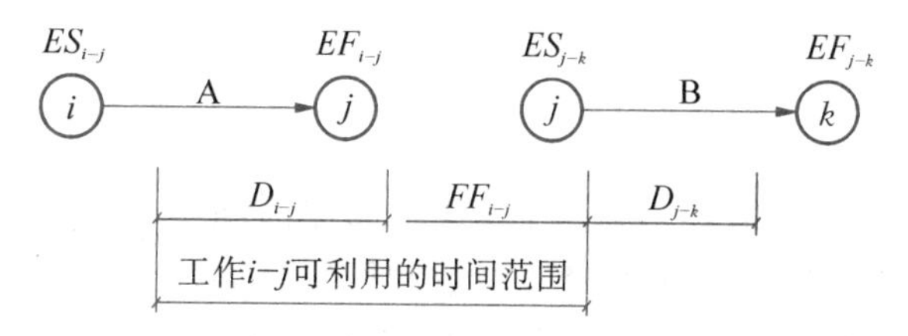

图 4-35　自由时差计算简图

(1) 对于有紧后工作的工作，其自由时差等于该工作紧后工作的最早开始时间的最小值减去该工作最早完成时间所得差，即

$$FF_{i-j}=\min\{ES_{j-k}\}-EF_{i-j} \tag{4-11}$$

或

$$FF_{i-j}=\min\{ES_{j-k}\}-ES_{i-j}-D_{i-j} \tag{4-12}$$

(2) 对于以网络计划终点节点为完成节点、无紧后工作的工作，其自由时差等于计划工期与本工作最早完成时间之差，即

$$FF_{i-n}=T_p-EF_{i-n} \tag{4-13}$$

或

$$FF_{i-n}=T_p-ES_{i-n}-D_{i-n} \tag{4-14}$$

在图 4-33 所示网络图中，各项工作的自由时差计算如下：

$$FF_{1\text{-}2}=ES_{2\text{-}7}-EF_{1\text{-}2}=3-3=0$$
$$FF_{1\text{-}3}=\min\{ES_{3\text{-}5},ES_{4\text{-}6}\}-EF_{1\text{-}3}=\min\{5,\ 5\}-5=0$$
$$FF_{1\text{-}4}=ES_{4\text{-}6}-EF_{1\text{-}4}=5-4=1$$
$$FF_{3\text{-}5}=\min\{ES_{5\text{-}7},ES_{6\text{-}7}\}-EF_{3\text{-}5}=\min\{10,11\}-10=0$$
$$FF_{4\text{-}6}=ES_{6\text{-}7}-EF_{4\text{-}6}=11-11=0$$
$$FF_{2\text{-}7}=T_p-EF_{2\text{-}7}=15-7=8$$
$$FF_{5\text{-}7}=T_p-EF_{5\text{-}7}=15-13=2$$
$$FF_{6\text{-}7}=T_p-EF_{6\text{-}7}=15-15=0$$

通过计算不难看出自由时差具有如下特性：

(1) 对于网络计划中以终点节点为完成节点的工作，其自由时差与总时差相等。如图 4-33所示，工作 2—7、5—7、6—7 均是以终点节点为完成节点的工作，$FF_{2\text{-}7}=TF_{2\text{-}7}=8$，$FF_{5\text{-}7}=TF_{5\text{-}7}=2$、$FF_{6\text{-}7}=TF_{6\text{-}7}=0$。

(2) 由于工作的自由时差是其总时差的构成部分，所以，当工作的总时差为零时，其自由时差也必然为零，可不必进行计算。如 4—33 图，工作 1—3、工作 4—6 的总时差均为零，其自时差与总时差相等，也都等于零。

(3) 非关键工作的自由时差必小于或等于其总时差。如 4—33 图，工作 3—5、工作 1—4 均是非关键工作，$FF_{1\text{-}4}=TF_{1\text{-}4}=1$ ，$FF_{3\text{-}5}=0<TF_{3\text{-}5}=1$。

(4) 自由时差为某非关键工作独立使用的机动时间，利用自由时差不会影响其紧后工作。

（二）节点计算法

节点计算法是先计算网络计划中各个节点的最早时间和最迟时间，再据此计算各项工作的时间参数和网络计划的计算工期，最后将时间参数的计算结果标注在节点之上，如图4-36 所示。

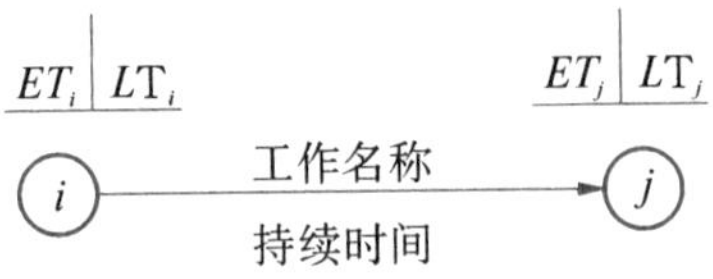

图 4-36　自由时差计算简图

1. 计算节点最早时间

节点最早时间的计算是从网络计划的起点节点开始，顺着箭线方向依次进行，其计算步骤如下。

（1）网络计划起点节点，如未规定最早时间时，其值应等于零，即

$$ET_i = 0\ (i = 1) \quad (4-15)$$

（2）其他节点的最早时间应按式(4—16)进行计算。

$$ET_j = \max\{ET_i + D_{i-j}\} \quad (4-16)$$

（3）网络计划的计算工期等于网络计划终点节点的最早时间，即

$$T_c = ET_n \quad (4-17)$$

在图 4-33 所示的网络计划中，各节点的最早时间计算如下：

$$ET_1 = 0$$

$$ET_2 = ET_1 + D_{1-2} = 0 + 3 = 3$$

$$ET_3 = ET_1 + D_{1-3} = 0 + 5 = 5$$

$$ET_4 = \max\{ET_1 + D_{1-4}, ET_3 + D_{3-4}\} = \max\{0 + 4, 5 + 0\} = 5$$

$$ET_5 = ET_3 + D_{3-5} = 5 + 5 = 10$$

$$ET_6 = \max\{ET_4 + D_{4-6}, ET_5 + D_{5-6}\} = \max\{5 + 6, 10 + 0\} = 11$$

$$ET_7 = \max\{ET_2 + D_{2-7}, ET_5 + D_{5-7}, EF_6 + D_{6-7}\} = \max\{3 + 4, 10 + 3, 11 + 4\} = 15$$

2. 计算节点最迟时间

节点最迟时间的计算时从网络计划的终点节点开始，逆着箭线的方向进行。其计算步骤如下。

（1）网络计划终点节点的最迟时间等于网络计划的计划工期，即

$$LT_n = T_p \quad (4-18)$$

（2）其他节点的最迟时间应按式(4-19)计算

$$LT_i = \min\{LT_j - D_{i-j}\} \quad (4-19)$$

在图 4-33 所示的网络计划中，各节点的最迟时间计算如下：

$$LT_7 = T_p = T_c = ET_7 = 15$$

$$LT_6 = LT_7 - D_{6-7} = 15 - 4 = 11$$

$$LT_5 = \min\{LT_7 - D_{5\text{-}7}, LT_6 - D_{5\text{-}6}\} = \min\{15-3, 11-0\} = 11$$

$$LT_4 = LT_6 - D_{4\text{-}6} = 11 - 6 = 5$$

$$LT_3 = \min\{LT_4 - D_{3\text{-}4}, LT_5 - D_{3\text{-}5}\} = \min\{5-0, 11-5\} = 5$$

$$LT_2 = LT_7 - D_{2\text{-}7} = 15 - 4 = 11$$

$$LT_1 = \min\{LT_2 - D_{1\text{-}2}, LT_3 - D_{1\text{-}3}, LT_4 - D_{1\text{-}4}\} = \min\{11-3, 5-5, 5-4\} = 0$$

3. 计算工作的时间参数

(1) 工作最早开始时间等于该工作的开始节点的最早时间，即

$$ES_{i\text{-}j} = ET_i \tag{4-20}$$

(2) 工作的最早完成时间等于该工作的开始节点的最早时间加上持续时间，即

$$EF_{i\text{-}j} = ET_i + D_{i\text{-}j} \tag{4-21}$$

(3) 工作的最迟完成时间等于该工作完成节点的最迟时间，即

$$LF_{i\text{-}j} = LT_j \tag{4-22}$$

(4) 工作最迟开始时间等于该工作完成节点的最迟时间减去持续时间，即

$$LS_{i\text{-}j} = LT_j - D_{i\text{-}j} \tag{4-23}$$

(5) 工作总时差等于该工作的完成节点最迟时间减去该工作开始节点的最早时间，再减去持续时间，即

$$TF_{i\text{-}j} = LT_j - ET_i - D_{i\text{-}j} \tag{4-24}$$

(6) 工作自由时差等于该工作的完成节点最早时间减去该工作开始节点的最早时间减去持续时间，即

$$FF_{i\text{-}j} = ET_j - ET_i - D_{i\text{-}j} \tag{4-25}$$

在图 4 - 33 所示的网络计划中，根据节点时间参数计算工作的六个时间参数如下：

(1) 工作最早开始时间

$$ES_{1\text{-}2} = ES_{1\text{-}3} = ES_{1\text{-}4} = ET_2 = 0$$

$$ES_{2\text{-}7} = ET_2 = 3$$

$$ES_{3\text{-}5} = ET_3 = 5$$

$$ES_{4\text{-}6} = ET_4 = 5$$

$$ES_{5\text{-}7} = ET_5 = 10$$

$$ES_{6\text{-}7} = ET_6 = 11$$

(2) 工作最早完成时间

$$EF_{1\text{-}2} = ET_1 + D_{1\text{-}2} = 0 + 3 = 3$$

$$EF_{1\text{-}3} = ET_1 + D_{1\text{-}3} = 0 + 5 = 5$$

$$EF_{1\text{-}4} = ET_1 + D_{1\text{-}4} = 0 + 4 = 4$$

$$EF_{2\text{-}7} = ET_2 + D_{2\text{-}7} = 3 + 4 = 7$$

$$EF_{3\text{-}5}=ET_2+D_{3\text{-}5}=5+5=10$$
$$EF_{4\text{-}6}=ET_4+D_{4\text{-}6}=5+6=11$$
$$EF_{5\text{-}7}=ET_5+D_{5\text{-}7}=10+3=13$$
$$EF_{6\text{-}7}=ET_6+D_{6\text{-}7}=11+4=15$$

（3）工作最迟完成时间

$$LF_{1\text{-}2}=LT_2=11$$
$$LF_{1\text{-}3}=LT_3=5$$
$$LF_{1\text{-}4}=LT_4=5$$
$$LF_{2\text{-}7}=LT_7=15$$
$$LF_{3\text{-}5}=LT_5=11$$
$$LF_{4\text{-}6}=LT_6=11$$
$$LF_{5\text{-}7}=LT_7=15$$
$$LF_{6\text{-}7}=LT_7=15$$

（4）工作最迟开始时间

$$LS_{1\text{-}2}=LT_2-D_{1\text{-}2}=11-3=8$$
$$LS_{1\text{-}3}=LT_3-D_{1\text{-}3}=5-5=0$$
$$LS_{1\text{-}4}=LT_4-D_{1\text{-}4}=5-4=1$$
$$LS_{2\text{-}7}=LT_7-D_{2\text{-}7}=15-4=11$$
$$LS_{3\text{-}5}=LT_5-D_{3\text{-}5}=11-5=6$$
$$LS_{4\text{-}6}=LT_6-D_{4\text{-}6}=11-6=5$$
$$LS_{5\text{-}7}=LT_7-D_{5\text{-}7}=15-3=12$$
$$LS_{6\text{-}7}=LT_7-D_{6\text{-}7}=15-4=11$$

（5）总时差

$$TF_{1\text{-}2}=LT_2-ET_1-D_{1\text{-}2}=11-0-3=8$$
$$TF_{1\text{-}3}=LT_3-ET_1-D_{1\text{-}3}=5-0-5=0$$
$$TF_{1\text{-}4}=LT_4-ET_1-D_{1\text{-}4}=5-0-4=1$$
$$TF_{2\text{-}7}=LT_7-ET_2-D_{2\text{-}7}=15-3-4=8$$
$$TF_{3\text{-}5}=LT_5-ET_3-D_{3\text{-}5}=11-5-5=1$$
$$TF_{4\text{-}6}=LT_6-ET_4-D_{4\text{-}6}=11-5-6=0$$
$$TF_{5\text{-}7}=LT_7-ET_5-D_{5\text{-}7}=15-10-3=2$$
$$TF_{6\text{-}7}=LT_7-ET_6-D_{6\text{-}7}=15-11-4=0$$

（6）自由时差

$$FF_{1\text{-}2}=ET_2-ET_1-D_{1\text{-}2}=3-0-3=0$$
$$FF_{1\text{-}3}=ET_3-ET_1-D_{1\text{-}3}=5-0-5=0$$
$$FF_{1\text{-}4}=ET_4-ET_1-D_{1\text{-}4}=5-0-4=1$$
$$FF_{2\text{-}7}=ET_7-ET_2-D_{2\text{-}7}=15-3-4=8$$

$$FF_{3\text{-}5}=ET_5-ET_3-D_{3\text{-}5}=10-5-5=0$$
$$FF_{4\text{-}6}=ET_6-ET_4-D_{4\text{-}6}=11-5-6=0$$
$$FF_{5\text{-}7}=ET_7-ET_5-D_{5\text{-}7}=15-10-3=2$$
$$FF_{6\text{-}7}=ET_7-ET_6-D_{6\text{-}7}=15-11-4=0$$

（三）图上计算法

图上计算法是根据工作计算法或节点计算法的时间参数计算公式，在图上直接计算的一种较直观、简便的方法。

1. 计算工作的最早开始时间和最早完成时间

以起点节点为开始节点的工作，其最早开始时间一般记为 0，如图 4－36 所示的工作1—2 和工作 1—3。

其余工作的最早开始时间可采用“沿线累加，逢圈取大”的计算方法求得。即从网络图的起点节点开始，沿每一线路将各工作的作业时间累加起来，在每一圆圈（节点）处，取到达该圆圈的各条线路累计时间的最大值，就是以该节点为起点节点的各工作的最早开始时间。

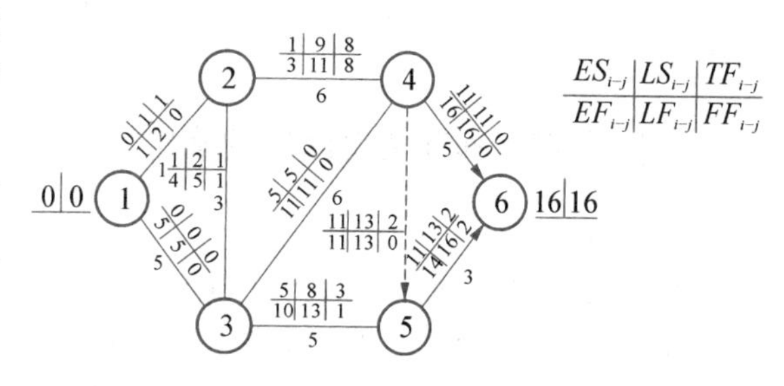

图 4－36　图上计算法工作时间参数计算

工作的最早完成时间等于该工作最早开始时间与本工作持续时间之和。将计算结果标注在箭线上方各工作图例对应的位置上。

2. 计算工作的最迟完成时间和最迟开始时间

以终点节点为完成节点的工作，其最迟完成时间等于计划工期，如图 4－36 所示的工作4—6 和工作 5—6。

其余工作的最迟完成时间可采用“逆线累减，逢圈取小”的计算方法求得，即从网络图的终点节点开始，逆每条线路将计划工期依次减去各工作的持续时间，在每一圆圈处取后取后续线路累减时间的最小值，就是以该节点为完成节点的各工作的最迟完成时间。

工作的最迟开始时间等于该工作最迟完成时间与本工作持续时间之差。

将计算结果标注在箭线上方各工作图例对应的位置上。

3. 计算工作的总时差

工作的总时差可采用“迟早相减，所得之差”的计算方法求得，即工作的总时差等于该工作的最迟开始时间减去该工作的最早开始时间，或者等于该工作的最迟完成时间减去该工作的最早完成时间，将计算结果标注在箭线上方各工作图例所对应的位置上。

4. 计算工作的自由时差

工作的自由时差等于其紧后工作的最早开始时间减去该工作的最早完成时间，该计算过程在图上相应位置直接相减得到，最后，将计算结果标注在箭线上方各工作图例所对应的位置上。

5. 计算节点最早时间

起点节点的最早时间一般记为 0，如图 4－37所示的节点①。其余节点的最早时间也可采用“沿线累加，逢圈取大”的计算方法求得。

将计算结果标注在相应节点图例所对应的位置上。

6. 计算节点最迟时间

终点节点的最迟时间等于计划工期. 当网络计划有规定工期时，其最迟时间等于规定工期：当没有规定工期时，其最迟时间等于终点节点的最早时间。其余节点的最迟时间也可采用“逆线累减，逢圈取小”的计算方法求得，最后，将计算结果标注在相应节点图例所对应的位置上。

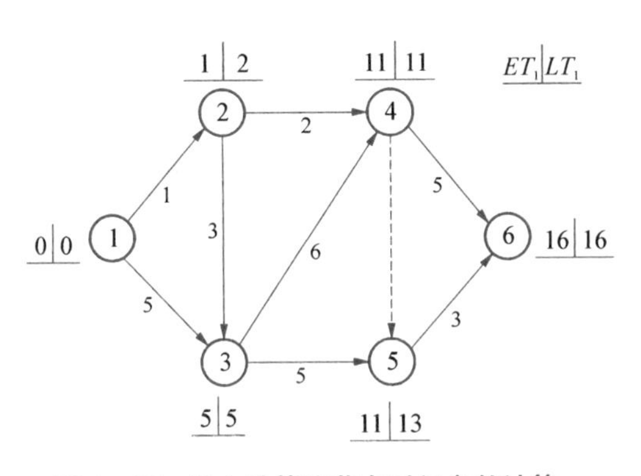

图 4-37　图上计算法节点时间参数计算

（四）关键工作和关键线路的确定

1. 关键工作

在网络计划中，总时差最小的工作称为关键工作、特别是当网络计划的计划工期等于计算工期时，总时差为零的工作就是关键工作、在图 4-36 所示的网络计划中，工作 1-3、3-4、4-6 的总时差均为零，故它们都是关键工作。

2. 关键节点

在网络计划中，如果节点最迟时间与最早时间的差值最小，则该节点就是关键节点。特别是，当网络计划的计划工期等于计算工期时，最早时间等于最迟时间的节点就是关键节点。在图 4-36 所示的网络计划中，节点①、③、④、⑥均为关键节点。

在双代号网络计划中，当计划工期等于计算工期时，关键节点具有以下一些特性，掌握好这些特性，有助于工作时间参数的正确确定。

(1) 关键工作两端的节点必为关键节点，但两关键节点之间的工作不一定是关键工作。如图 4-33 中，节点①、④均为关键节点，但工作 1—4 为非关键工作。

(2) 以关键节点为完成节点的工作，其总时差和自由时差必然相等。如图 4-33 中，工作 2—7 的总时差和自由时差均为 8，工作 1—4 的总时差和自由时差均为 1。

(3) 当两个关键节点间有多项工作，且工作间的非关键节点无其他内向箭线和外向箭线时，则两个关键节点间各项工作的总时差均相等。在这些工作中，除以关键节点为完成节点的工作自由时差等于总时差外，其余工作的自由时差均为零。例如在图 4-33 所示网络图中，工作 1—2 和工作 2—7 的总时差均为 8，工作 2—7 的自由时差等于总时差 8，而工作 1—2 的自由时差为 0。

(4) 当两个关键节点间有多项工作，且工作间的非关键节点有外同前线而无其他内向箭线时，则两个关键节点间各项工作的总时差不一定相等。在这些工作中，除以关键节点为完成节点的工作自由时差等于总时差外，其余工作的自由时差均为 0。例如在图 4-33 所示的网络图中，工作 3—5 和工作 5—7 的总时差分别为 1 和 2。工作 5—7 的自由时差等于总时差 2，而工作 3—5 的自由时差为 0。

3. 关键线路和关键工作的确定

关键线路是一项网络计划持续时间最长的线路。这种线路是项目如期完成的关键所在，在双代号网络计划中，关键工作和关键线路的确定方法有如下几种。

(1) 通过计算所有线路的线路时间 T 来确定。线路时间最长的线路即为关键线路，位于其上的工作即为关键工作。

(2) 通过计算工作的总时差来确定。若 $TF_{i-j}=0(LT_n=ET_n)$ 或 $TF_{i-j}=$规定工期－计划工期($LT_n=$规定工期时)，则该项工作 $i-j$ 为关键工作，所组成的线路为关键线路。

(3) 通过计算节点时间参数来确定。若工作 $i-j$ 的开始节点时间 $LT_i-ET_i=T_p-T_c$，完成节点时间 $ET_i-LT_j=T_p-T_c$，$LT_i-ET_i-D_{i-j}=T_p-T_c$ 时，则该项工作为关键工作，所组成的线路必为关键线路。

【例 4-4】 已知网络计划的资料如表 4-5 所示，试绘制双代号网络计划；若计划工期等于计算工期，试计算各项工作的六个时间参数并确定关键线路，标注在网络计划上。

表 4-5　网络计划资料表

工作名称	A	B	C	D	E	F	H	G
紧前工作	/	/	B	B	A. C	A. C	D. F	D. E. F
持续时间(天)	4	2	3	3	5	6	5	3

【解】 (1)根据上表中网络计划的有关资料，按照网络图的绘图规则，绘制双代号网络图如图 3-22 所示。

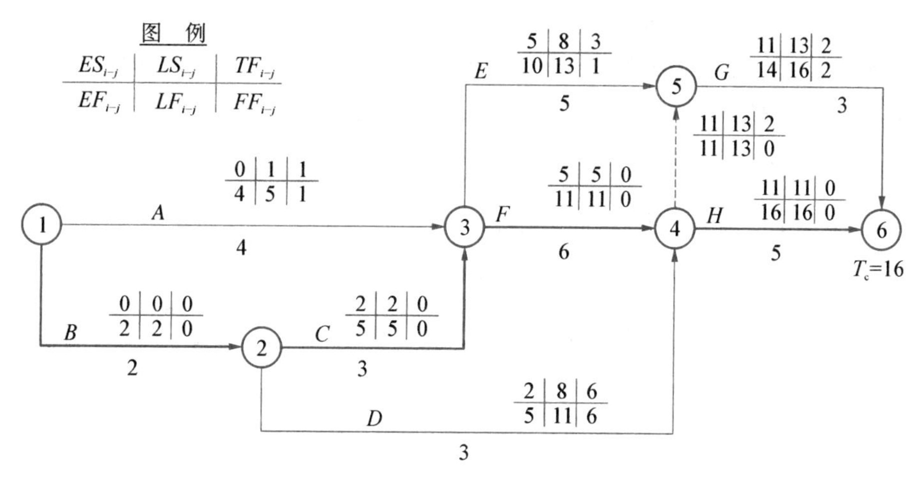

图 4-38　双代号网络计划时间参数计算实例

(2) 计算各项工作的时间参数，并将计算结果标注在箭线上方相应的位置。

① 计算各项工作的最早开始时间和最早完成时间

从起点节点(①节点)开始顺着箭线方向依次逐项计算到终点节点(⑥节点)。

a. 以网络计划起点节点为开始节点的各工作的最早开始时间为零：

$$ES_{1\text{-}2}=ES_{1\text{-}3}=0$$

b. 计算各项工作的最早开始和最早完成时间为

$$EF_{1\text{-}2}=ES_{1\text{-}2}+D_{1\text{-}2}=0+2=2$$
$$EF_{1\text{-}3}=ES_{1\text{-}3}+D_{1\text{-}3}=0+4=4$$

$$ES_{2-3}=ES_{2-4}=EF_{1-2}=2$$
$$EF_{2-3}=ES_{2-3}+D_{2-3}=2+3=5$$
$$EF_{2-4}=ES_{2-4}+D_{2-4}=2+3=5$$
$$ES_{3-4}=ES_{3-5}=\text{Max}[EF_{1-3},EF_{2-3}]=\text{Max}[4,5]=5$$
$$EF_{3-4}=ES_{3-4}+D_{3-4}=5+6=11$$
$$EF_{3-5}=ES_{3-5}+D_{3-5}=5+5=10$$
$$ES_{4-6}=ES_{4-5}=\text{Max}[EF_{3-4},EF_{2-4}]=\text{Max}[11,5]=11$$
$$EF_{4-6}=ES_{4-6}+D_{4-6}=11+5=16$$
$$EF_{4-5}=11+0=11$$
$$ES_{5-6}=\text{Max}[EF_{3-5},EF_{4-5}]=\text{Max}[10,11]=11$$
$$ES_{5-6}=11+3=14$$

将以上计算结果标注在图 4 - 38 的相应位置。

② 确定计算工期 T_C 及计划工期 T_P

计算工期： $T_C=\text{Max}[EF_{5-6},EF_{4-6}]=\text{Max}[14,16]=16$

已知计划工期等于计算工期，即

$$\text{计划工期}:T_P=T_C=16$$

③ 计算各项工作的最迟开始时间和最迟完成时间

从终点节点(⑥节点)开始逆着箭线方向依次逐项计算到起点节点(①节点)。

a. 以网络计划终点节点为箭头节点的工作的最迟完成时间等于计划工期为

$$LF_{4-6}=LF_{5-6}=16$$

b. 计算各项工作的最迟开始和最迟完成时间为

$$LS_{4-6}=LF_{4-6}-D_{4-6}=16-5=11$$
$$LS_{5-6}=LF_{5-6}-D_{5-6}=16-3=13$$
$$LF_{3-5}=LF_{4-5}=LS_{5-6}=13$$
$$LS_{3-5}=LF_{3-5}-D_{3-5}=13-5=8$$
$$LS_{4-5}=LF_{4-5}-D_{4-5}=13-0=13$$
$$LF_{2-4}=LF_{3-4}=\text{Min}[LS_{4-5},LS_{4-6}]=\text{Min}[13,11]=11$$
$$LS_{2-4}=LF_{2-4}-D_{2-4}=11-3=8$$
$$LS_{3-4}=LF_{3-4}-D_{3-4}=11-6=5$$
$$LF_{1-3}=LF_{2-3}=\text{Min}[LS_{3-4},LS_{3-5}]=\text{Min}[5,8]=5$$
$$LS_{1-3}=LF_{1-3}-D_{1-3}=5-4=1$$
$$LS_{2-3}=LF_{2-3}-D_{2-3}=5-3=2$$
$$LF_{1-2}=\text{Min}[LS_{2-3},LS_{2-4}]=\text{Min}[2,8]=2$$
$$LS_{1-2}=LF_{1-2}-D_{1-2}=2-2=0$$

④ 计算各项工作的总时差：TF_{i-j}

可以用工作的最迟开始时间减去最早开始时间或用工作的最迟完成时间减去最早完成

时间：

$$TF_{1\text{-}2}=LS_{1\text{-}2}-ES_{1\text{-}2}=0-0=0$$

或

$$TF_{1\text{-}2}=LF_{1\text{-}2}-EF_{1\text{-}2}=2-2=0$$

$$TF_{1\text{-}3}=LS_{1\text{-}3}-ES_{1\text{-}3}=1-0=1$$

$$TF_{2\text{-}3}=LS_{2\text{-}3}-ES_{2\text{-}3}=2-2=0$$

$$TF_{2\text{-}4}=LS_{2\text{-}4}-ES_{2\text{-}4}=8-2=6$$

$$TF_{3\text{-}4}=LS_{3\text{-}4}-ES_{3\text{-}4}=5-5=0$$

$$TF_{3\text{-}5}=LS_{3\text{-}5}-ES_{3\text{-}5}=8-5=3$$

$$TF_{4\text{-}6}=LS_{4\text{-}6}-ES_{4\text{-}6}=11-11=0$$

$$TF_{5\text{-}6}=LS_{5\text{-}6}-ES_{5\text{-}6}=13-11=2$$

将以上计算结果标注在图 4－38 的相应位置。

⑤ 计算各项工作的自由时差：TF_{i-j}

等于紧后工作的最早开始时间减去本工作的最早完成时间：

$$FF_{1\text{-}2}=ES_{2\text{-}3}-EF_{1\text{-}2}=2-2=0$$

$$FF_{1\text{-}3}=ES_{3\text{-}4}-EF_{1\text{-}3}=5-4=1$$

$$FF_{2\text{-}3}=ES_{3\text{-}5}-EF_{2\text{-}3}=5-5=0$$

$$FF_{2\text{-}4}=ES_{4\text{-}6}-EF_{2\text{-}4}=11-5=6$$

$$FF_{3\text{-}4}=ES_{4\text{-}6}-EF_{3\text{-}4}=11-11=0$$

$$FF_{3\text{-}5}=ES_{5\text{-}6}-EF_{3\text{-}5}=11-10=1$$

$$FF_{4\text{-}6}=T_P-EF_{4\text{-}6}=16-16=0$$

$$FF_{5\text{-}6}=T_P-EF_{5\text{-}6}=16-14=2$$

(3) 确定关键工作及关键线路。

该例中的关键工作是：①—②，②—③，③—④，④—⑥(或关键工作是：B、C、F、H)。

自始至终全由关键工作组成的关键线路是：①→②→③→④→⑥ 。关键线路用双箭线进行标注，如图 4－38 所示。

三、单代号网络计划时间参数的计算

单代号网络计划时间参数的计算应在确定各项工作的持续时间之后进行。时间参数的计算顺序和计算方法基本上与双代号网络计划时间参数的计算相同。单代号网络计划时间参数的标注形式如图 4－39 所示。

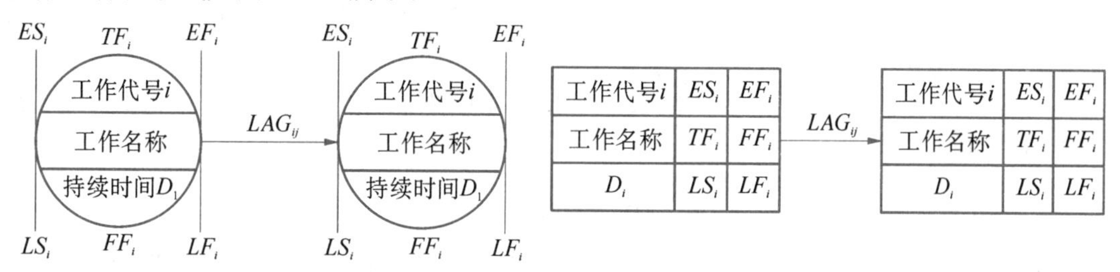

图 4－39　单代号网络图工作的表示方法

单代号网络计划时间参数的计算步骤如下。

1. 计算最早开始时间和最早完成时间

网络计划中各项工作的最早开始时间和最早完成时间的计算应从网络计划的起点节点开始,顺着箭线方向依次逐项计算。

(1) 网络计划的起点节点的最早开始时间为零,如起点节点的编号为 1,则

$$ES_1 = 0 \tag{4-26}$$

(2) 工作最早完成时间等于该工作最早开始时间加上其持续时间,即

$$EF_i = ES_i + D_i \tag{4-27}$$

(3) 工作最早开始时间等于该工作的各紧前工作的最早完成时间的最大值,即

$$ES_j = \max\{EF_i\} = \max\{ES_i + D_i\} \tag{4-28}$$

式中:ES_i——工作 j 的最早开始时间;

EF_i——工作 j 的紧前工作 i 的最早完成时间;

ES_i——工作 j 的紧前工作 i 的最早开始时间;

D_i——工作 i 的持续时间;

2. 网络计划的计算工期 T_c

网络计划的计算工期等于其终点节点所代表工作的最早完成时间,即

$$T_c = EF_n \tag{4-29}$$

式中:EF_n——终点节点 n 的最早完成时间。

3. 计算相邻两项工作之间的时间间隔 LAG_{i-j}(与双代号网络图不同)

相邻两项工作 i 和 j 之间的时间间隔等于紧后工作 j 的最早开始时间和本工作的最早完成时间之差,即

$$LAG_{i-j} = ES_j - EF_i \tag{4-30}$$

式中:LAG_{i-j}——工作 i 与工作 j 之间的时间间隔;

ES_j——工作 j 的最早开始时间;

EF_i——工作 i 的最早完成时间。

4. 计算工作总时差

工作 i 的总时差应从网络计划的终点节点开始,逆着箭线方向按节点编号从大到小的顺序依次进行。当部分工作分期完成时,有关工作的总时差必须从分期完成的节点开始逆箭线方向逐项计算。

(1) 网络计划终点节点的总时差 TF_n 等于计划工期与计算工期之差,如计划工期等于计算工期,其值为零,即

$$TF_n = T_p - T_c \tag{4-31}$$

(2) 其他工作的总时差等于该工作的各个紧后工作的总时差加该工作与其紧后工作之间的时间间隔 LAG_{i-j} 之和的最小值,即

$$TF_i = \min\{LAG_{i-j} + TF_j\} \tag{4-32}$$

式中：TF_j——工作 i 的紧后工作 j 的总时差。

当已知各项工作的最迟完成时间 LF_i 或最迟开始时间 LS_i 时，工作的总时差 TF_i 计算也可按下式进行

$$TF_i = LS_i - ES_i \tag{4-33}$$

或

$$TF_i = LF_i - EF_i \tag{4-34}$$

5. 计算工作自由时差

(1) 工作 i 若无紧后工作，其自由时差等于计划工期减该工作的最早完成时间，即

$$FF_n = T_p - EF_n \tag{4-35}$$

式中：FF_n——终点节点 n 所代表的工作的自由时差；

T_p——网络计划的计划工期；

EF_n——终点节点 n 所代表工作的最早完成时间(即计算工期)

(2) 当工作 i 有紧后工作 j 时，其自由时差 FF_i 等于该工作与其紧后工作 j 之间的时间间隔 LAG_{i-j} 的最小值，即

$$FF_i = \min\{LAG_{i-j}\} \tag{4-36}$$

6. 计算工作的最迟开始时间和最迟完成时间

工作最迟完成时间和最迟开始时间的计算应从网络计划的终点节点开始，逆箭线的方向按节点编号从小到大的顺序依次进行。

(1) 网络计划终点节点 n 所代表的工作的最迟完成时间等于网络计划的计划工期，即：

$$LF_n = T_p \tag{4-37}$$

(2) 其他工作的最迟完成时间等于该工作的各紧后工作最迟开始时间的最小值，即

$$LF_i = \min\{LS_j\} = \min\{LF_j - D_j\} \tag{4-38}$$

式中：LS_j——工作 i 的紧后工作 j 的最迟开始时间；

LF_j——工作 i 的紧后工作 j 的最迟完成时间；

D_j——工作 i 的紧后工作 j 的持续时间。

(3) 工作的最迟开始时间等于本工作的最迟完成时间与持续时间之差，即

$$LS_i = LF_i - D_i \tag{4-39}$$

7. 关键工作和关键线路的确定

(1)关键工作

总时差最小的工作是关键工作。当计划工期等于计算工期时，总时差为零的工作就是关键工作；当计划工期小于计算工期时，关键工作的总时差为负值，说明应研究更多措施以缩短工期；当计划工期大于计算工期时，关键工作的总时差为正值，说明计划已留有余地，进度控制主动了。

（2）关键线路

单代号网络计划中将相邻两项关键工作之间的间隔时间为零的工作连接起来，形成的自起点节点到终点节点的通路就是关键线路。

① 利用关键工作确定关键线路。如前所述，总时差最小的工作为关键工作。将这些关键工作相连，并保证相邻两项关键工作之间的时间间隔为零而构成的线路就是关键线路。

② 利用相邻两项工作之间的时间间隔确定关键线路。从网络计划的终点节点开始，逆箭线的方向依次找出相邻两项工作之间时间间隔为零的线路就是关键线路。

【例 4－4】 根据表 4－6 给出的工作间逻辑关系绘制单代号网络图，计算时间参数，并在图上标注出时间参数。

表 4－6　逻辑关系

工作	A	B	C	D	E	F	G	H
紧后工作	CD	E	F	FG	FH	GH	—	—
持续时间	6	4	7	5	5	10	7	8

（1）根据逻辑关系绘制出单代号网络图，如图 4－40 所示。

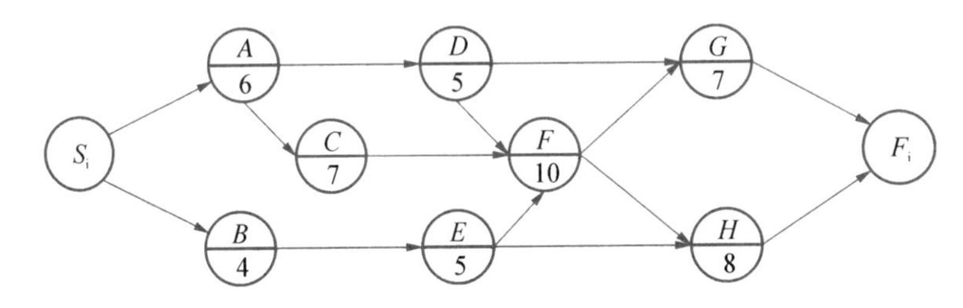

图 4－40　【例 4－4】单代号网络图

（2）网络时间参数的计算

① 工作最早开始时间（ES_i）和最早完成时间（EF_i）

$$ES_{st}=0 \quad EF_{st}=ES_A+D_{st}=0+0=0$$
$$ES_A=0 \quad EF_A=ES_A+D_D=0+6=6$$
$$ES_B=0 \quad EF_B=ES_B+D_B=0+4=4$$
$$ES_C=6 \quad EF_C=ES_C+D_C=6+7=13$$
$$ES_D=6 \quad EF_D=ES_D+D_D=6+5=11$$
$$ES_E=4 \quad EF_E=ES_E+D_E=4+5=9$$
$$ES_F=13 \quad EF_F=ES_F+D_F=13+10=23$$
$$ES_G=23 \quad EF_G=ES_G+D_D=23+7=30$$
$$ES_H=23 \quad EF_H=ES_H+D_H=23+8=31$$
$$ES_{Fi}=31 \quad EF_{Fi}=ES_{Fi}+D_{Fi}=31+0=31$$

② 相邻两项工作之间的时间间隔（LAG_{i-j}）

$$LAG_{i-j}=ES_j-EF_i$$
$$LAG_{st-A}=ES_A-EF_{st}=0-0=0$$

$$LAG_{st\text{-}B} = ES_B - EF_{st} = 0 - 0 = 0$$
$$LAG_{A\text{-}C} = ES_C - EF_A = 6 - 6 = 0$$
$$LAG_{A\text{-}D} = ES_D - EF_A = 6 - 6 = 0$$
$$LAG_{B\text{-}E} = ES_E - EF_B = 4 - 4 = 0$$
$$LAG_{C\text{-}F} = ES_F - EF_C = 13 - 13 = 0$$
$$LAG_{D\text{-}F} = ES_F - EF_D = 13 - 11 = 2$$
$$LAG_{D\text{-}G} = ES_G - EF_D = 23 - 11 = 12$$
$$LAG_{E\text{-}F} = ES_F - EF_E = 13 - 9 = 4$$
$$LAG_{E\text{-}H} = ES_H - EF_E = 23 - 9 = 14$$
$$LAG_{F\text{-}G} = ES_G - EF_F = 23 - 23 = 0$$
$$LAG_{F\text{-}H} = ES_H - EF_F = 23 - 23 = 0$$
$$LAG_{G\text{-}Fi} = ES_{Fi} - EF_G = 31 - 30 = 1$$
$$LAG_{H\text{-}Fi} = ES_{Fi} - EF_H = 31 - 31 = 0$$

③ 确定网络计划的计划工期

计算工期 T_c=31 d;计划工期 T_p=31 d。

④ 工作自由时差(FF_i)

$$FF_{st} = \min\{LAG_{A\text{-}D}, LAG_{A\text{-}C}\} = \{0,0\} = 0$$
$$FF_A = \min\{LAG_{st\text{-}A}, LAG_{st\text{-}B}\} = \{0,0\} = 0$$
$$FF_B = LAG_{B\text{-}E} = 0$$
$$FF_C = LAG_{C\text{-}F} = 0$$
$$FF_D = \min\{LAG_{D\text{-}F}, LAG_{D\text{-}G}\} = \{2,12\} = 2$$
$$FF_E = \min\{LAG_{E\text{-}F}, LAG_{E\text{-}H}\} = \{4,14\} = 4$$
$$FF_F = \min\{LAG_{F\text{-}G}, LAG_{F\text{-}H}\} = \{0,0\} = 0$$
$$FF_G = LAG_{G\text{-}Fi} = 1$$
$$FF_H = LAG_{H\text{-}Fi} = 0$$
$$FF_{Fi} = LAG_{Fi} - EF_{Fi} = 0$$

⑤ 工作最迟开始时间(LS_i)和最迟完成时间(LF_i)

$$LF_{Fi} = T_p = 31 \qquad LS_{Fi} = 31 - 0 = 31$$
$$LF_H = LS_{Fi} = 31 \qquad LS_H = 31 - 8 = 23$$
$$LF_G = LS_{Fi} = 31 \qquad LS_G = 31 - 7 = 24$$
$$LF_F = \min\{LS_H, LS_G\} = \{23,24\} = 23 \qquad LS_F = 23 - 10 = 13$$
$$LF_E = \min\{LS_F, LS_H\} = \{13,23\} = 13 \qquad LS_E = 13 - 5 = 8$$
$$LF_D = \min\{LS_G, LS_F\} = \{24,13\} = 13 \qquad LS_D = 13 - 5 = 8$$
$$LF_C = LS_F = 13 \qquad LS_C = 13 - 7 = 6$$
$$LF_B = LS_E = 8 \qquad LS_E = 8 - 4 = 4$$
$$LF_A = \min\{LS_C, LS_D\} = \{6,8\} = 6 \qquad LS_A = 6 - 6 = 0$$
$$LF_{st} = \min\{LS_A, LS_B\} = \{0,4\} = 0 \qquad LS_{st} = 0 - 0 = 0$$

⑥ 工作的总时差(TF_i)

$$TF_i = LF_i - ES_i = LF_i - EF_i = LS_i - ES_i$$
$$TF_{st} = LF_{st} - EF_{st} = 0 - 0 = 0$$
$$TF_A = LF_A - EF_A = 6 - 6 = 0$$
$$TF_B = LF_B - EF_B = 8 - 4 = 4$$
$$TF_C = LF_C - EF_C = 13 - 13 = 0$$
$$TF_D = LF_D - EF_D = 13 - 11 = 2$$
$$TF_E = LF_E - EF_E = 13 - 9 = 4$$
$$TF_F = LF_F - EF_F = 23 - 23 = 0$$
$$TF_G = LF_G - EF_G = 31 - 30 = 1$$
$$TF_H = LF_H - EF_H = 31 - 31 = 0$$
$$TF_{Fi} = LF_{Fi} - EF_{Fi} = 31 - 31 = 0$$

⑦ 确定关键工作和关键线路

图 4-41 中,最小的总时差是“0”,所以,凡是总时差为“0”的工作均为关键工作。关键工作为 A、C、F、H。自始至终全由关键工作组成的线路为关键线路。关键线路为 $S_t \to A \to C \to F \to H \to F_i$。

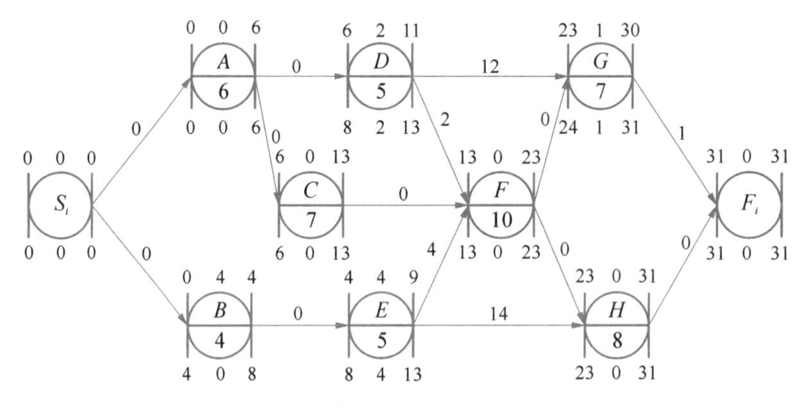

图 4-41 【例 4-4】时间参数标注

微课

双代号时标网络计划

任务 4 双代号时标网络计划

双代号时标网络计划是综合应用横道图的时间坐标和网络计划的原理,在横道图基础上引入网络计划中各工作之间逻辑关系的表达方法。如图 4-42 所示。

一、双代号时标网络计划的特点

(1) 时标网络计划既有网络计划与横道计划的优点,它能够清楚地表明计划的时间进程,因此,可直观地进行判读。

(2) 时标网络计划能在图上直接显示出各项工作的开始与完成时间、工作的自由时差

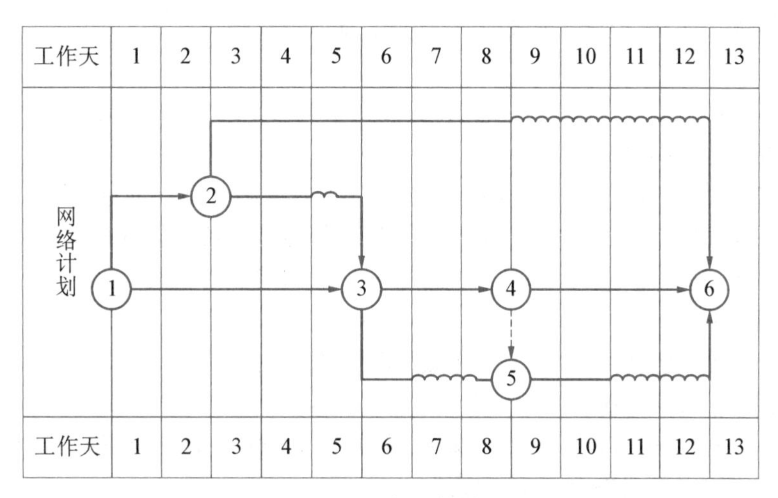

图 4－42　时标网络计划图

及关键线路。

(3) 由于时标网络在绘制时受到时间坐标的限制，因此很容易发现绘图错误。

(4) 工程对劳动力、材料、施工机具等资源的需用量可以直接标注在时标网络图上，这样既便于绘制资源消耗的动态曲线，又便于有计划地分析和控制资源的使用量。

(5) 由于箭线受到时间坐标的限制，因此当情况发生变化时，对网络计划的修改比较麻烦，往往要重新绘图。

二、时间坐标体系

双代号网络计划的时间坐标体系有计算坐标体系、工作日坐标体系、日历日坐标体系等。

(1) 计算坐标体系。计算坐标体系主要用于计算网络计划的时间参数，其起点时间从零开始。

(2) 工作日坐标体系，工作日坐标体系表明工作在工程开始后第几天开始、第几天完成，其起点时间从 1 开始。工作日坐标体系的工作开始时间等于计算坐标体系的工作开始时间加 1，工作完成时间等于计算坐标体系的工作完成时间。

(3) 日历日坐标体系，日历日坐标体系可以表明工程的开工日期和竣工日期以及各项工作的开始日期和完成日期，日历日坐标体系应扣除节假日休息时间，如星期六、星期日、劳动节和国庆节等。

三、双代号时标网络计划的绘制

时标网络计划宜按最早时间绘制。在绘制前，首先应根据确定的时间单位绘制出一个时间坐标表，时间坐标单位应根据计划期的长短确定，可以是小时，天、周、旬、月或季度等。时标网络计划中以实箭线表示工作，每项工作直线段的水平段影长度代表工作的持续时间，以虚箭线表示虚工作，以波形线表示工作与其紧后工作之间的时间间隔(以网络计划终点节点为完成节点的工作除外)，当工作之后紧跟有实工作时，波形线的长度表示本工作的自由时差，当工作之后只紧跟有虚工作时，则紧接的虚工作的波形线长度中的最短者为该工作的自由时差。

时标网络计划中的箭线宜采用水平箭线或由水平段和垂直段组成的箭线，不宜采用斜箭线。虚工作也是如此,但虚工作的水平段应绘制成波形线。

1. 间接绘制法

间接绘制法(或称先算后绘法)指先计算无时标网络计划草图的时间参数,然后再在时标网络计划表中进行绘制的方法。

用这种方法时,应先对无时标网络计划进行计算,算出其最早时间,再按每项工作的最早开始时间将其箭尾节点定位在时标表上,最后用规定线型绘出工作及其自由时差,即形成时标网络计划,绘制时,一般先绘制出关键线路,然后再绘制非关键线路。

绘制步骤如下:

(1) 先绘制网络计划草图,计算工作最早时间并标注在图上。

(2) 绘制时标网络计划的时标计划表。

(3) 在时标表上,按最早开始时间确定每项工作的开始节点位置(图形尽量与草图一致),节点的中心线必须对准时标的刻度线。

(4) 绘制时一般应先绘制出关键线路和关键工作,然后再绘制出非关键线路和非关键工作。

(5) 按各工作的时间长度画出相应工作的实线部分,使其水平投影长度等于工作时间,由于虚工作不占用时间,所以应以垂直虚线表示。

(6) 用波形线把实线部分与其紧后工作的开始节点连接起来,以表示自由时差。

(7) 标出关键线路。将时差为零的箭线从起点节点到终点节点连接起来,并用粗箭线、双箭线或彩色箭线表示,即形成时标网络计划的关键线路。

【例 4-5】 将图 4-43 所示的网络计划图改绘成时标网络图。

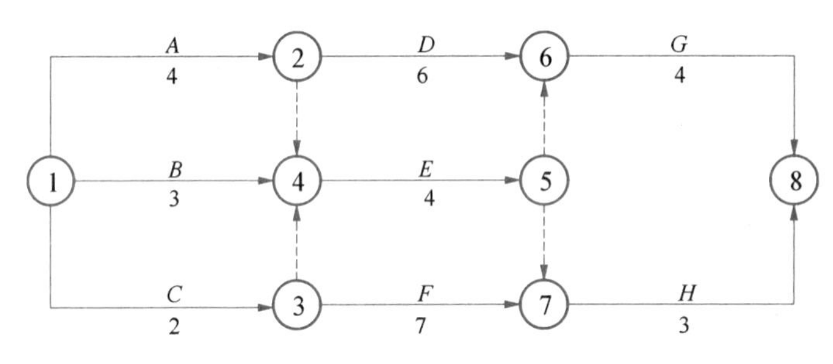

图 4-43　网络计划图

(1) 先在网络图上标注出节点的最早时间,如图 4-44 所示。

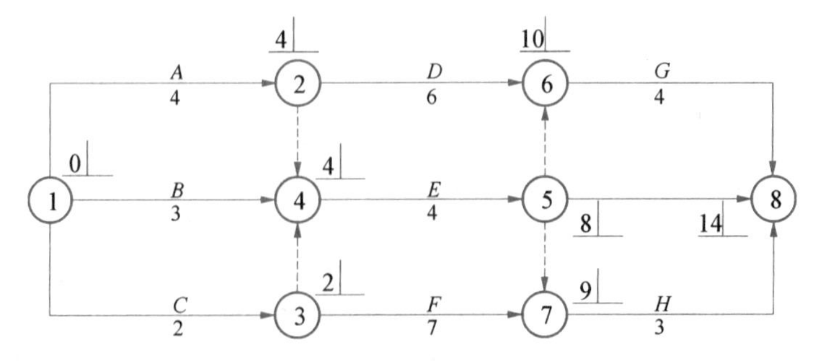

图 4-44　标注出节点最早时间的网络图

(2) 在时标表上,按最早开始时间确定每项工作的开始节点位置,如图 4-45 所示。

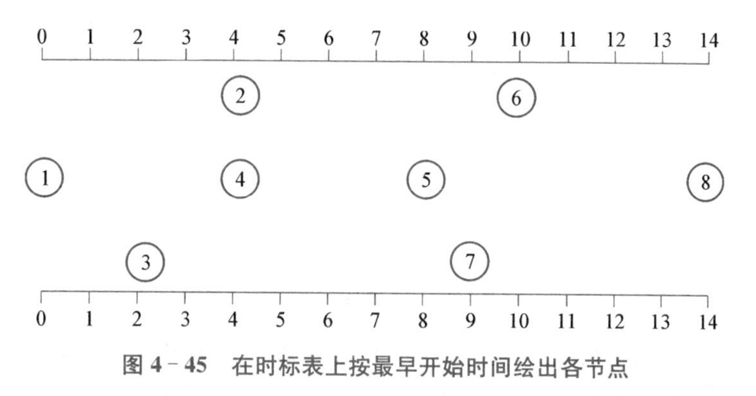

图 4-45　在时标表上按最早开始时间绘出各节点

(3) 先绘制出关键线路和关键工作,然后再绘制出非关键线路和非关键工作;按各工作的时间长度画出相应工作的实线部分,使其水平投影长度等于工作时间,虚工作以垂直虚线表示;再以波形线把实线部分与其紧后工作的开始节点连接起来,以表示自由时差。最后标出关键线路,即形成时标网络计划的关键线路,如图 4-46 所示。

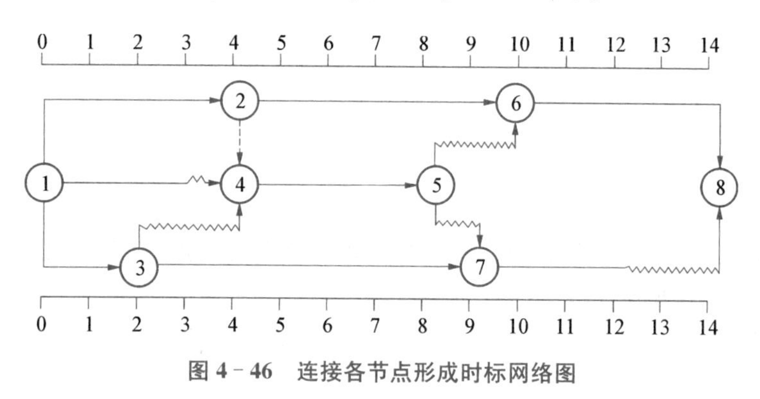

图 4-46　连接各节点形成时标网络图

2. 直接绘制法

所谓直接绘制法,是指不计算时间参数而直接按无时标的网络计划草图绘制时标网络计划的方法。

(1) 将网络计划的起点节点定位在时标网络计划表的起始刻度线"0"上,并按工作的持续时间绘制以网络计划起点节点为开始节点的工作箭线 A、B、C,如图 4-47 所示。

图 4-47　直接绘制法第一步

(2) 除网络计划的起点节点外,其他节点必须在所有以该节点为完成节点的工作箭线均绘出后定位在这些工作箭线中最迟的箭线末端。当某些工作箭线的长度不足以到达该节点时，应用波形线补足，箭头画在与该节点的连接处，如图 4－48 所示。

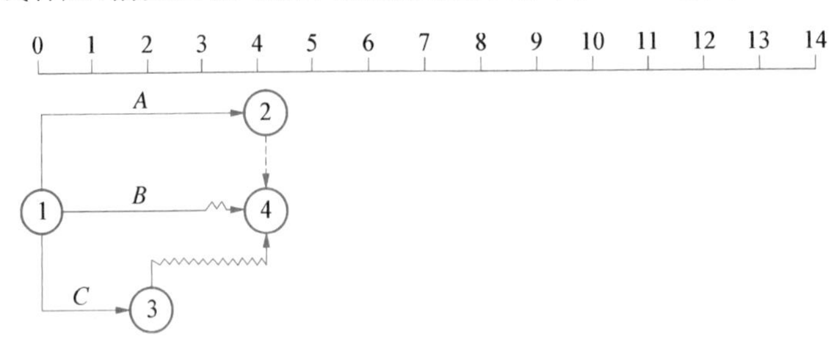

图 4－48　直接绘制法第二步

（3）当某个节点的位置确定之后，即可绘制以该节点为开始节点的工作箭线。在图 4－48的基础上分别绘出以节点②、节点④和节点③为开始节点的工作箭线 D、工作箭线 E 和工作箭线 G，如图 4－49 所示。再依次绘出其他的箭线，如图 4－50 所示。

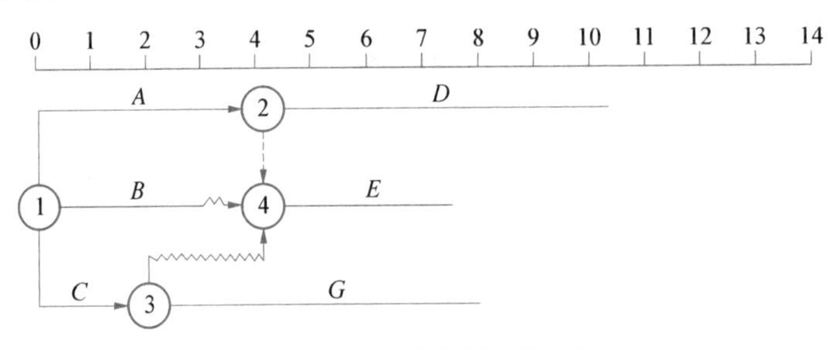

图 4－49　直接绘制法第三步

（4）利用上述方法从左到右依次确定其他各个节点的位置，直至绘出网络计划的终点节点⑧，如图 4－51 所示。

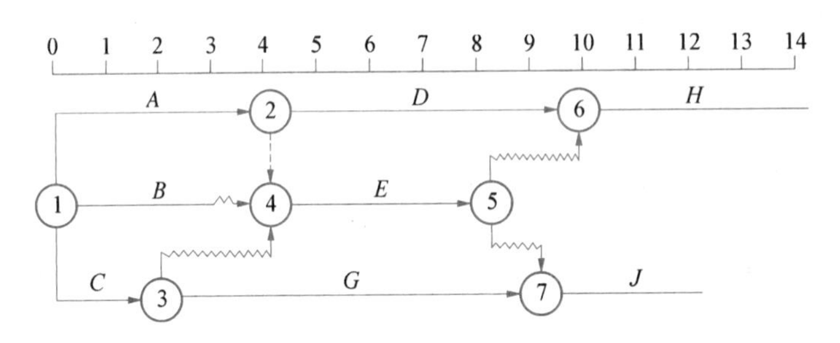

图 4－50　直接绘制法第四步

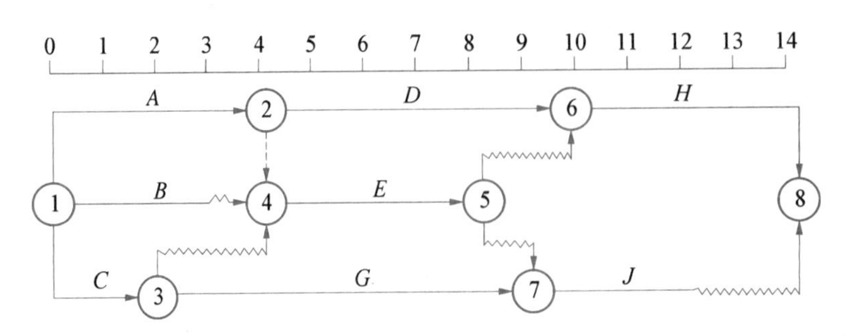

图 4－51　直接绘制法的双代号时标网络计划图

绘制视频

时标网络计划

在绘制时标网络计划时，特别需要注意的问题是处理好虚箭线。首先，应将虚箭线与实箭线等同看待，只是其对应工作的持续时间为零；其次，尽管它本身没有持续时间，但可能存在波形线，因此，要按规定画出波形线。在画波形线时，其垂直部分仍应画为虚线。

四、时标网络计划中时间参数的判定

1. 关键线路和计算工期的判定

(1) 关键线路的判定

时标网络计划中的关键线路可从网络计划的终点节点开始，逆着箭线方向进行判定。凡自始至终不出现波形线的线路即为关键线路。因为不出现波形线，就说明这条线路上相邻两项工作之间的时间间隔全部为零，也就是在计算工期等于计划工期的前提下，这些工作的总时差和自由时差全部为零。

(2) 计算工期的判定

网络计划的计算工期应等于终点节点所对应的时标值与起点节点所对应的时标值之差。

2. 相邻两项工作之间时间间隔的判定

除以终点节点为完成节点的工作外，工作箭线中波形线的水平投影长度表示工作与其紧后工作之间的时间间隔。

3. 工作的 6 个时间参数的判定

(1) 工作最早开始时间和最早完成时间的判定

工作箭线左端节点中心所对应的时标值为该工作的最早开始时间。当工作箭线中不存在波形线时，其右端节点中心所对应的时标值为该工作的最早完成时间；当工作箭线中存在波形线时，工作箭线实线部分右端点所对应的时标值为该工作的最早完成时间。

(2) 工作总时差的判定

工作总时差的判定应从网络计划的终点节点开始，逆着箭线方向依次进行。

① 以终点节点为完成节点的工作，其总时差应等于计划工期与本工作最早完成时间之差。

② 其他工作的总时差等于其紧后工作的总时差加本工作与该紧后工作之间的时间间隔所得之和的最小值。

(3) 工作自由时差的判定

① 以终点节点为完成节点的工作，其自由时差应等于计划工期与本工作最早完成时间之差事实上，以终点节点为完成节点的工作，其自由时差与总时差必然相等。

② 其他工作的自由时差就是该工作箭线中波形线的水平投影长度。但当工作之后只紧接虚工作时，则该工作箭线上一定不存在波形线，而其紧接的虚箭线中波形线水平投影长度的最短者为该工作的自由时差。

(4) 工作最迟开始时间和最迟完成时间的判定

① 工作的最迟开始时间等于本工作的最早开始时间与其总时差之和。

② 工作的最迟完成时间等于本工作的最早完成时间与其总时差之和。

时标网络计划中时间参数的判定结果应与网络计划时间参数的计算结果完全一致。

【例 4－6】 某分部工程双代号时标网络计划如图 4－52 所示。

问：(1)工作 A 的总时差和自由时差分别为多少？

(2) 工作D和工作I的最迟完成时间分别为多少?

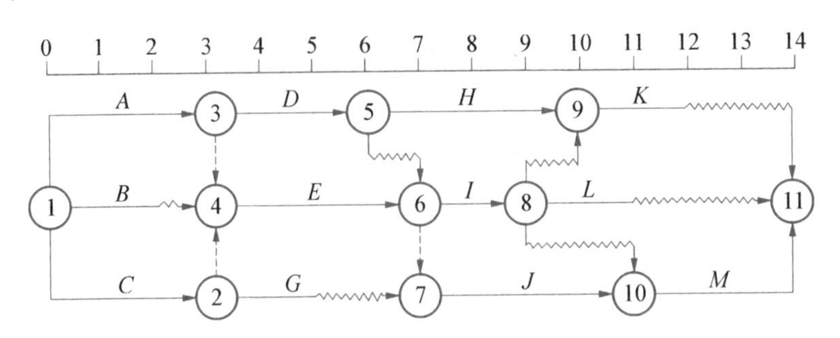

图4-52　某分部工程双代号时标网络计划

(1) 工作A本身没有波形线且其紧后工作连有实工作D,因此其自由时差为零。

工作A到结束节点⑪共有5条线路。分别为:

线路①→③→⑤→⑨→⑩的总时差为2 d

线路①→③→⑤→⑥→⑧→⑨→⑪的总时差为4 d

线路①→③→⑤→⑥→⑧→⑪的总时差为4 d

线路①→③→⑤→⑥→⑧→⑩→⑪的总时差为3 d

线路①→③→⑤→⑥→⑦→⑩→⑪的总时差为1 d

以上5条线路中总时差最小为1 d,即工作A的总时差为1 d。

(2) 确定工作的最迟完成时间要看该工作的总时差,工作D的总时差为1 d,因此工作D最迟完成时间为第7天。工作I的总时差为2 d,因此工作I最迟完成时间为第11天。

任务5　网络计划的优化

在编制一项工程的网络计划时,一般不太可能一步达到十分完善的地步,初始网络的关键线路往往拖得很长,非关键线路上的富裕时间很多,网络松散,任务周期长,通常在初步制定了网络计划方案以后,需要根据工程任务的特点再进行调整与优化,从工程建设的整体角度对时间、资金和人力等进行合理匹配,从而得到最佳的周期、最低的成本以及对资源最有效的利用的结果。

网络计划的优化目标应按计划任务的需要和条件选定,包括工期目标、费用目标和资源目标。根据优化目标的不同,网络计划的优化可分为工期优化、费用优化和资源优化。

微课

工期优化

一、工期优化

所谓工期优化,是指网格计划的计算工期不满足要求工期时,通过压缩关键工作的持续时间以满足要求工期目标的过程。

1. 工期优化的方法

网络计划工期优化的基本方法是在不改变网络计划中各项工作之间逻辑关系的前提下,通过压缩关键工作的持续时间来达到优化目标,在工期优化过程中,按照经济合理的原则，不能将关键工作压缩成非关键工作。此外，当工期优化过程中出现多条关键线路时，必须将各条关键线路的总持续时间压缩相同数值；否则，不能有效地缩短工期。

网络计划的工期优化可按下列步骤进行：

(1) 确定初始网络计划的计算工期和关键线路。一般可用标号法确定出关键线路及计算工期。

(2) 按要求工期计算应缩短的时间(ΔT)，应缩短的时间等于计算工期与要求工期之差，即

$$\Delta T = T_c - T_r \tag{4-40}$$

式中：T_c——网络计划的计算工期；

T_r——要求工期。

(3) 选择应缩短持续时间的关键工作，选择压缩对象时宜在关键工作中考虑下列因素。

① 缩短持续时间对质量和安全影响不大的工作；

② 有充足备用资源的工作；

③ 缩短持续时间所需增加费用最少的工作。

(4) 将所选定的关键工作的持续时间压缩至最短，并重新确定计算工期和关键线路，若被压缩的工作变成非关键工作，则应延长其持续时间，使之仍为关键工作。

(5) 若所计算工期仍超过要求工期，则重复以上步骤，直到满足工期要求或工期已不能再缩短为止。

(6) 当所有关键工作的持续时间都已达到其能缩短的极限而寻求不到继续缩短工期的方案，但网络计划的计算工期仍不能满足要求工期时，应对网络计划的原技术方案、组织方案进行调整，或对要求工期重新审定。

2. 工期优化时应注意的问题

工期优化时应注意以下一些问题。

(1) 是否出现资源的过度分配；

(2) 工序安排是否出现变化；

(3) 成本是否上升且超过项目预算；

(4) 是否需要通过增加资源来进行优化，资源是否具备可利用性；

(5) 是否出现其他关键线路或多条关键线路，造成项目风险加大。

【例 4-7】 某单项工程，按图 4-53 所示进度计划网络图组织施工。原计划工期是 170 d，在第 75 天进行进度检查时发现：工作 A 已全部完成，工作 B 刚刚开工。本工程各工作相关参数见表 4-7。

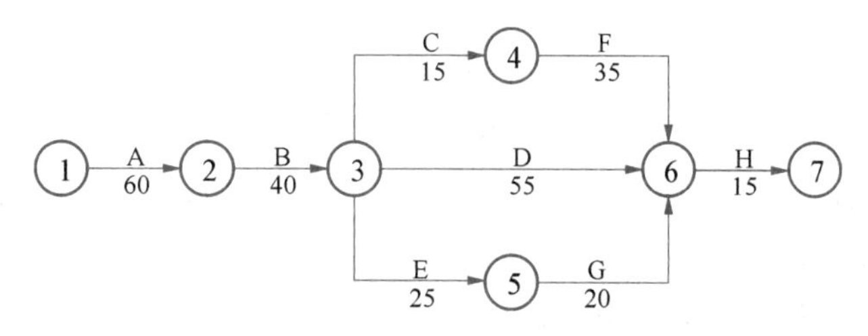

图 4-53　进度计划网络图

表 4-7 本工程各工作相关参数

工作名称	最大可压缩时间/d	赶工费用/(元/天)
A	10	200
B	5	200
C	3	100
D	10	300
E	5	200
F	10	150
G	10	120
H	5	420

问:(1) 为使本单项工程仍按原工期完成,则必须赶工,调整原计划,问应如何调整原计划,使得既经济又能保证整个工作在计划的 170 天内完成,并列出详细的调整过程。

(2) 试计算经调整后所需投入的赶工费用。

(3) 指出调整后的关键线路。

(1) 用标号法求出正常持续时间下的计算工期和关键线路,如图 4-54 所示。

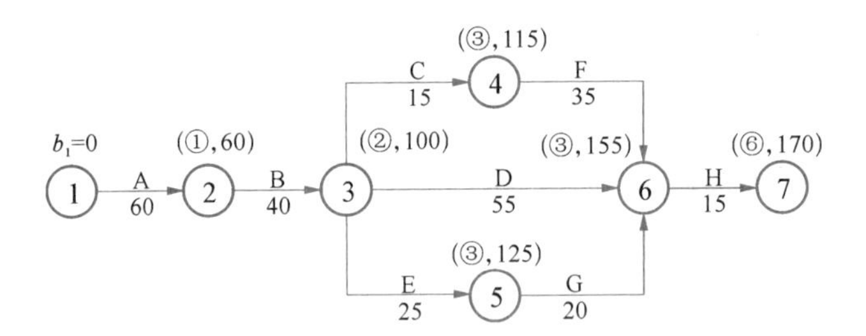

图 4-54 原计划网络图标号图

① 检查后进度如图 4-55 所示,此时的总工期拖后 15 d,关键线路为原关键线路:A→B→D→H。

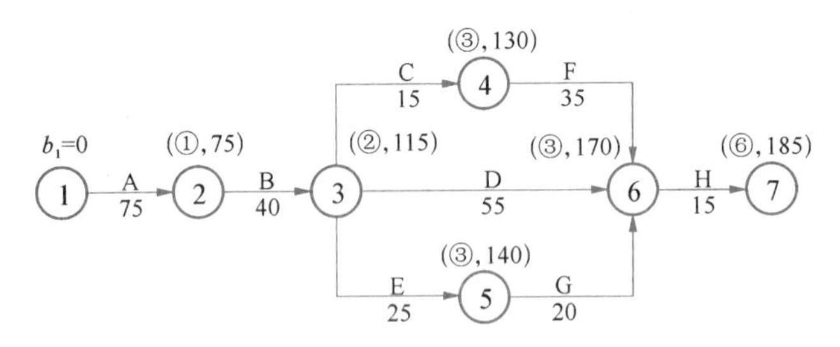

图 4-55 检查后进度计划网络图

② 因关键线路中工作 B 的赶工费率最低,故先对工作 B 的持续时间进行压缩,工作 B 压缩 5 d,因此增加费用为 5×200=1 000(元),总工期为 185−5=180 d,关键线路仍为 A→B→D→H。第一次调整后的进度计划如图 4-56 所示。

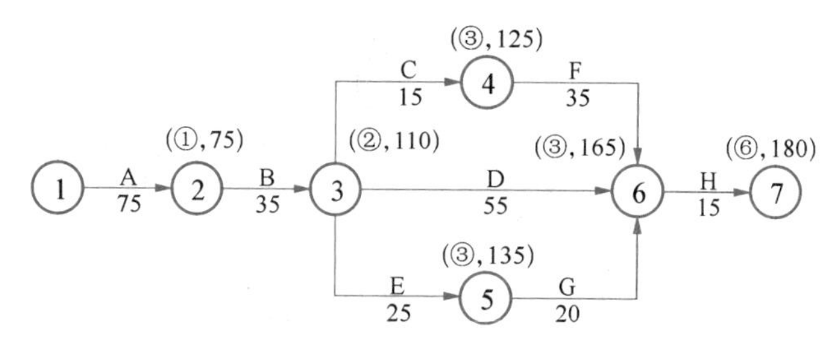

图 4-56　第一次调整网络图

③ 在剩余关键工作中，工作 D 的赶工费率最低，故应对工作 D 的持续时间进行压缩。在压缩工作 D 的同时，应考虑与之平等的各线路，以各线路工作正常进展均不影响工期为限。故工作 D 只能被压缩 5 d，因此增加费用为 5×300＝1 500(元)，总工期为 180－5＝175 d。

关键线路为 A→B→D→H 和 A→B→C→F→H 两条。第二次调整后的进度计划如图 4-57 所示

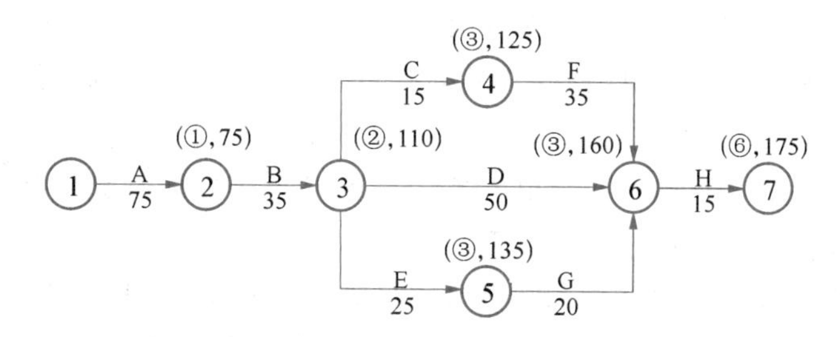

图 4-57　第二次调整后的网络图

④ 剩余的关键工作中，存在三种压缩方式：同时压缩工作 C、工作 D；同时压缩工作 F、工作 D；压缩工作 H。其中，同时压缩工作 C 和工作 D 的赶工费率最低，故应对工作 C 和工作 D 同时进行压缩。工作 C 最大可压缩天数为 3 d，故本次调整只能压缩 3 d，因此增加费用为 3×100＋3×300＝1 200(元)，总工期为 175－3＝172 d。关键线路为 A→B→D→H 和 A→B→C→F→H 两条。第三次调整后的进度计划如图 4-58 所示。

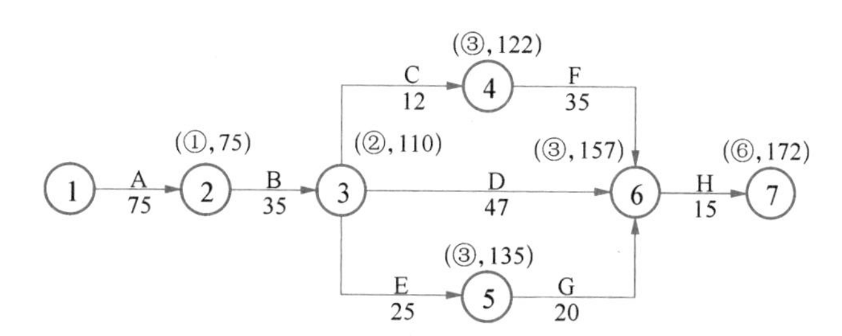

图 4-58　第三次调整后的网络图

⑤ 剩下压缩方式中，压缩工作 H 赶工费率最低，故应对工作 H 进行压缩。

工作 H 压缩 2 d，因此增加费用为 2×420＝840(元)，总工期为 172－2＝170 d。第四次调整后的进度计划如图 4-59 所示。

⑥ 通过以上工期调整，工作仍能按原计划的 170 d 完成。

(2) 所需投入的赶工费为 1 000＋1 500＋1 200＋840＝4 540(元)

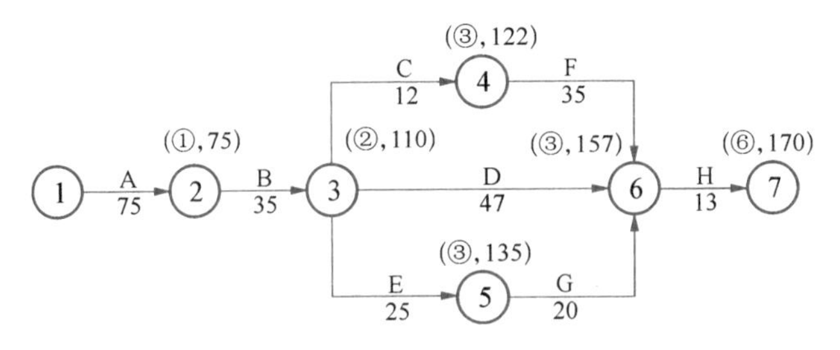

图 4-59　第四次调整后的网络图

(3) 调整后的关键线路为 A→B→D→H 和 A→B→C→F→H

二、费用优化

费用优化也称工期成本优化，是指寻求工程总成本最低时的工期安排，或者按要求工期寻求最低成本的计划安排过程。

1. 费用和时间的关系

在建设工程施工过程中，完成一项工作通常可以采用多种施工方法和组织方法，不同的施工方法和组织方法，又会有不同的持续时间和费用。因为一项建设工程包含许多工作，故在安排建设工程进度计划时，会出现多种方案。进度方案不同，所对应的总工期和总费用也就不同。为了能从多种方案中找出总成本最低的方案，必须先分析费用和时间之间的关系。

工程项目的总费用由直接费用和间接费用组成。其中直接费用由人工费、材料费、机械使用费及现场经费等组成。如果施工方案不同，所发生的直接费用就不同。如果施工方案相同，工期不同，则直接费也不同。直接费会随着工期的缩短而增加；间接费包括企业经营的全部费用，它一般会随着工期的缩短而减少。

工期与费用的关系见图 4-60 所示，图中工程成本曲线是由直接费曲线和间接费曲线叠加而成。曲线上的最低点是工程费用最低时所对应的工程持续时间，该时间称为最优工期，它是工程计划的最优方案之一。

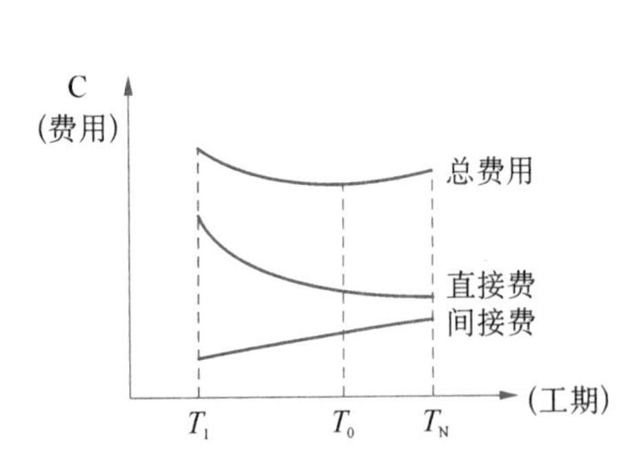

图 4-60　工程费用与工期关系

T_L—最短工期；T_0—最优工期；T_N—正常工期

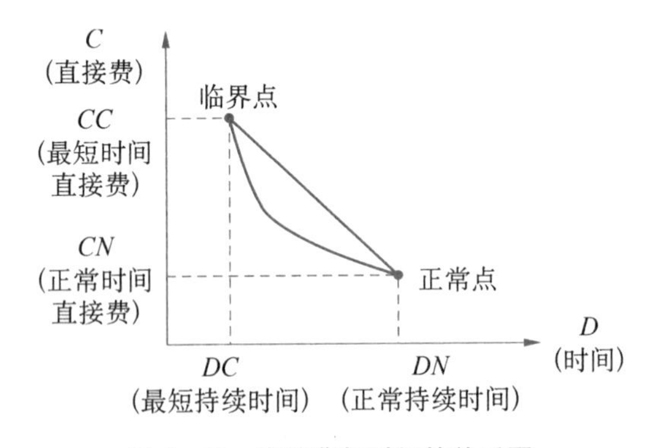

图 4-61　直接费与时间的关系图

(1) 直接费与工作持续时间的关系

直接费与工作持续时间之间的关系如图 4-61 所示。在一定的工作持续时间范围内，工作的持续时间与直接费成反比关系，图中正常点所对应的时间称为工作的正常持续时间。工作的正常持续时间一般是指在符合施工顺序、合理的劳动组织和满足工作面要求的条件下，完成某项工作投入的人力和物力较少，相应的直接费用最低时所对应的持续时间。正常持续时间下所发生的直接费称为正常时间直接费。若持续时间超过此限值，工作持续时间与直接费的关系将变为正比关系。

当采取加班加点和多班作业，采用高价的施工方法和机械设备等措施时，施工速度加快，直接费用也随之增加。当工作持续时间缩短至某一极限时，即使投入的人力、物力再多，也不能缩短工期，此极限称为临界点，此时的工作持续时间为最短持续时间，此时的费用为最短时间直接费。

如图 4－61 所示，由临界点至正常点所确定的时间区段，称为完成某项工作的合理持续时间范围，在此区段内，工作持续时间同直接费呈反比关系。连接临界点与正常点的曲线，称为直接费曲线。为计算方便，可近似地将它假定为一直线。把因缩短工作持续时间每一单位时间所需增加的直接费，称为直接费用率，按如下公式计算。

$$\Delta C_{i-j}=\frac{CC_{i-j}-CN_{i-j}}{DN_{i-j}-DC_{i-j}} \tag{4-41}$$

式中：ΔC_{i-j}——工作 $i-j$ 的直接费用率；

CC_{i-j}——将工作 $i-j$ 持续时间缩短为最短持续时间后，完成该工作所需的直接费用；

CN_{i-j}——正常条件下完成工作 $i-j$ 所需的直接费用；

DN_{i-j}——工作 $i-j$ 的正常持续时间；

DC_{i-j}——工作 $i-j$ 的最短持续时间。

可以看出，工作的直接费用率越大，缩短单位工作持续时间所增加的直接费越多；反之，工作的直接费用率越小，缩短单位工作持续时间所增加的直接费越少。

（2）间接费与工作持续时间的关系

间接费用与工作持续时间成正比关系，通常用直线表示。其斜率表示间接费用在单位时间内变化所造成的间接费用增加或减少值，称为间接费用率。工作的间接费用率越大，表明缩短单位工作持续时间所减少的间接费越多；反之，工作的间接费用率越小，表明缩短单位工作持续时间所减少的间接费越少。

通过以上对直接费、间接费与工作持续时间之间关系的分析，可以发现：在压缩关键工作的持续时间，达到缩短工期目的时，应衡量直接费用率与间接费用率之间的关系，选择间接费用率与直接费用率叠加后所得综合费用率（为间接费用率减直接费用率所得的结果）最大的关键工作为压缩对象。当有多条关键线路，需要同时压缩多个关键工作的持续时间时，应选择它们的综合费用率最大者作为压缩对象。

此外，在进行工程计划方案选择时，除考虑工期变化对工程费用造成的影响，还应考虑工期变化带来的其他损益，包括因拖延工期而罚款的损失或提前竣工而得到的奖励，甚至还考虑因提前投产而获得的收益和资金的时间价值等。

2. 费用优化的方法步骤

费用优化的基本思路是：不断地从时间与费用的关系中，找出使工期缩短且直接费用增加最少的关键工作，缩短其持续时间，同时考虑间接费用随工期缩短减少的数值，最终求得工程总成本最低时的最优工期，或按要求工期求得最低工程成本。

工期一成本优化的具体步骤如下；

(1) 按工作的正常持续时间确定计算工期、关键线路和总费用。

(2) 按式 4-41 计算各项工作的直接费用率。

(3) 当只有一条关键线路时，找出直接费用率最小的一项关键工作，作为压缩对象；当存在多条关键线路时，找出组合直接费用率最小的一组关键工作，作为压缩对象。

(4) 对于选定的压缩对象(一项或一组关键工作)，首先比较其直接费用率或组合直接费用率与工程间接费用率的大小：

① 如果被压缩对象的直接费用率或组合直接费用率大于工程间接费用率，说明压缩关键工作的持续时间会使工程总费用增加，应停止缩短关键工作的持续时间，在此之前的方案即为优化方案；

② 如果被压缩对象的直接费用率或组合直接费用率等于工程间接费用率，说明缩短关键工作的持续时间不会使工程总费用增加，故应压缩关键工作的持续时间；

③ 如果被压缩对象的直接费用率或组合直接费用率小于工程间接费用率，说明压缩关键工作的持续时间会使工程总费用减少，故应缩短关键工作的持续时间。

(5) 计算关键工作持续时间缩短后相应的总费用变化。

(6) 重复步骤(3)至(5)的过程，直至计算工期满足要求工期，或被压缩对象的直接费用率或组合费用率大于工程间接费用率为止。

(7) 计算优化后的工程总费用。

在进行费用优化时，还要注意遵循以下的优化原则，即被压缩的关键工作不能变成非关键工作，即其被压缩后仍为关键工作；关键工作被压缩后的持续时间不能小于其最短持续时间。

【例 4-8】 已知某工程任务的网络计划如图 4-62 所示，图中箭线上方括号外数字为工作按正常持续时间完成时所需的直接费，括号内数字为工作按最短持续时间完成时所需的直接费；箭线下方括号外数字为工作的正常持续时间，括号内数字为工作的最短持续时间。该工程的间接费用率为 200 元/天，试对其进行费用优化。

(1) 根据各项工作的正常持续时间和最短持续时间，确定网络计划的计算工期和关键线路，如图 4-63 和图 4-64 所示。正常时间下的计算工期为 70 天，关键线路为：①→③→⑤→⑥→⑦。最短持续时间下的网络计划计算工期为 39 天，关键线路为：①→②→⑤→⑥→⑦。

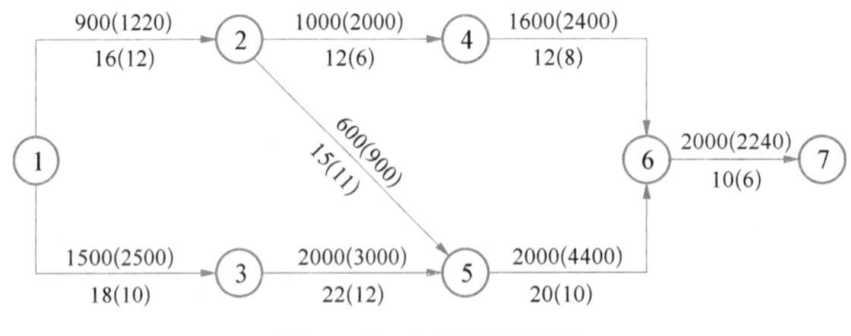

图 4-62 初始网络计划

(费用单位：元；时间单位：天)

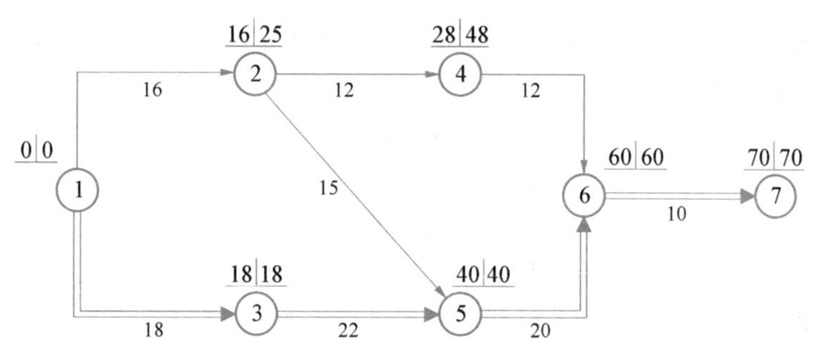

图 4－63　正常持续时间网络计划图

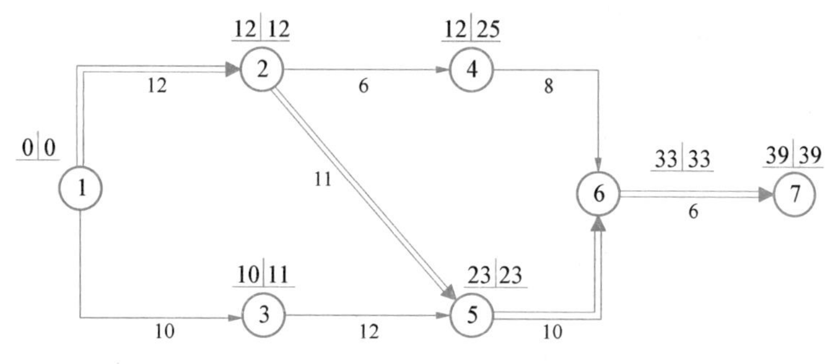

图 4－64　最短持续时间网络计划图

(2) 计算各项工作的直接费用率。列出时间和费用数据表，计算各项工作的费用率，见表 4－8。

表 4－8　时间—费用数据表

工作代号	正常工期		最短工期		相差		费用率
	时间 DN_{i-j}	直接费 CN_{i-j}	时间 DC_{i-j}	直接费 CC_{i-j}	时间 $DN_{i-j}-DC_{i-j}$	时间 $CC_{i-j}-CN_{i-j}$	ΔC_{i-j}
1—2	16	900	12	1 220	4	320	80
1—3	18	1 500	10	2 500	8	1 000	125
2—4	12	1 000	6	2 000	6	1 000	167
2—5	15	600	11	900	4	800	75
3—5	22	2 000	12	3 000	10	1000	100
4—6	12	1 600	8	2 400	4	800	200
5—6	20	2 000	10	4 400	10	2 400	240
6—7	10	2 000	6	2 240	4	240	60
合计		11 600	75	18 660			

(3) 计算工程总费用

① 正常时间工作的直接费用总和：11 600 元；

② 正常时间工作的间接费用总和：200×70＝14 000(元)

③ 正常时间工作的工程总费用：11 600＋14 000＝25 600(元)

(4) 压缩关键工作的持续时间进行费用优化。从直接费用增加最少的关键工作入手进行优化,优化通常需经过多次压缩。

① 第一次压缩。在正常持续时间网络计划图 4-63 中,关键工作为①—③、③—⑤、⑤—⑥、⑥—⑦,在表 4-8 中可以看到:⑥—⑦的直接费用率最小 60 元/天,小于间接费用率 200 元/天,说明压缩工作⑥—⑦可使工程总费用降低,故应选择工作⑥—⑦为压缩对象。将工作⑥—⑦的持续时间压缩至最短持续时间 6 天,关键线路没有改变,这时工作⑥—⑦不能再压缩。压缩后的计算工期和关键线路如图 4-65 所示。

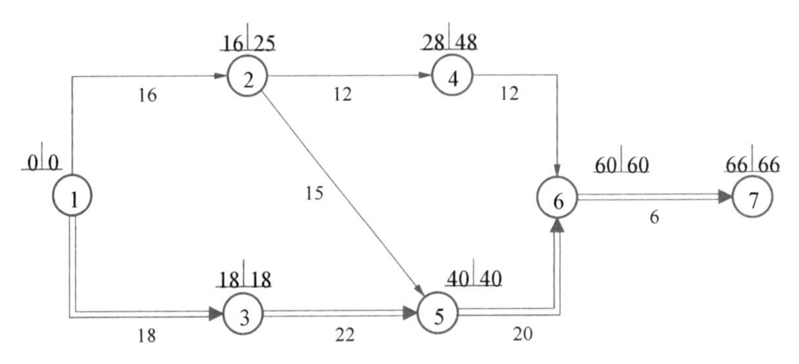

图 4-65 第一次压缩后的网络计划

② 第二次压缩。从图 4-65 中可以看到,关键工作仍为①—③、③—⑤、⑤—⑥、⑥—⑦。由于工作⑥—⑦不能再压缩,所以考虑工作①—③、③—⑤、⑤—⑥,经比较工作③—⑤直接费用率最低 100 元/天,小于间接费用率 200 元/天,说明压缩工作③—⑤可使工程总费用降低,故选择工作③—⑤作为压缩对象。工作③—⑤的持续时间可压缩 10 天,但压缩 10 天时工作③—⑤将变成非关键工作,为保证压缩的有效性,工作③—⑤只能压缩 9 天,这时关键线路已变成 2 条,如图 4-66 所示。

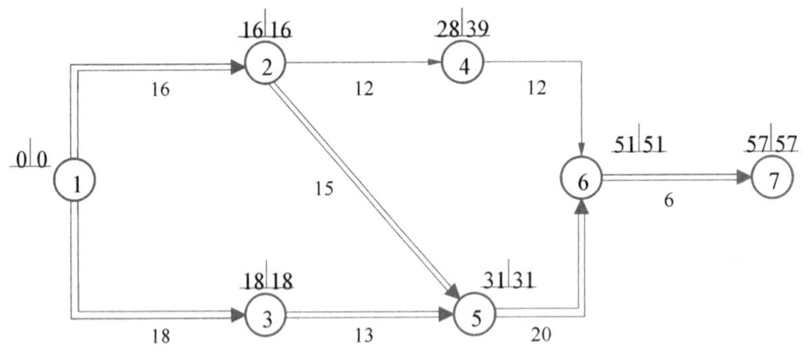

图 4-66 第二次压缩后的网络计划

③ 第三次压缩。从图 4-66 中可以看到,关键线路已变为 2 条:①→②→⑤→⑥→⑦和①→③→⑤→⑥→⑦。关键工作为①—②、②—⑤、⑤—⑥、①—③、③—⑤、⑥—⑦有以下四个压缩方案:

方案一:压缩⑤—⑥工作,增加直接费用率 240 元/天。

方案二:压缩①—②和①—③工作,组合直接费用率为 80+125=205(元/天)。

方案三:压缩①—②和③—⑤工作,组合直接费用率为 80+100=180(元/天)。

方案四：压缩①—③和②—⑤工作，组合直接费用率为 125＋75＝200(元/天)。

方案五：压缩②—⑤和③—⑤工作，组合直接费用率为 75＋100＝175(元/天)。

根据增加费用最少的原则，经过比较，方案五的直接费用率为 175 元/天，小于间接费用率 200 元/天，说明压缩②—⑤和③—⑤工作可使工程总费用降低，故选择方案五为压缩对象，将工作②—⑤和③—⑤ 的持续时间各压缩 1 天，此时③—⑤ 的持续时间已不能再压缩，压缩后的网络计划如图 4－67 所示。

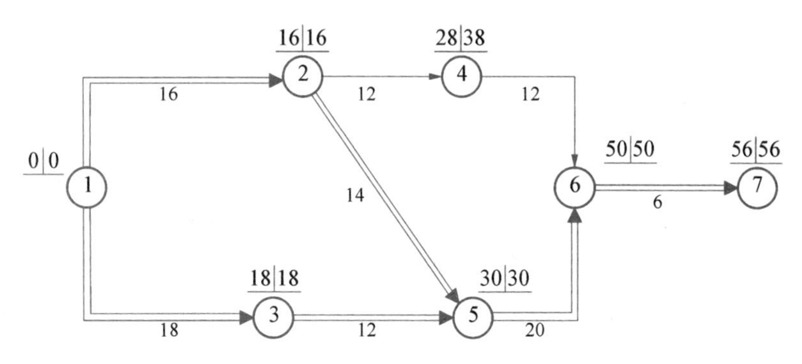

图 4－67　第三次压缩后的网络计划

④ 第四次压缩。从图 4－67 可以看到，关键线路仍为 2 条：①→②→⑤→⑥→⑦和①→③→⑤→⑥→⑦。关键工作为①—②、②—⑤、⑤—⑥、①—③、③—⑤、⑥—⑦。有以下三个压缩方案：

方案一：压缩⑤—⑥工作，增加直接费用率 240 元/天。

方案二：压缩①—②和①—③工作，组合直接费用率为 80＋125＝205(元/天)。

方案三：压缩①—③和②—⑤工作，组合直接费用率为 125＋75＝200(元/天)。

根据增加费用最少的原则，经过比较，方案三的直接费用率为 200 元/天，等于间接费用率 200 元/天，说明压缩①—③和②—⑤工作不会使工程总费用增加，故应选择①—③和②—⑤工作为压缩对象。由于工作①—③ 的持续时间可以缩短 8 天，工作②—⑤ 的持续时间只能缩短 3 天，故只能对工作①—③和②—⑤ 的持续时间同时压缩 3 天，此时工作②—⑤ 已缩短至最短持续时间，不能再压缩。重新确定计算工期和关键线路，如图 4－68 所示。

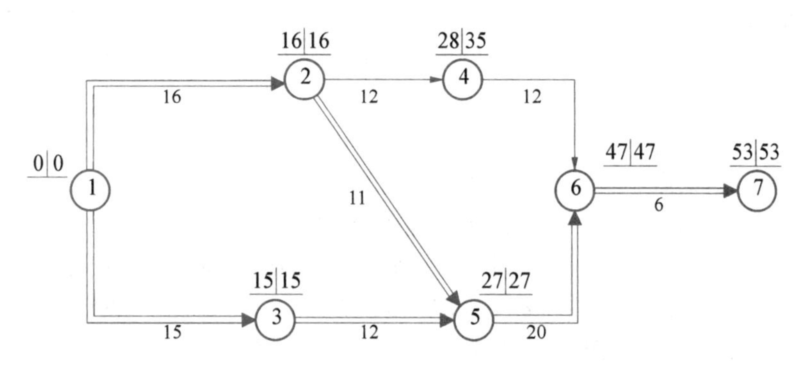

图 4－68　第四次压缩后的网络计划

从图 4－68 可以看到，关键线路仍为①→②→⑤→⑥→⑦和①→③→⑤→⑥→⑦。关键工作为关键工作为①—②、②—⑤、⑤—⑥、①—③、③—⑤、⑥—⑦。有以下两个压缩方案：

方案一：压缩⑤—⑥工作，增加直接费用率240元/天。

方案二：压缩①—②和①—③工作，组合直接费用率为80+125=205(元/天)。

由于这两个方案的直接费用率均大于间接费用率200元/天，说明选择这两个压缩方案都会使工程总费用增加。因此不需要再进行压缩，图4-68所示方案已是最优方案。

(5) 计算优化后的工程总费用并将计算结果汇总于表4-9中。

表4-9　费用优化表　　单位：元

压缩次数	工期	直接费	间接费	总费用
(1)	(2)	(3)	(4)	(5)
原始网络	70	11 600	14 000	25 600
1	66	11 840	13 200	25 040
2	57	12 740	11 400	24 140
3	56	12 915	11 200	24 115
4	53	13 515	10 600	24 115

① 直接费用总和：13 720元。

② 间接费用总和：10 400元。

③ 工程总费用：24 115元。

(6) 上述计算结果表明，本工程的最优工期为53天，与此相对应的最低工程总费用为24 115元，比原正常持续时间的网络计划缩短了工期70—53=17天，总费用减少了25 600—24 115=1 485(元)。

三、资源优化

微课

资源优化

资源是指为完成一项计划任务所需投入的人力、材料、机械设备和资金等，完成一项工程任务所需要的资源量基本上是不变的，不可能通过资源优化将其减少。

工程计划要按期完成往往会受到资源的限制。一项好的工程计划安排，一定要合理地使用现有资源。如果工作进度安排不得当，就会使正在计划的某些阶段出现对资源需求的高峰，而在另一些阶段则出现资源需求低谷，这种高峰与低谷的存在是一种资源没有得到很好利用的浪费现象。

资源优化的目的是通过改变工作的开始时间和完成时间使资源按照时间的分布符合优化目标，解决资源的供需矛盾或实现资源的均衡利用。

在通常情况下，网络计划的资源优化分为两种、即“资源有限，工期最短”的优化和“工期固定，资源均衡”的优化。前者是通过调整计划安排，在满足资源限制的条件下，使工期延长最少的过程；而后者是通过调整计划安排，在工期保持不变的条件下，使资源需用量尽可能均衡的过程。这里所讲的资源优化，其前提条件有如下几个：

(1) 在优化过程中，不改变网络计划中各项工作之间的逻辑关系。

(2) 在优化过程中，不改变网络计划中各项工作的持续时间。

(3) 网络计划中各项工作的资源强度(单位时间所需资源数量)为常数，而且是合理的。

(4) 除规定可中断的工作外，一般不允许中断工作，应保持其连续性。

【情境解决】

参考方案：

1. 初始网络进度计划如下图所示。括号内为工作极限时间，括号外为工作费用变化率。

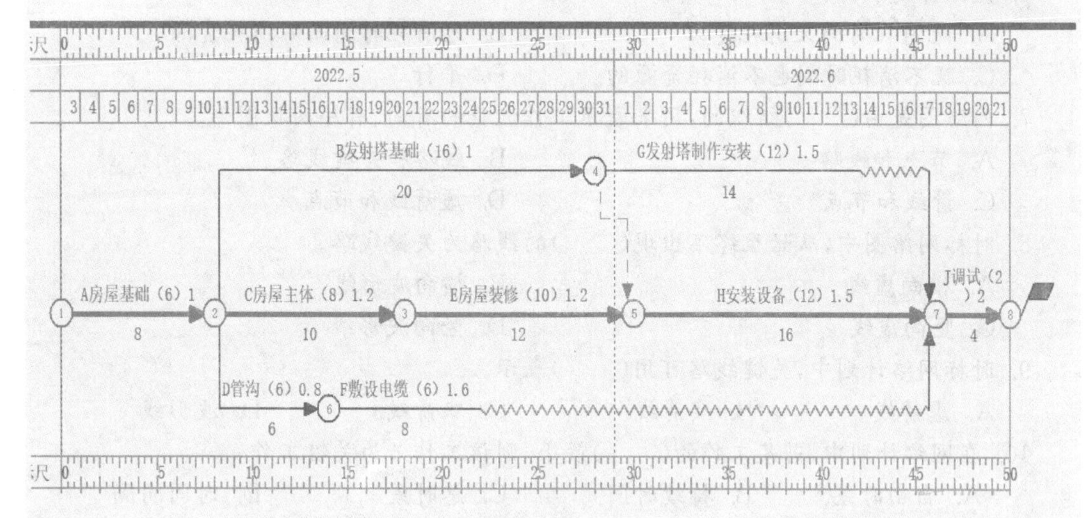

图 4-69　初始网络进度计划

2. 扫码查看网络计划优化视频

网络计划
优化视频

思考与练习

一、单选题

1. 双代号网络计划中，虚工作的作用是(　　)。

A. 正确表达两工作的间隔时间　　B. 正确表达相关工作的持续时间

C. 正确表达相关工作的自由时差　　D. 正确表达相关工作的逻辑关系

2. 双代号网络图和单代号网络图的最大区别是(　　)。

A. 节点编号不同　　B. 表示工作的符号不同

C. 使用范围不同　　D. 参数计算方法不同

3. 最科学的施工进度计划表是(　　)。

A. 横道图　　B. 斜线图　　C. 折线图　　D. 网络图

4. 网络图的主要优点是(　　)。

A. 编制简单　　B. 直观易懂

C. 计算方便　　D. 工序逻辑关系明确

5. 双代号网络图的逻辑关系是指网络图中(　　)之间相互制约或依赖的关系。

A. 节点　　B. 线路　　C. 工作　　D. 时间。

6. 虚工作是一种(　　)的工作。

A. 既消耗时间又消耗资源　　B. 只消耗时间而不消耗资源

C. 既不消耗时间也不消耗资源的　　D. 平行

7. 网络图是由(　　)组织的,用来表示工作流程的有向、有序网状图形。

A. 节点和线路　　B. 线路和关键线路

C. 箭线和节点　　D. 虚箭线和节点

8. 时标网络图中,从始至终不出现(　　)的线路为关键线路。

A. 横向虚线　　B. 横向波形线

C. 竖向虚线　　D. 竖向波形线

9. 时标网络计划中,关键线路可用(　　)表示。

A. 虚箭线　　B. 实箭线　　C. 双箭线　　D. 波形线

10. 在网络计划中,若某工作的(　　)最小,则该工作必为关键工作。

A. 自由时差　　B. 持续时间　　C. 总时差　　D. 时间间隔

11. 如图 4-69 所示双代号网络图,下列属于平行工作的有(　　)。

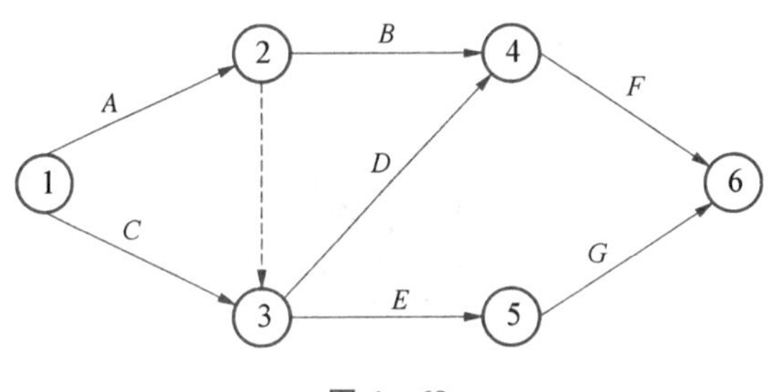

图 4-69

A. 工作 B 和工作 C　　B. 工作 D 和工作 E

C. 工作 D 和工作 F　　D. 工作 F 和工作 G

12. 根据双代号网络图的绘制规则,如图 4-70 所示双代号网络图,说法正确的是(　　)。

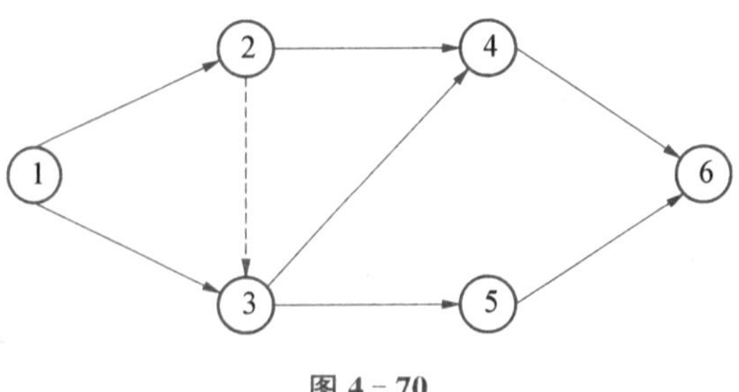

图 4-70

A. 表达正确　　B. 表达错误,有多余箭线

C. 表达错误,出现相同编号的工作　　D. 表达错误,出现循环回路

13. 自由时差是不影响(　　)的机动时间。

A. 紧前工作最早开始时间　　B. 紧前工作最迟开始时间

C. 紧后工作最早开始时间　　D. 紧后工作最迟开始时间

14. 网络计划中一项工作的自由时差和总时差的关系是(　　)。

A. 自由时差等于总时差　　B. 自由时差大于总时差

C. 自由时差小于总时差　　D. 自由时差不超过总时差

15. 工期优化以(　　)为目标,使其满足规定

A. 费用最低　　B. 资源均衡　　C. 最低成本　　D. 缩短工期

二、多选题

1. 当网络计划的计划工期等于计算工期时,则关键线路上(　　)一定为零。

A. 工作自由时差　　B. 工作总时差

C. 相邻两项工作之间的时间间隔　　D. 工作的持续时间

E. 工作可压缩时间

2. 网络计划的关键线路是(　　)。

A. 总持续时间最长的线路

B. 双代号网络计划中全部由关键工作组成的线路

C. 时标网络计划中无波形线的线路

D. 相邻两项工作之间的时间间隔全部为零的线路

E. 双代号网络计划中全部由关键节点组成的线路

3. 单代号网络图的特点是(　　)。

A. 节点表示工作　　B. 用虚工序

C. 工序时间注在箭杆上　　D. 用箭杆表示工作的逻辑关系

E. 不用虚工序

4. 网络计划的逻辑关系分为(　　)。

A. 搭接关系　　B. 工艺关系　　C. 平行关系　　D. 组织关系

5. 网络图计划的特点(　　)。

A. 编制简单、方便、直观、便于进行计划与实际完成情况的比较

B. 能把施工过程相关工作组成有机整体

C. 能明确表达顺序和制约、依赖关系

D. 能进行各种时间参数和计算

E. 能找出关键线路

6. 在工程网络计划中,关键工作是(　　)的工作。

A. 自由时差为零　　B. 总时差最小

C. 关键线路上的工作　　D. 两端节点为关键节点

7. 双代号时标网络计划特点有(　　)。

A. 箭杆的长短与时间有关　　B. 可直接在图上看出时间参数

C. 不会产生闭合回路　　D. 修改方便

E. 不能绘制资源动态图

8. 制订工程进度计划时,网络图计划相比横道图计划具有以下优点(　　)。

A. 逻辑关系表达清楚　　B. 便于管理者抓住主要矛盾
C. 能够应用计算机技术　　D. 绘制简单

9. 下列双代号网络图的组成要素中，即不消耗时间，也不消耗资源的有(　　)。
A. 节点　　B. 实箭线　　C. 虚箭线　　D. 线路

三、简答题

1. 什么是网络图？什么是网络计划？
2. 什么是逻辑关系？虚工作的作用是什么？举例说明。
3. 双代号网络图绘制规则有哪些？
4. 一般网络计划要计算哪些时间参数？简述各参数的符号。
5. 什么是总时差？什么是自由时差？两者有何关系？
6. 什么是关键线路？对于双代号网络计划和单代号网络计划如何判断关键线路？
7. 简述双代号网络计划中工作计算法的计算步骤。
8. 简述单代号网络计划与双代号网络计划的异同。
9. 时标网络计划有什么特点？
10. 简述网络计划优化的分类。

四、绘图题

1. 根据表 4－10 绘制双代号网络计划，并按工作计算法计算网络图的时间参数，指出关键线路和工期。

表 4－10

工作	A	B	C	D	E	F	G	H	I
紧前	——	A	A	B	BC	C	DE	EF	GH
时间	3	3	3	8	5	4	4	2	2

2. 根据表 4－11 绘制双代号网络计划，并按工作计算法计算网络图的时间参数，指出关键线路和工期。

表 4－11

工作	A	B	C	D	E	F	G	H	I
紧前	——	A	A	BC	B	C	DE	DF	GH
时间	5	8	6	10	6	4	5	7	4

3. 根据表 4－12 绘制双代号网络图，并按节点计算法计算网络图的时间参数，指出关键线路。

表 4－12

工作	A	B	C	D	E	F	G	H
紧前	——	——	A	A	BC	BC	DE	DEF
时间	1	5	3	2	6	5	5	3

4. 根据下列表 4－13 绘制双代号网络图，并按节点计算法计算网络图的时间参数，指出关键线路。

表 4-13

工作	A	B	C	D	E	F	G
紧前	——	——	——	A	AC	D	DE
时间	6	15	3	3	5	4	3

5. 根据表 4-14 绘制单代号网络计划并计算时间参数和相邻工作的时间间隔，指出关键线路和工期。

表 4-14

工作	A	B	C	D	E	F	G	H
紧前	——	——	A	BC	B	CD	DE	FG
时间	2	4	10	4	6	3	4	2

6. 某工程有支模板、绑钢筋、浇混凝土 3 个分项工程组成，划分为 4 个施工段，各分项工程在各个施工段上的持续时间依次为：支模板 6 天、绑钢筋 4 天、浇混凝土 2 天。试绘制：

(1) 按工种排列的双代号网络图。

(2) 按施工段排列的双代号网络图。

7. 某分项工程各工序的逻辑关系、工序正常作业时间和极限作业时间以及各工序每缩短 1 天工作时间的费用变化率如表 4-15，试绘制双代号网络图，并按正常作业时间计算时间参数，标出关键线路；若工期要求在该计算工期的基础上缩短 2 天，试确定最优方案及增加费用。

表 4-15

工序名称	A	B	C	D	E	F
紧前工序	—	—	—	A、B	B	B、C
正常作业时间(天) (极限时间)	4 (3)	6 (4)	5 (4)	8 (5)	7 (5)	9 (6)
费用变化率(万元/天)	0.5	0.6	0.4	0.2	1.8	1.5

8. 某工程网络计划如图 4-71 所示，箭线下方括号外数字为工作的正常持续时间(天)，括号内数字为最短持续时间(天)，箭线上方括号外数字为工作的正常费用(元)，括号内数字为最短费用(元)。已如间接费费率为 160 元/天，试进行费用优化，求出费用最少的相应工期。

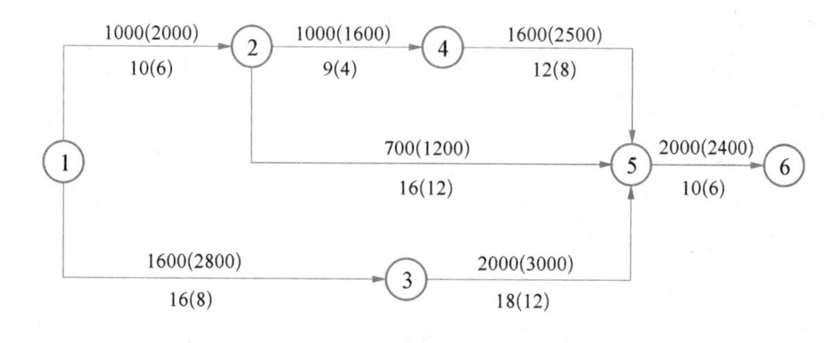

答案扫一扫

图 4-71

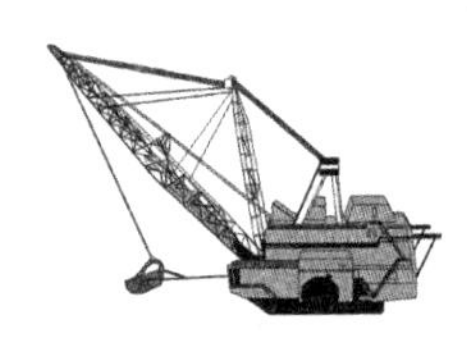

情境五 施工组织总设计

案例扫一扫

知识目标

1. 了解施工组织总设计的基本概念、内容及编制依据。
2. 熟悉施工总进度计划及主要资源配置计划的编制方法。
3. 了解施工总平面图设计方法。

能力目标

能够参与编制施工总体部署，能够编制施工总进度计划和主要资源配置计划，能够进行主要施工方法的选择及施工总平面的布置。

素养目标

1. 严谨细致、善于思辨的职业素养。
2. 在解决问题时具备探索和创新精神。

【情境导入】

恒金能际动力能源互联网项目（扫码获取详细项目资料）

项目资料

施工总体目标：

1. 质量目标：一次性验收合格。

2. 工期目标：工程总工期为500日历天（2020年8月开工，至2021年12月竣工）。

3. 施工现场管理：严格按照公司 ISO 9000 质量管理体系及 OHSMS 18001 职业健康安全卫生管理体系进行管理，确保工程质量及安全。

4. 环保目标：减少环境污染和废物排放，降低噪声污染，做到不扰民。

施工总体部署要求是：

1. 本着确保质量、安全的前提下，加快施工进度，使本工程早日完工交付使用。

2. 在工程全过程施工中，服务业主，立足本工程在质量、进度、文明施工等方面的要求，将充分依靠和运用公司多年来在建设施工中积累的成功经验，同时大胆学习成熟的先进施工技术。在施工管理中充分发挥广大工程技术和施工管理人员的聪明才智与积极性，以领先的技术建立完善的总承包管理体系与质量体系，齐心协力完成本工程的建设任务。

3. 鉴于工程的地理位置，整个施工组织设计的编制将侧重方案的安全性、科学性，施工的文明程度两个方面。尤其表现在基坑围护、地下室混凝土施工和场地布置文明施工安全管理上。

4. 由于本工程场地比较复杂，因此要确定一条施工的关键路线，并合理安排劳动力及材料计划，保证工程施工的有序开展，确保总进度计划的实施。在施工过程中应注意各分部分项的相互衔接，合理分配劳动力和生产资料两大资源，避免出现赶工和窝工现象，使施工平稳进行。

5. 考虑到本工程地质情况的特殊和开挖深度较深的特点，故在基坑开挖施工过程中应对周围建筑物、地下水地下室围护设置监测点，并加强位移监测，以信息化技术指导施工。

【情境要求】

1. 计划总工期500个日历天，对施工总工期进行安排，编制总进度计划；

2. 工程结构混凝土施工采用商品混凝土，施工用水主要用于砌体工程的施工用水，砌体按班产70 m^3，施工现场生活用水按最高峰用水人数50人，每天一班半安排，施工生活及消防用水的综合考虑，进行施工用水计算；

3. 根据施工总平面布置原则，完成施工总平面图设计。

微课

施工组织总设计概述

任务1　概　述

一、施工组织总设计概述

施工组织总设计是以一个建设项目或建筑群为对象，根据初步设计或扩大初步设计图纸以及其他有关资料和现场施工条件编制，用以指导整个施工现场各项施工准备和组织施工活动的技术经济文件。一般由建设总承包单位或工程项目经理部的总工程师编制，由总承包单位技术负责人审批。其主要作用有：

(1) 为建设项目或建筑群的施工做出全局性的战略部署；

(2) 为做好施工准备工作、保证资源供应提供依据；

(3) 为建设单位编制工程建设计划提供依据；

(4) 为施工单位编制施工计划和单位工程施工组织设计提供依据；

(5) 为组织整个施工作业提供科学方案和实施步骤；

(6) 为确定设计方案的施工可行性和经济合理性提供依据。

二、施工组织总设计的编制依据

为了保证施工组织总设计的编制工作顺利进行并提高质量，使设计文件更能结合工程实际情况，更好地发挥施工组织总设计的作用，在编制施工组织总设计时，应具备下列编制依据：

1. 计划文件及有关合同

包括国家批准的基本建设计划、可行性研究报告、工程项目一览表、分期分批施工项目和投资计划、主管部门的批件、施工单位上级主管部门下达的施工任务计划、招投标文件及签订的工程承包合同、工程材料和设备的订货合同等。

2. 设计文件及有关资料

包括建设项目的初步设计与扩大初步设计或技术设计的有关图纸、设计说明书、建筑总平面图、建设地区区域平面图、建筑竖向设计、总概算或修正概算等。

3. 工程勘察和原始资料

包括建设地区的地形、地貌、工程地质及水文地质、气象等自然条件；交通运输、能源、预制构件、建筑材料、水电供应及机械设备等技术经济条件；建设地区的政治、经济、文化、生活、卫生等社会生活条件。

4. 现行规范、规程和有关技术规定

包括国家现行的施工及验收规范、操作规程、定额、技术规定和技术经济指标。

5. 类似工程的施工组织总设计和有关参考资料

三、施工组织总设计的编制程序

施工组织总设计的编制程序如图 5－1 所示。

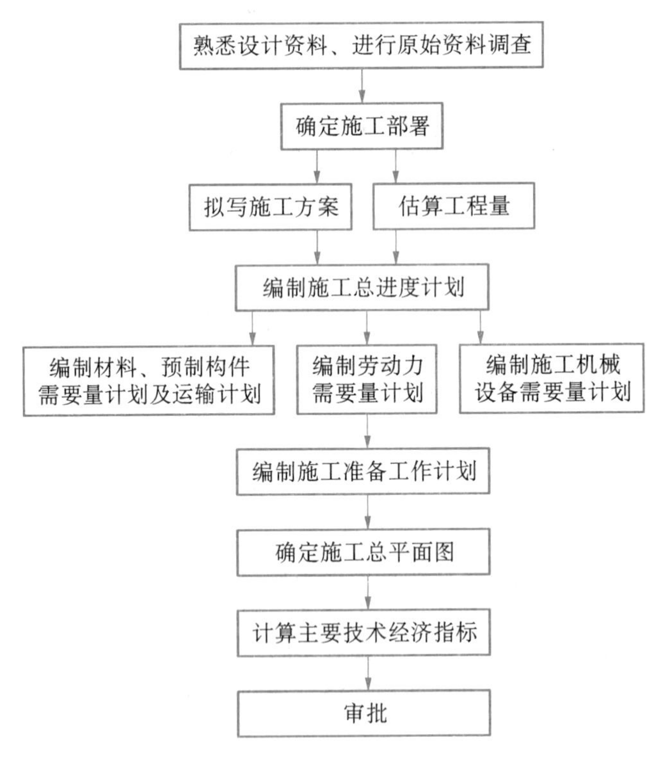

图 5－1　施工组织总设计编制程序

四、施工组织总设计的编制内容

根据工程性质、规模、建筑结构的特点、施工的复杂程度和施工条件的不同，施工组织总设计的内容也有所不同，但一般应包括下面几点主要内容。

1. 建设项目概况

建设项目概况主要包括项目构成状况，建设项目的建设、设计、承包单位和建设监理单位，建设地区的自然条件状况，建设地区的技术经济状况，施工项目的施工条件等内容。

2. 施工部署和主要工程项目施工方案

施工部署是对整个建设项目全局做出的统筹规划和全面安排，它主要解决影响建设项目全局的重大战略问题。由于建设项目的性质，规模和客观条件不同，施工部署的内容和侧重点也会有所不同。一般应包括确定工程开展程序、明确施工任务划分与组织安排、拟定主要工程项目的施工方案、编制施工准备工作计划等内容。

施工部署和主要工程项目施工方案是施工组织总设计的核心，为圆满完成建设任务提出了总体目标，提供了组织、人员、设备和技术等保障。

3. 施工总进度计划

施工总进度计划是施工组织总设计中的重要内容，是对民用建筑群大型建筑工程项目及单项工程编制的进度计划，它确定了每个单项工程和单位工程在总体工程中所处的地位，包括开，竣工日期，工期和搭接关系等，也是安排各类资源计划的主要依据和控制性文件。由于工程施工的内容较多，工期较长，故其计划项目综合性强，具有较强控制性，很少作业性。

4. 施工准备工作计划

根据施工项目的施工部署、施工总进度计划、施工资源计划和施工总平面图的要求，编制施工准备工作计划，具体内容包括如下几个。

(1) 建立测量控制网点。按照总平面图要求布置测量点，设置永久件的经纬坐标桩及水平桩，组成测量控制网。

(2) 认真做好土地征用、居民迁移和现场障碍物的拆除工作。

(3) 组织对项目所采用的新结构、新材料、新设备、新技术的试制和试验。

(4) 做好“三通一平(路通、电通、水通、平整场地)”工作。修通场区主要运输干道，接通工地用电线路，布置生产、生活供水管网和现场排水系统。按总平面确定的标高组织土方工程的挖填、找平工作等。

(5) 根据施工资料计划要求，落实建筑材料、构配件、加工品、施工机具和工艺设备加工或订货工作。

(6) 修建大型临时设施，包括各种附属加工场、仓库、食堂、宿舍、厕所、办公室以及公用设施等。

(7) 认真做好工人岗位前的技术培训工作。

5. 施工资源需用量计划

施工资源需用量计划又称施工总资源计划，包括劳动力需用量计划、主要材料和预制件需用量计划、施工机具以及设备需用量计划。

6. 施工总平面图

施工总平面图反映整个施工现场的布置情况，具体布置方法见5.5节中的相关内容。

五、工程概况及特点分析

工程概况及特点分析是对整个建设项目的总说明和总分析，是对整个建设项目或建筑群所做的一个简单扼要、突出重点的文字介绍。有时为了补充文字介绍的不足，还可以附有建设项目总平面图，主要建筑的平面、立面、剖面示意图及辅助表格。一般应包括以下内容：

1. 建设项目特点

包括工程性质、建设地点、建设总规模、总工期、总占地面积、总建筑面积、分期分批投入使用的项目和工期、总投资、主要工种工程量、设备安装及其吨数、建筑安装工程量、生产流程和工艺特点、建筑结构类型、新技术、新材料、新工艺的复杂程度和应用情况等。

2. 建设地区特征

包括地形、地貌、水文、地质、气象等情况；建设地区资源、交通、运输、水、电、劳动力、生活设施等情况。

3. 施工条件及其他内容

包括施工企业的生产能力、技术装备、管理水平、主要设备、材料和特殊物资供应情况；有关建设项目的决议、合同、协议、土地征用范围、数量和居民搬迁时间等情况。

微课

施工总体部署

任务2 施工总体部署

施工总体部署是建设项目施工程序及施工展开方式的总体设想，是施工组织总设计的中心环节。其内容主要包括：施工任务的组织分工及程序安排、主要项目的施工方案、主要工种工程的施工方法和施工准备工作规划等。

一、施工任务的组织分工及程序安排

一个建设项目或建筑群是由若干幢建筑物和构筑物组成的。为了科学地规划控制，应对施工任务进行组织分工及程序安排。

在明确施工项目管理体制的条件下，划分参与建设的各施工单位的施工任务，明确总包与分包单位的关系，建立施工现场统一的组织领导机构及职能部门，确定综合的和专业化的一批的主导施工项目和穿插施工项目，对施工任务做出程序安排。

在施工程序的安排时，应注意以下几点。

(1) 一般应先场外设施后场内设施、先地下工程后地上工程、先主体项目后附属项目、先土建施工后设备安装。

(2) 要考虑季节影响。一般大规模土方开挖和深基础施工应避开雨期；冬期施工以安排室内作业和结构安装为宜，寒冷地区入冬前应做好围护结构。

(3) 对于在生产或使用上有重大意义、工程规模较大、施工难度较大、施工工期较长的单位工程，以及需要先配套使用或可供施工期间使用的项目，应尽量先安排施工。

(4) 对于工业建设项目,应考虑各生产系统分期投产的要求。在安排一个生产系统主要工程项目时,同时应安排其配套项目的施工。

(5) 对于大中型民用建设项目,一般也应分期分批建设。如安排居民小区施工程序时,除考虑住宅外,还应考虑幼儿园、学校、商店及其他生活和公共设施的建设,以便交付使用后能及早发挥经济效益、社会效益和环境保护效益。

二、主要项目的施工方案

在施工组织总设计中,对主要项目施工方案的考虑,只是提出原则性的意见。如深基坑支护采用哪种施工方案;混凝土运输采用何种方案;现浇混凝土结构是采用大模板、滑模还是爬模成套施工工艺等。具体的施工方案可在编制单位工程组织设计时确定。

三、主要工种工程的施工方法

对于一些关键工种工程或本单位曾施工的工种工程,应详细拟订施工方法并组织论证。在确定主要工种工程的施工方法时,应结合建设项目的特点和本企业的施工习惯,尽可能采用工业化和机械化的施工方法。

四、施工准备工作计划

施工准备工作规划包括施工准备计划和技术准备计划。主要有:提出"三通一平"分期施工的规模、期限和任务分工;及时做好土地征用、居民搬迁和障碍物的拆除工作;组织图纸会审;做好现场测量控制网;对新材料、新结构、新技术组织测试和试验;安排重要建筑机械设备的申请和进场等。

微课

施工总进度计划

任务3　施工总进度计划

施工总进度计划是以建设项目为对象,根据规定的工期和施工条件,在建设项目施工部署的基础上,对各施工项目作业所做的时间安排,是控制施工工期及各单位工程施工期限和相互搭接关系的依据。因此,必须充分考虑施工项目的规模、内容、方案和内外关系等因素。

一、施工总进度计划的编制原则和内容

1. 施工总进度计划的编制原则

(1) 系统规划,突出重点

在安排施工进度计划时,要全面考虑。分清主次、抓住重点。所谓重点工程,是指那些对工程施工进展和效益影响较大的工程子项。这些项目具有工程量大,施工工期长,工艺、结构复杂,质量要求高等特点。

(2) 流水组织,均衡施工

流水施工方法是现代大工业生产的组织方式。由于流水施工方法能使建筑工程施工活动有节奏、连续地进行,均衡地消耗各类物资资源,因而能产生较好的技术经济效果。

(3) 分期实施,尽早动用

对于大型工程施工项目应根据一次规划、分期实施的原则,集中力量分期分批施工,以便尽早投入使用,尽快发挥投资效益。为保证每一动用单元能形成完整的使用功能和生产能力,应合理划分这些动用单元的界限,确定交付使用时必须是全部配套项目。

(4) 综合平衡,协调配合

大型工程施工除了主体结构工程外,工艺设备安装和装饰工程施工也是制约工期的主要因素。当主体结构工程施工达到计划部位时,应及时安排工艺设备安装和装饰工程的搭接、交叉,使之形成平行作业。同时,还需做好水、电、气、通风、道路等外部协作条件和资金供应能力、施工力量配备、物资供应能力的综合平衡工作,使它们与施工项目控制性总目标协调一致。

2. 施工总进度计划的内容

编制施工总进度计划,一般包括划分工程项目、计算各主要项目的实物工程量、确定各单位工程的施工期限、确定各单位工程开竣工时间和相互搭接关系以及编制施工总进度计划表。

二、划分工程项目与计算工程量

1. 划分工程项目

建设项目施工总进度计划主要反映各单项工程或单位工程的总体内容,通常按照工程量、分期分批投产顺序或交付使用顺序来划分主要施工项目。为突出工作重点,施工项目的确定不宜太细,一些附属项目、配套设施和临时设施可适当合并列出。

当一个建设项目内容较多、工艺复杂时,为了合理组织施工和缩短工作时间,常常将单项工程或若干个单位工程组成一个施工区段,各施工区段间互相搭接、互不干扰,各施工区段内组织有节奏的流水施工。工业建设项目一般以交工系统作为一个施工区段,民用建筑按地域范围和现场道路的界线来划分施工区段。

2. 计算工程量

在施工项目或施工区段划分的基础上,计算各单位工程的主要实物工程量。其目的是为了选择各单位工程的流水施工方法、估算各项目的完成时间和计算资源需要量。因此,工程量计算内容不必太细。

工程量计算可根据初步设计(或扩大初步设计)图纸和定额手册或有关资料进行。常用的定额和资料有以下几种。

(1) 每万元、10 万元投资工程量、劳动力及材料消耗扩大指标。在这种定额中,规定了某一种结构类型建筑,每万元或 10 万元投资中劳动力、主要材料等消耗数量。

(2) 概算指标和扩大结构定额。这两种定额都是在预算定额基础上的进一步扩大。概算指标是以建筑物每 1 000 m^3 体积为单位;扩大结构定额则以每 1 000 m^2 建筑面积为单位。

(3) 标准设计或已建成的类似建筑物资料。在缺乏上述定额的情况下,可采用标准设计或已建成的类似建筑物实际所消耗的劳动力及材料,加以类推,按比例估算。这种消耗指标都是各单位多年积累的经验数字,实际工作中常采用这种方法。

除房屋外,还必须计算主要的全工地性工程的工程量。如场地平整、现场道路和地下管线的长度等,这些可以根据建筑总平面图来计算。

将按上述方法计算出的工程量填入工程施工项目一览表中,如表 5 - 1 所示。

表 5－1　工程施工项目一览表

工程分类	工程项目名称	结构类型	建筑面积/1 000 m^2	建筑数/幢	投资概算/万元	主要实物工程量								
						场地平整/1 000 m^2	土方工程/1 000 m^3	铁路铺设/km	…	砌体工程/1 000 m^3	钢筋混凝土工/1 000 m^3	…	装饰工程/1 000 m^2	…
全工地性工程														
主体项目														
辅助项目														
临时建筑														

三、确定各单位工程的施工期限

影响单位工程施工期限的因素很多，主要是建筑类型、结构特征和工程规模、施工方法、施工技术和施工管理水平、劳动力和材料供应情况及施工现场的地形、地质条件等。因此，各单位工程的工期应根据现场具体条件，综合考虑上述影响因素并参考有关工期定额或指标后予以确定。单位工程施工期限必须满足合同工期的要求。

四、确定各单位工程开竣工时间和相互搭接关系

在确定了各主要单位工程的施工期限之后，就可以进一步安排各单位工程的搭接施工时间。在解决这一问题时，一方面要根据施工部署中的控制工期及施工条件来确定；另一方面也要尽量使主要工种的工人基本上能够连续、均衡地施工。在具体安排时应着重考虑以下几点。

（1）根据使用要求和施工可能，结合物资供应情况及施工准备条件，分期分批地安排施工，明确每个施工阶段的主要单位工程和其开竣工时间。同一时期的开工项目不应过多，以

免人力、物力分散。

(2) 对于工业项目施工以主厂房设施的施工时间为主线，穿插其他配套项目的施工时间。

(3) 对于具有相同结构特征的单位工程或主要工种工程应安排流水施工。

(4) 确定一些附属工程，如办公楼、宿舍、附属建筑或辅助车间等作为调节项目，以调节主要施工项目的施工进度。

(5) 充分估计材料、构件、设计出图时间和设备的到货情况，使每个施工项目的施工准备、土建施工、设备安装和试车运转互相配合、合理衔接。

(6) 努力做到均衡施工，不但使劳动力、物资消耗均衡，在时间和数量上也均衡合理。

五、编制施工总进度计划

1. 施工总进度计划的编制

根据前面确定的施工项目内容、期限、开竣工时间及搭接关系，可采用横道图或网络图的形式来编制施工总进度计划。首先根据各施工项目的工期与搭接时间，编制初步进度计划；其次按照流水施工与综合平衡的要求，调控进度计划：再次绘制施工总进度计划和主要分部工程施工进度计划。

横道图表示的施工总进度计划如表 5－2 所示，表中栏目可根据项目规模和要求做适当调整。

表 5－2　施工总进度计划

单位工程名称	建筑面积/m²	结构形式	工作量/万元	工作天数	施工进度计划															
					20××年												20××年			
					一季度			二季度			三季度			四季度			一季度			…
					1	2	3	4	5	6	7	8	9	10	11	12	1	2	3	

2. 施工总进度计划的调整与修正

施工总进度计划安排好后，把同一时期各单项工程的工作量加在一起，用一定比例画在总进度计划的底部，即可得出建设项目的资源曲线。根据资源曲线可以大致判断出各个时期的工程量完成情况。如果在所画曲线上存在较大的低谷和高峰，则需调整个别单位工程的施工速度和开、竣工时间，以便消除低谷和高峰，使各个时期的工程量尽量达到均衡。资源曲线按不同类型编制，可反映不同时期的资金、劳动力、机械设备和材料构件的需要量。

在编制了各个单位工程的控制性施工进度计划后，有时还需对施工总进度计划作必要的修正和调整。此外在控制性施工进度计划贯彻执行过程中，也应随着施工的进展变化及时做必要的调整。

有些建设项目的施工总进度计划是跨几个年度的，此时还需要根据国家每年的基本建设投资情况，调整施工总进度计划。

微课

资源需要量计划

任务 4　资源需要量计划

各项资源需要量计划是做好劳动力及物资的供应、平衡、调度和落实的依据，其内容一般包括如下几个方面。

一、综合劳动力需要量计划

首先根据施工总进度计划，套用概算定额或经验资料计算出所需劳动力；其次汇总劳动力需要量计划，如表 5－3 所示，同时提出解决劳动力不足的有关措施，如加强技术培训和调度安排等。

表 5－3　劳动力需要量计划

序号	工程名称	施工高峰需用人数	2×××年				2×××年				现有人数	多余(＋)或不足(－)
			一季度	二季度	三季度	四季度	一季度	二季度	三季度	四季度		

注：① 工种名称除生产工人外，应包括附属辅助用工（如机修、运输、构件加工、材料保管等）以及服务和管理用工。

② 表下应附以分季度的劳动力动态变化曲线。

二、材料、构件及半成品需要量计划

（1）主要材料、构件和预制加工品需要量计划。根据工程量汇总表和总进度计划，参照概算定额或经验资料，计算主要材料、构件和预制加工品的需要量计划，如表 5－4 所示。

表 5－4　主要材料、构件和预制加工品需要量计划

序号	主要材料、构件和预制加工品名称	规格	单位	需要量				需要量计划					
								20××年				20××年	
				正式工程	大型临时设施	施工措施	合计	一季度	二季度	三季度	四季度	一季度	…

（2）主要材料、构件和预制加工品运输量计划。根据当地运输条件和参考资料，选用运输机具并计算其运输量，汇总并编制主要材料、构件和预制加工品的运输量计划，如表 5－5 所示。

表 5-5　主要材料、构件和预制加工品运输量计划

序号	主要材料、构件和预制加工品名称	单位	数量	折合吨数/t	运距			运输量/(t·km)	分类运输量/(t·km)			备注
					装货点	卸货点	距离/km		公路	铁路	航运	

注：材料、构件和预制加工品所需运输总量应另加入8%～10%的不可预见系数。

三、主要施工机具、设备需要量计划

根据施工部署、施工总进度计划及主要材料、构件和预制加工品运输量计划，汇总并编制主要施工机具、设备需要量计划，如表5-6所示。

表 5-6　主要施工机具、设备需要量计划

序号	机具设备名称	规格型号	电动机功率/kW	数量				购置价值/千元	使用时间	备注
				单位	需用	现有	不足			

注：机具设备名称可按土石方机械、钢筋混凝土机械、起重设备、金属加工设备、运输设备、木工加工设备、动力设备、测试设备、脚手工具等类分别填列。

四、大型临时设施建设计划

本着尽量利用已有或拟建工程为施工服务的原则，根据施工部署、资源需要量计划以及临时设施参考指数，确定临时设施的建设计划，如表5-7所示。

表 5-7　大型临时设施建设计划

序号	项目名称	需用量		利用现有建筑	利用拟建永久工程	新建	单价(元/m^2)	造价/万元	占地/m^2	修建时间	备注
		单位	数量								

注：项目名称栏包括一切属于大型临时设施的生产、生活用房，临时道路，临时供水、供电和供热系统等。

微课

施工总平面图

任务5　施工总平面图

施工总平面图是指整个工程建设项目施工现场的平面布置图，是全工地的施工部署在空间上的反映，也是实现文明施工、节约土地、减少临时设施费用的先决条件。

一、施工总平面图的设计依据

施工总平面图的设计依据有如下几项内容。

(1) 场址位置图、区域规划图、场区地形图、场区测量报告、场区总平面图、场区竖向布置图及场区主要地下设施布置图等。

(2) 工程建设项目总工期、分期建设情况与要求。

(3) 施工部署和主要单位工程施工方案。

(4) 工程建设项目施工总进度计划。

(5) 主要材料、半成品、构件和设备的供应计划及现场储备周期;主要材料、半成品、构件和设备的供货与运输方式。

(6) 各类临建设施的项目、数量和外廓尺寸等。

二、施工总平面图的设计原则与内容

1. 施工总平面图的设计原则

(1) 尽量减少用地面积,便于施工管理。

(2) 尽量降低运输费用,保证运输方便,减少二次搬运。为此,要合理地布置仓库、附属企业和运输道路,使仓库和附属企业尽量靠近使用中心,并且要正确选择运输方式。

(3) 尽量降低临时设施的修建费用。为此,要充分利用各种永久性建筑物为施工服务。对需要拆除的原有建筑物也应酌情加以利用或暂缓拆除。此外,要注意尽量缩短各种临时管线的长度。

(4) 满足防火和生产安全方面的要求。

(5) 便于工人生产与生活,正确合理地布置生活福利方面的临时设施。

2. 施工总平面图的内容

(1) 一切地上、地下已有的和拟建的建筑物、构筑物,及其他设施的平面位置和尺寸。

(2) 永久性与半永久性测量用的坐标点、水准点、高程点和沉降观测点等。

(3) 一切临时设施。包括施工用地范围,施工用道路、铁路,各类加工厂,各种建筑材料、半成品、构件的仓库和主要堆场,取土和弃土的位置,行政管理用房和文化生活设施,临时供水系统与排水系统、供电系统及各种管线布置等。

三、施工总平面图的设计步骤

设计施工总平面图时,首先应从主要材料、构件和设备等进入现场的运输方式入手,先布置场外运输道路和场内仓库、加工厂;其次布置场内临时道路;再次布置其他临时设施,包括水电管网等。

1. 运输线路确定

(1) 当场外运输主要采用铁路运输方式时,要考虑铁路的转弯半径和坡度的限制,确定引入位置和线路布置方案。对拟建永久性铁路的大型工业企业,一般可提前修建永久性铁路专用线。铁路专用线宜由工地的一侧或两侧引入:若大型工地划分成若干个施工区域时,也可考虑将铁路引入工地中部的方案。

(2) 当场外运输主要采用公路运输方式时;由于汽车线路可以灵活布置,因此应先布置场内仓库和加工厂，然后布置场内临时道路，并与场外主干公路连接。

(3) 当场外运输主要采用水路运输方式时，应充分运用原有码头的吞吐能力。如需增设码头，卸货码头数量不应少于两个，码头宽度应大于 2.5 m，并可在码头附近布置主要仓库和加工厂。

2. 仓库和堆场布置

(1) 仓库的类型

工地仓库是储存物资的临时设施，其类型有转运仓库、中心仓库、现场仓库和加工厂仓库几种。转运仓库是货物转载地点(如火车站、码头、专用卸货场)的仓库；中心仓库是专供储存整个建筑工地所需材料、构件等的仓库，一般设在现场附近或施工区域中心；现场仓库按其储存材料的性质和重要程度，可采用露天堆场、半封闭式或封闭式三种形式。

(2) 仓库与堆场的布置原则

① 在仓库的布置与堆场时，应尽量利用永久性仓库。

② 仓库与材料堆场应接近使用地点。

③ 仓库应位于平坦、宽敞和交通方便的地方。

④ 应符合技术和安全方面的规定。

当有铁路时，应沿铁路布置周转仓库和中心仓库；一般材料仓库应邻近公路和施工区域布置；钢筋、木材仓库应布置在其加工厂附近；水泥库和砂石堆场应布置在搅拌站附近；油料、氧气、电石库等应布置在边远、人少的地点；易燃的材料库要设在拟建工程的下风方向；车库和机械站应布置在现场入口处；工业建设项目的设备仓库或堆料场应尽量放在拟建车间附近。

3. 混凝土搅拌站和各类加工厂布置

混凝土搅拌站和各类加工厂的布置，应以方便使用、安全防火、运输费用最小和相对集中为原则。在布置时应该注意以下几点。

(1) 当运输条件较好时，混凝土搅拌站宜集中布置；否则以分散布置在使用地点或垂直运输设备附近为宜。若利用城市的商品混凝土，则只需考虑其供应能力和输送设备能否满足施工需要，工地可不考虑布置搅拌站。

(2) 工地混凝土预制构件加工厂一般宜布置在工地边缘，铁路专用线转弯处的扁形地带或场外邻近处。

(3) 钢筋加工厂宜布置在混凝土预制构件加工厂或主要施工对象附近。

(4) 木材加工厂的原木、锯材堆场应靠近铁路、公路或水路沿线；锯木、板材加工车间和成品堆场应按工艺流程布置，一般应设在土建施工区域边缘的下风向位置。

(5) 金属结构、锻工和机修等车间，生产联系比较密切，宜集中布置在一起。

(6) 产生有害气体和污染环境的加工厂，如沥青熬制、石灰热化和石棉加工等，应位于场地下风向。

4. 场内运输道路布置

首先根据各仓库、加工厂及施工对象的相对位置，研究货物周转运输量的大小，区别出主要道路和次要道路；其次进行道路规划。在规划中，应考虑车辆行驶安全、货物运输方便和道路修筑费用等问题。

(1) 应尽量利用拟建的永久性道路，或提前修建，或先修建永久性路基，工程完工后再铺设路面。

(2) 必须修建的临时道路，应把仓库、加工厂和施工地点连接起来。

(3) 道路应有足够的宽度和转弯半径。连接仓库、加工厂等的主要道路一般应按双行环形路线布置，路面宽度不小于 6 m；次要道路则按单行支线布置，路面宽度不小于 3.5 m，路端设回车场地。

(4) 临时道路的路面结构，应根据运输情况、运输工具和使用条件来确定。

(5) 应尽量避免与铁路交叉。

5. 临时行政、生活福利设施布置

工地所需的行政、生活福利设施，应尽量利用现有的或拟建的永久性房屋，数量不足时再临时修建。

(1) 工地行政管理用房宜设在工地入口处或中心地区，现场办公室应靠近施工地点。

(2) 工人住房一般在场外集中设置，距工地 500 m～1 000 m 为宜。

(3) 生活福利设施，如商店、小卖部、俱乐部等应设在工人较集中的地方或工人出入的必经之处。

(4) 食堂可以布置在工地内部，也可以布置在工人村内，应视具体情况而定。

6. 临时水电管网布置

临时水电管网布置时应注意以下几点。

(1) 尽量利用已有的和提前修建的永久线路。

(2) 临时水池、水塔应设在用水中心和地势较高处。给水管一般沿主干道路布置成环状管网，孤立点可设枝状管网。过冬的临时水管须埋在冰冻线以下或采取保温措施。

(3) 消防站一般布置在工地的出入口附近，并沿道路设消防栓。消防栓间距不应大于 100 m，距路边不大于 2 m，距拟建房屋不大于 25 m 且不小于 5 m。

(4) 临时总变电站应设在高压线进入工地处；临时自备发电设备应设置在现场中心或靠近主要用电区域。临时输电干线沿主干道路布置成环形线路，供电线路应避免与其他管道布置在路的同一侧。

四、施工总平面图的绘制

施工总平面图的绘制步骤、要求和方法与单位工程施工平面图基本相同。图幅大小和绘图比例应根据建设项目场地大小及布置内容的多少来确定。比例一般采用 1∶1 000 或 1∶2 000。

微课

大型临时设施计算

任务 6　大型临时设施计算

一、临时仓库和堆场计算

临时仓库和堆场的计算一般包括：确定各种材料、设备的储存量；确定仓库和堆场的面积及外形尺寸；选择仓库的结构形式，确定材料、设备的装卸方法等。

1. 材料设备储备量确定

对于经常或连续使用的材料，如砖、瓦、砂、石、水泥、钢材等可按储备期计算，计算公式如下

$$P = T_c Q_i K_i / T \tag{5-1}$$

式中：P——材料的储备量，m^3或 t 等；

T_c——储备期定额，天(见表 5-8)；

Q_i——材料、半成品等总的需要量；

T——有关项目的施工总工作日；

K_i——材料使用不均衡系数，见表 5-9。

表 5-8　计算仓库面积的有关系数

序号	材料及半成品	单位	储备天数 T_c/天	不均衡系数 K_i	每平方米储存定额 P	有效利用系数 K	仓库类别	备注
1	水泥	t	30～60	1.3～1.5	1.5～1.9	0.65	封闭式	堆高 10～12 袋
2	生石灰	t	30	1.4	1.7	0.7	棚	堆高 2 m
3	沙子（人工堆放）	m^3	15～30	1.4	1.5	0.7	露天	堆高 1 m～1.5 m
4	沙子（机械堆放）	m^3	15～30	1.4	2.5～3.0	0.8	露天	堆高 2.5 m～3 m
5	石子（人工堆放）	m^3	15～30	1.5	1.5	0.7	露天	堆高 1 m～1.5 m
6	石子（机械堆放）	m^3	15～30	1.5	2.5～3.0	0.8	露天	堆高 2.5 m～3 m
7	块石	m^3	15～30	1.5	10	0.7	露天	堆高 1.0 m
8	预制钢筋砼板	m^3	30～60	1.3	0.2～0.3	0.6	露天	堆高 4 块
9	柱	m^3	30～60	1.3	1.2	0.6	露天	堆高 1.2 m～1.5 m
10	钢筋(直径)	t	30～60	1.4	2.5	0.6	露天	占全部钢筋的 80%堆高 0.5 m
11	钢筋(盘筋)	t	30～60	1.4	0.9	0.6	封闭式或棚	占全部钢筋的 20%堆高 1 m
12	钢筋成品	t	10～20	1.5	0.07～0.1	0.6	露天	
13	型钢	t	45	1.4	1.5	0.6	露天	堆高 0.5 m
14	金属结构	t	30	1.4	0.2～0.3	0.6	露天	
15	原木	m^3	30～60	1.4	1.3～15	0.6	露天	堆高 2 m
16	成材	m^3	30～45	1.4	0.7～0.8	0.5	露天	堆高 1 m
17	废木料	m^3	15～20	1.2	0.3～0.4	0.5	露天	废木料占锯木量 10%～15%
18	门窗扇	扇	30	1.2	45	0.6	露天	堆高 2 m

续表

序号	材料及半成品	单位	储备天数 T_c/天	不均衡系数 K_i	每平方米储存定额 P	有效利用系数 K	仓库类别	备注
19	门窗框	樘	30	1.2	20	0.6	露天	堆高 2 m
20	木屋架	樘	30	1.2	0.6	0.6	露天	
21	木模板	m^2	10～15	1.4	4～6	0.7	露天	
22	模板整理	m^2	10～15	1.2	1.5	0.65	露天	
23	砖	千块	15～30	1.2	0.7～0.8	0.6	露天	堆高 1.5 m～1.6 m
24	泡沫砼制作	m^3	30	1.2	1	0.7	露天	堆高 1 m

注：储备天数根据材料来源、供应季节和运输条件等确定。一般就地供应的材料取表中低值，外地供应采用铁路运输或水运者取高值。现场加工企业供应的成品、半成品的储备天数取低值，项目部独立核算加工企业供应者取高值。

表 5-9　按不均衡系数计算仓库面积表

序号	名称	计算基础数(m)	单位	系数(p)
1	仓库(综合)	按全员(工地)	m^2/人	0.7～0.8
2	水泥库	按当年水泥用量的 40%～50%	m^2/吨	0.7
3	其他仓库	按当年工作量	m^2/万元	2～3
4	五金杂品库	按年建筑安装工作量计算	m^2/万元	0.2～0.3
		按在建建筑面积计算	m^2/100 m^2	0.5～1
5	土建工具库	按高峰年(季)平均人数	m^2/人	0.1～0.2
6	水暖器材库	按年在建建筑面积	m^2/100 m^2	0.2～0.4
7	电器器材库	按年在建建筑面积	m^2/100 m^2	0.3～0.5
8	化工油漆危险品库	按年建筑安装工作量	m^2/万元	0.1～0.15
9	三大工具库(脚手架、跳板、模板)	按在建建筑面积	m^2/100 m^2	1～2
		按年建筑安装工作量	m^2/万元	0.5～1

对于量少、不经常使用或储备期较长的材料，如耐火砖、石棉瓦、水泥管和电缆等，可按储备量计算(以年度需用量的百分比储备)。

对于某些混合仓库，如工具及劳保用品仓库、五金杂品仓库、化工油漆及危险品仓库、水暖电气材料仓库等，可按指数法计算(m^2/人或 m^2/万元等)。

对于当地供应的大量性材料(如砖、石、砂等)，在正常情况下为减少堆场面积，应适当减少储备天数。

2. 各种仓库面积确定

确定某一种建筑材料的仓库面积，与该种建筑材料需储备的天数、材料的需要量及仓库每平方米能储存的定额等因素有关。而储备天数又与材料的供应情况、运输能力及气候等条件有关。因此，应结合具体情况确定最经济的仓库面积。

确定仓库面积时，必须将有效面积的辅助面积同时加以考虑。有效面积是指材料本身占有的净面积，它是根据每平方米仓库面积的存放定额来确定的。辅助面积是指考虑仓库中的走道及装卸作业所必需的面积。仓库总面积一般可按下列公式计算：

$$F = P/qK \tag{5-2}$$

式中：F——仓库总面积，m^2；

P——仓库材料的储备量；

q——每平方米仓库面积能存放的材料、半成品和制品的数量；

K——仓库面积利用系数（考虑人行道和车道所占面积），见表5-8。

仓库面积的计算，还可以采取另一种简便的方法，即按指数计算法。计算公式为：

$$F = \phi m \tag{5-3}$$

式中：p——系数，见表4-9；

m——计算基础数（生产工人数或全年计划工作量等），m^2/人或m^2/万元等（见表4-9）。

在设计仓库时，除确定仓库总面积外，还要正确地决定仓库的长度和宽度。仓库的长度应满足装卸货物的需要，即要有一定长度的装卸前线。装卸前线一般可按下式计算：

$$L = nl + a(n+1) \tag{5-4}$$

式中：L——装卸前线长度，m；

l——运输工具的长度，m；

a——相邻两个运输工具的间距。火车运输时，取1 m；汽车运输时端卸，取1.5 m，侧卸取2.5 m；

n——同时卸货的运输工具数。

二、临时建筑物计算

临时建筑物的计算一般包括：确定施工期间使用这些建筑物的人数；确定临时建筑物的修建项目及其建筑面积；选择临时建筑物的结构形式等。

(1) 确定使用人数

建筑工地上的人员分为职工和家属。职工包括生产人员、非生产人员和其他人员。

生产人员中有直接生产工人，即直接参加施工的建筑、安装工人；辅助生产工人，如机械维修、运输、仓库管理等方面的工人，一般占直接生产工人的30%～60%。

直接生产工人人数可按下式计算：

$$\begin{matrix}\text{年(季)度平均}\\\text{在册直接生产工人}\end{matrix} = \text{年(季)度总工作日} \times (1+\text{缺勤率}) / \text{年(季)度有效工作日} \tag{5-5}$$

$$\begin{matrix}\text{年(季)度高峰}\\\text{在册直接生产工人}\end{matrix} = \text{年(季)度平均在册直接生产工人} \times \text{年(季)度施工不均衡系数} \tag{5-6}$$

非生产人员包括行政管理人员和服务人员（如从事食堂、文化福利等工作的人员）等，一般按表 5 - 10 确定。

表 5 - 10　非生产人员比例(占职工总数百分比)

序号	建筑企业类别	非生产人员比例%	其中		折算为占生产人员比例,%
			管理人员%	服务人员%	
1	中央、省属企业	16～18	9～11	6～8	19～22
2	市属企业	8～10	8～10	5～7	16.3～19
3	县、县级市企业	10～14	7～9	4～6	13.6—16.3

注:① 工程分散,职工人数较大者取上限;
② 新辟地区、当地服务网点尚未建立时应增加服务人员 5%～10%;
③ 大城市、大工业区服务人员应减少 2%～4%。

家属一般应通过典型调查统计后得出适当比例数,作为规划临时房屋的依据。如无现成资料,可按职工人数的 10%～30%估算。

(2) 确定临时建筑物面积

临时建筑所需面积按下式计算:

$$S = NP \tag{5-7}$$

式中:S——建筑面积,m^2;

N——人数;

P——建筑面积指标,见表 5 - 11。

表 5 - 11　行政、生活福利临时建筑物面积参考指标

临时房屋名称	指标使用方法	参考面积 m^2/人
一、办公室	按干部人数	3～4
二、宿舍 单层通铺 双层床 单层床	按高峰年(季)平均职工人数(扣除不在工地住宿的人数)	2.5～3.5 2.5～3 2.0～2.5 3.5～4
三、家属宿舍		16～25 m^2/户
四、食堂	按高峰年平均职工人数	0.5～0.8
五、食堂兼礼堂	按高峰年平均职工人数	0.6～0.9
六、其他合计 医务室 浴室 理发 浴室兼理发 俱乐部 小卖店 招待所 托儿所	按高峰年平均职工人数 按高峰年平均职工人数 按高峰年平均职工人数 按高峰年平均职工人数 按高峰年平均职工人数 按高峰年平均职工人数 按高峰年平均职工人数 按高峰年平均职工人数 按高峰年平均职工人数	0.5～0.6 0.05～0.07 0.07～ 0.1 0.01～0.03 0.08～0.1 0.1 0.03 0.06 0.03～0.06

续表

临时房屋名称	指标使用方法	参考面积 m^2/人
子弟小学 其他公用	按高峰年平均职工人数 按高峰年平均职工人数	0.06～0.08 0.05～0.10
七、现场小型设备 开水房 厕所 工人休息室	按高峰年平均职工人数 按高峰年平均职工人数	10～40 0.02～0.07 0.15

三、临时供水计算

建筑工地临时供水，包括生产用水(一般生产用水和施工机械用水)和生活用水(施工现场生活用水和生活区生活用水)和消防用水三部分。

建筑工地供水组织一般包括：计算用水量，选择供水水源，选择临时供水系统的配置方案，设计临时供水管网，设计供水构筑物和机械设备。

1. 供水量确定

(1) 一般生产用水

一般生产用水指施工生产过程中的用水，如混凝土搅拌与养护、砌砖和楼地面等工程的用水。可由下式计算：

$$q_1 = k_1 \sum Q_1 N_1 k_2 / T_1 b * 8 * 3\ 600 \tag{5-8}$$

式中：q_1——生产用水量，1/s；

Q_1——最大年度工程量；

N_1——施工用水定额；

k_1——未预见施工用水系数，取 1.05～1.15；

T_1——年度有效工作日；

k_2——用水不均衡系数。工程施工用水取 1.5，生产企业用水取 1.25；

b——每日工作班数。

(2) 施工机械用水

施工机械用水包括挖土机、起重机、打桩机、压路机、汽车、空气压缩机、各种焊机、凿岩机等机械设备在施工生产中的用水。可由下式计算：

$$q_2 = k_1 \sum Q_2 N_2 k_3 / 8 * 3\ 600 \tag{5-9}$$

式中：q_2——机械施工用水量，1/s；

Q_2——同一种机械台数，台；

N_2——该种机械台班用水定额；

k_3——施工机械用水不均衡系数，一般施工机械、运输机械用水取 2.00；动力设备用水取 1.05～1.10。

(3) 施工现场生活用水

施工现场生活用水可由下式计算：

$$q_2 = P_1 N_3 k_4 / b * 8 * 3\ 600 \tag{5-10}$$

式中：q_3——施工现场生活用水量，1/s；

P_1——施工现场高峰人数，人；

N_3——施工现场生活用水定额，与当地气候、工种有关，工地全部生活用水取 100～1 201/人·日；

k_4——施工现场生活用水不均衡系数，取 1.30～1.50；

b——每日用水班数。

(4) 施工现场生活用水

生活区生活用水可由下式计算：

$$q_4 = P_2 N_4 k_5 / 24 * 3\ 600 \tag{5-11}$$

式中：q_4——生活区生活用水量，1/s；

P_2——生活区居民人数；

N_4——生活区每人每日生活用水定额；

k_5——生活区每日用水不均衡系数，取 2.00～2.50。

(5) 消防用水

消防用水量(q_s)与建筑工地大小及居住人数有关，如表 5-12 所示。

表 5-12　消防用水量

序号	用水名称		火灾同时发生次数	用水量/L·s^{-1}
1	居民区	5 000 人以内	一次	10
		10 000 人以内	二次	10～15
		25 000 人以内	二次	15～20
2	施工现场	现场面积小于 25 公顷	一次	10～15
		现场面积每增加 25 公顷	一次	5

(6) 总用水量

总用水量 Q 由下列三种情况分别决定：

当$(q_1+q_2+q_3+q_4) \leqslant q_5$时，

$$Q = q_5 + (q_1 + q_2 + q_3 + q_4)/2 \tag{5-12}$$

当$(q_1+q_2+q_3+q_4) > q_5$时，

$$Q = q_1 + q_2 + q_3 + q_4 \tag{5-13}$$

当工地面积小于 5 公顷，且$(q_1+q_2+q_3+q_4) < q_5$时，

$$Q = q_5 \tag{5-14}$$

2. 供水管管径计算

总用水量确定后，既可按下式计算供水管管径：

$$D_i = (4\ 000 Q_i / 3.14 v)^{0.5}$$

式中：D_i——某管段供水管管径，mm；

Q——某管段用水量，L/s；

v——管网中水流速度，m/s，一般取 1.5～2.0。

当确定供水管网中各段供水管内的最大用水量(Q_i)及水流速度(v)后，方式确定，具体参见有关手册。

任务 7　装配式工程施工组织设计

2020 年 08 月 28 日，住房和城乡建设部、教育部、科技部、工业和信息化部等九部门联合印发《关于加快新型建筑工业化发展的若干意见》。意见提出：要大力发展钢结构建筑、推广装配式混凝土建筑，培养新型建筑工业化专业人才，壮大设计、生产、施工、管理等方面人才队伍，加强新型建筑工业化专业技术人员继续教育；培育技能型产业工人，深化建筑用工制度改革，完善建筑业从业人员技能水平评价体系，促进学历证书与职业技能等级证书融通衔接。打通建筑工人职业化发展道路，弘扬工匠精神，加强职业技能培训，大力培育产业工人队伍；全面贯彻新发展理念，推动城乡建设绿色发展和高质量发展，以新型建筑工业化带动建筑业全面转型升级，打造具有国际竞争力的"中国建造"品牌。

一、装配式建筑的概念

装配式建筑是指把传统建造方式中的大量现场作业工作转移到工厂进行，在工厂加工制作好建筑用构件和配件(如楼板、墙板、楼梯、阳台等)，运输到建筑施工现场，通过可靠的连接方式在现场装配安装而成的建筑。

装配式建筑主要包括预制装配式混凝土结构、钢结构、现代木结构建筑等，因为采用标准化设计、工厂化生产、装配化施工、信息化管理、智能化应用，是现代工业化生产方式的代表。

二、装配式建筑的特点

1. 保证工程质量

传统的现场施工受限于工人素质参差不齐，质量事故时有发生。而装配式建筑构件在预制工厂生产，生产过程中可对温度、湿度等条件进行控制，构件的质量更容易得到保证。

2. 降低安全隐患

传统施工大部分是在露天作业、高空作业，存在极大的安全隐患。装配式建筑的构件运输到现场后，由专业安装队伍严格遵循流程进行装配，大大提高了工程质量并降低了安全隐患。

3. 提高生产效率

装配式建筑的构件由预制工厂批量采用钢模生产，减少脚手架和模板数量，因此生产成本相对较低，尤其是生产形式较复杂的构件时，优势更为明显；同时省掉了相应的施工流程，大大提高了时间利用率。

4. 降低人力成本

目前我国建筑行业劳动力不足、技术人员缺乏、工人整体年龄偏大、成本攀升，导致传统施工方式难以为继。装配式建筑由于采用预制工厂施工，现场装配施工，机械化程度高，减少现场施工及管理人员数量近10倍。节省了可观的人工费，提高了劳动生产率。

5. 节能环保，减少污染

装配式建筑循环经济特征显著，由于采用的钢模板可循环使用，节省了大量脚手架和模板作业，节约了木材资源。此外，由于构件在工厂生产，现场湿作业少，大大减少了噪音。

三、装配式建筑的种类

1. 折叠砌块建筑

用预制的块状材料砌成墙体的装配式建筑，适于建造3～5层建筑，如提高砌块强度或配置钢筋，还可适当增加层数。砌块建筑适应性强，生产工艺简单，施工简便，造价较低，还可利用地方材料和工业废料。建筑砌块有小型、中型、大型之分：小型砌块适于人工搬运和砌筑，工业化程度较低，灵活方便，使用较广；中型砌块可用小型机械吊装，可节省砌筑劳动力；大型砌块现已被预制大型板材所代替。

砌块有实心和空心两类，实心的较多采用轻质材料制成。砌块的接缝是保证砌体强度的重要环节，一般采用水泥砂浆砌筑，小型砌块还可用套接而不用砂浆的干砌法，可减少施工中的湿作业。有的砌块表面经过处理，可作清水墙。

2. 折叠板材建筑

由预制的大型内外墙板、楼板和屋面板等板材装配而成，又称大板建筑。它是工业化体系建筑中全装配式建筑的主要类型。板材建筑可以减轻结构重量，提高劳动生产率，扩大建筑的使用面积和防震能力。板材建筑的内墙板多为钢筋混凝土的实心板或空心板；外墙板多为带有保温层的钢筋混凝土复合板，也可用轻骨料混凝土、泡沫混凝土或大孔混凝土等制成带有外饰面的墙板。建筑内的设备常采用集中的室内管道配件或盒式卫生间等，以提高装配化的程度。大板建筑的关键问题是节点设计。在结构上应保证构件连接的整体性（板材之间的连接方法主要有焊接、螺栓连接和后浇混凝土整体连接）。在防水构造上要妥善解决外墙板接缝的防水，以及楼缝、角部的热工处理等问题。大板建筑的主要缺点是对建筑物造型和布局有较大的制约性；小开间横向承重的大板建筑内部分隔缺少灵活性（纵墙式、内柱式和大跨度楼板式的内部可灵活分隔）。

3. 折叠盒式建筑

从板材建筑的基础上发展起来的一种装配式建筑。这种建筑工厂化的程度很高，现场安装快。一般不但在工厂完成盒子的结构部分，而且内部装修和设备也都安装好，甚至可连家具、地毯等一概安装齐全。盒子吊装完成、接好管线后即可使用。盒式建筑的装配形式有：

① 全盒式，完全由承重盒子重叠组成建筑。

② 板材盒式，将小开间的厨房、卫生间或楼梯间等做成承重盒子，再与墙板和楼板等组成建筑。

③ 核心体盒式，以承重的卫生间盒子作为核心体，四周再用楼板、墙板或骨架组成建筑。

④ 骨架盒式，用轻质材料制成的许多住宅单元或单间式盒子，支承在承重骨架上形成建筑。也有用轻质材料制成包括设备和管道的卫生间盒子，安置在用其他结构形式的建筑内。盒子建筑工业化程度较高，但投资大，运输不便，且需用重型吊装设备，因此，发展受到限制。

4. 折叠骨架板材建筑

由预制的骨架和板材组成。其承重结构一般有两种形式：一种是由柱、梁组成承重框架，再搁置楼板和非承重的内外墙板的框架结构体系；另一种是柱子和楼板组成承重的板柱结构体系，内外墙板是非承重的。承重骨架一般多为重型的钢筋混凝土结构，也有采用钢和木作成骨架和板材组合，常用于轻型装配式建筑中。骨架板材建筑结构合理，可以减轻建筑物的自重，内部分隔灵活，适用于多层和高层的建筑。

钢筋混凝土框架结构体系的骨架板材建筑有全装配式、预制和现浇相结合的装配整体式两种。保证这类建筑的结构具有足够的刚度和整体性的关键是构件连接。柱与基础、柱与梁、梁与梁、梁与板等的节点连接，应根据结构的需要和施工条件，通过计算进行设计和选择。节点连接的方法，常见的有榫接法、焊接法、牛腿搁置法和留筋现浇成整体的叠合法等。

板柱结构体系的骨架板材建筑是方形或接近方形的预制楼板同预制柱子组合的结构系统。楼板多数为四角支在柱子上；也有在楼板接缝处留槽，从柱子预留孔中穿钢筋，张拉后灌混凝土。

5. 折叠升板升层建筑

板柱结构体系的一种，但施工方法则有所不同。这种建筑是在底层混凝土地面上重复浇筑各层楼板和屋面板，竖立预制钢筋混凝土柱子，以柱为导杆，用放在柱子上的油压千斤顶把楼板和屋面板提升到设计高度，加以固定。外墙可用砖墙、砌块墙、预制外墙板、轻质组合墙板或幕墙等；也可以在提升楼板时提升滑动模板、浇筑外墙。升板建筑施工时大量操作在地面进行，减少高空作业和垂直运输，节约模板和脚手架，并可减少施工现场面积。升板建筑多采用无梁楼板或双向密肋楼板，楼板同柱子连接节点常采用后浇柱帽或采用承重销、剪力块等无柱帽节点。升板建筑一般柱距较大，楼板承载力也较强，多用作商场、仓库、工场和多层车库等。

升层建筑是在升板建筑每层的楼板还在地面时先安装好内外预制墙体，一起提升的建筑。升层建筑可以加快施工速度，比较适用于场地受限制的地方。

四、高层住宅装配式工程施工

1. 装配式施工方案确定：施工单位应至少在深化设计阶段之前与施工图设计单位、深化设计单位及生产工厂一起确定装配式施工技术方案，由深化设计单位在深化设计中落实施工技术方案的相关要求。

2. 高层住宅装配式工程现场施工流程：

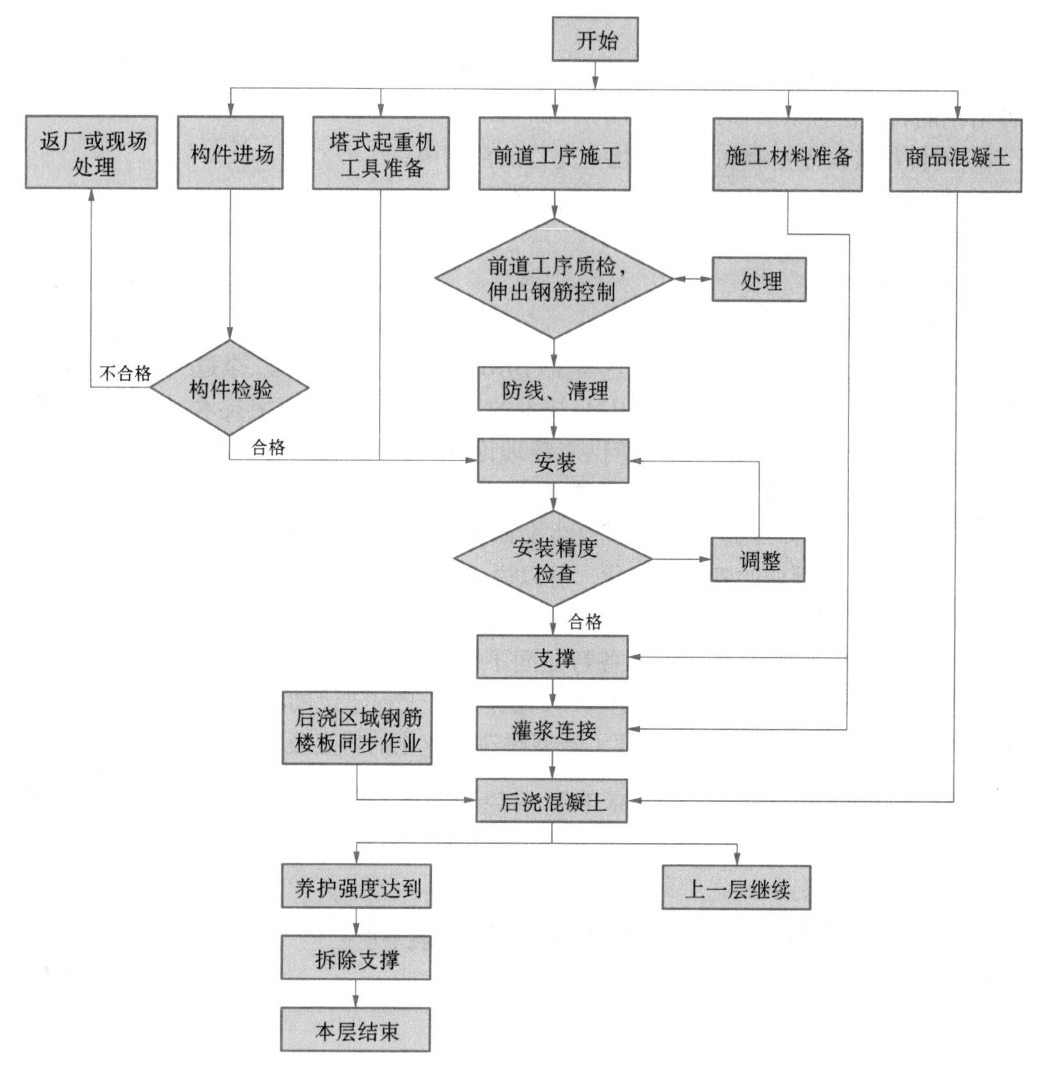

图 5－2　高层住宅装配式工程现场施工流程

3. 装配式建筑工艺与传统建筑工艺对比的优势：

（1）施工现场施工取消外架，取消了室内、外墙抹灰工序，钢筋由工厂统一配送，楼板底模取消，墙体塑料模板取代传统木模板，现场建筑垃圾可大幅减少。

（2）PC 构件在工厂预制，构件运输至施工现场后通过大型起重机械吊装就位。操作工人只需进行扶板就位，临时固定等工作，大幅降低操作工人劳动强度。

（3）门窗洞预留尺寸在工厂已完成，尺寸偏差完全可控。室内门需预留的木砖、砼块在工厂也完成，定位精确，现场安装简单，安装质量易保证。

（4）保温板夹在两层混凝土板之间，且每块墙板之间有有效的防火分隔，可以达到系统防火 A 级，避免大面积火灾隐患。且保温效果好，保温层耐久性好，外墙为混凝土结构，防水抗渗效果好。

（5）取消了内外粉刷，墙面均为混凝土墙面，有效避免开裂，空鼓、裂缝等墙体质量通病，同时平整度良好，可预先涂刷涂料或施工外饰面层或采用艺术混凝土作为饰面层，避免外饰面施工过程中的交叉污损风险。

4. PC施工质量的关键环节为：

(1) 现浇混凝土伸出的与套筒连接的钢筋位置必须准确，误差在设计允许范围内，否则，伸出钢筋将无法插入套筒或浆锚孔。

(2) 构件吊装误差控制在设计或规范允许的范围内。

(3) 套筒、浆锚孔内和构件之间横缝灌满浆料。

(4) 后浇混凝土节点的施工质量。

(5) 成品保护

5. 装配式建筑的信息化管理

微课

BIM技术在施工组织设计中的应用

装配式混凝土建筑宜采用建筑信息模型(BIM)技术，实现全专业、全过程的信息化管理。建筑信息化模型(BIM)技术的应用，通过三维数字技术模拟建筑物所具有的真实信息，以敏捷供应链理论、精益建造思想为指导，集成虚拟建造技术、RFID质量追踪技术、物联网技术、云服务技术、远程监控等技术为“规划—设计—施工—运维”全生命期中提供相互协调、内部一致的信息化模型，达到建筑行业全生命周期的管理信息化。可以说，BIM技术的广泛应用会加速工程建设逐步向工业化、标准化和集约化方向发展，促使工程建设各阶段、各专业主体之间在更高层面上充分共享资源，有效地避免各专业、各行业间不协调问题，有效解决设计与施工脱节、部品与建造技术脱节的问题，极大地提高了工程建设的精细化、生产效率和工程质量，并充分体现和发挥了新型建筑工业化的特点及优势。

微案例

装配式施工组织设计案例

五、某高层住宅装配式工程施工组织总设计

任务8　施工组织总设计案例

微课

施工组织总设计案例

一、工程概况

本工程为某城市某学院群体建筑，工程建设计划分两期，一期工程总占地面积138 120 m^{2}列入市重点工程。

1. 工程整体布局

整个学院布局规划呈长方形状，四面临马路，设有北门和南门两个大门。本工程基本上以南北中轴线对称布置，依使用性质不同，分为行政管理区、教学区、居住区及配套建筑和体育训练场四大部分。东面是体育训练场，西面是居住区。中部教学区按南北向布置，由校园内的规划道路分为三个部分：教学部分处在校园内靠北，设有1～3号教学楼、电教馆、办公楼和大会堂等；学院辅助建筑处在院内中间，设有图书馆、体育馆等；学院配套建筑处在学院内靠南，设有1～4号学生宿舍、食堂、校医院、汽车库、变电所、浴室和锅炉房等。室外管线包括污水、雨水、暖沟和道路等。工程场地开阔，适合所有单位工程全面展开施工。

2. 工程建设特点

一期工程结构较简单，砖混结构与框架结构各占一半，层数少，有三栋5～6层单体建筑，其余为1～2层建筑。但工期急，合同要求在当年度8月底竣工的工号有2个，其余均在次年 5 月底竣工，质量要求高。

3. 工程特征

学院一期工程包括 7 个项目，总建筑面积 21 354 m^2，建筑特征如表 5－13 所示。室外管线设计特征如表 5－14 所示。

表 5－13　某学院一期工程建筑特征

序号	工程名称	建筑面积 m^2	结构形式	层数		檐高/m	建筑特征		
				地上	地下		基础	主体	装修
1	1 号教学楼	5 358.5	框架	5	0	13.2～21	基础埋深－3.5 m，C25 钢筋混凝土带形基础	现浇 C25 钢筋混凝土柱、梁、板结构，加气混凝土块、空心砖做填充墙	水磨石、局部锦砖地面，内墙喷涂料、局部面砖，外墙为进口涂料、局部玻璃面砖，顶棚吊顶、喷涂
2	2 号教学楼	5 358.5	框架	5	0	14.6～21	同上	同上	面砖、水磨石楼面，内墙喷涂料、贴面砖，外墙进口涂料，局部面砖，石膏板吊顶、喷涂料
3	学生宿舍	6 146	砖 混	6	1	10.3～19.6		砖墙、构造柱，预应力混凝土空心楼板，有少量混凝土梁、板、柱	水磨石、锦砖地面，内墙抹灰喷白，外墙涂喷料，顶棚喷涂料、局部吊顶
4	食堂	2 675	混 A	2	1	7.2～11.2	基础埋深－3.0 m，钢筋混凝土基础和带形砖基础	厨房为全现浇梁、板、柱，附楼为砖墙、现浇梁、预制板	水磨石、局部锦砖地面，内墙喷涂料，外墙喷进口涂料、贴锦砖
5	浴室	914	砖混	2 （附属）	0	7.8	基础埋深－3.550 m，钢筋混凝土带形基础和砖砌带形基础	砖墙，现浇钢筋混凝土楼板	水磨石、锦砖地面（加防水层），内墙瓷砖和涂料，外墙为水刷石
6	锅炉房	817	混合	1	0	8.84	基础埋深－2.950 m，钢筋混凝土带形基础和砖砌带形基础	C30 钢筋混凝土现浇柱，预制薄腹梁，砖砌围护结构，40 m 高砖砌烟囱带内衬	水泥砂浆、细石混凝土地面，内墙和顶棚喷大白浆，外墙为水刷石
7	变电室	83	砖混	1	0	6.65	基础埋深－2.7 m，C10 混凝土垫层，带形砖基础	砖墙，现浇钢筋混凝土梁	水泥砂浆地面，内墙喷涂料，外墙喷涂料、少量水刷石，顶棚刮腻子、喷涂料

表5-14　室外管线设计特征

序号	工程名称	设计特征
1	污水	埋置深度－1.0 m～－3.73 m，混凝土管径 D=200 mm～400 mm，承插式接头，下设混凝土垫层
2	雨水	埋置深度－1.0 m～－1.87 m，混凝土管径 D=200 mm～400 mm，承插式接头，下设混凝土垫层
3	暖沟	埋深－1.85 m～－2.05 m，暖沟断面为 140 mm～1400 mm(净空尺寸)，MU 2.5砖，M5 水泥砂浆砌筑
4	室外道路	沥青混凝土路面

4. 施工条件

施工场地原系农田，场地较开阔，可供施工使用的场地 4 万平方米，场地自然标高较设计标高(±0.000)低 800 mm～1 000 mm，需进行大面积回填和平整场地。土质为粉质黏土。场内东北角有供建设单位使用而兴建的两栋半永久性平房，西侧有旧房尚未拆除，直接影响 2 号教学楼的施工。为此，建设单位应做好拆、搬迁工作，以保证施工的顺利进行。场内已有两个深井水源和 200 kW 变压器一台，目前水泵已安装完毕，为满足施工需要，需安装加压罐。据初步计算，施工用电量超过 500 kW，因此变压器容量尚需增大，需建设单位提前做好增容工作。场内还需埋设水电管网及电缆。一期工程 7 个项目的施工图纸已供应齐全，可以满足施工要求。市政给排水设施已接至红线边，可满足院内给排水施工需要。建设单位在进行前期准备工作的过程中，已完成了一期工程正式围墙的修建，并在场内东西向预留了一条道路，可作为施工准备期施工材料进出场道路。施工现场内的树木，施工中应尽量保护，确系影响施工需砍伐时，须事先征得建设单位的同意。

5. 主要实物工程量

略。

二、施工部署

1. 施工总体组织原则

(1) 组织机构。学院工程施工管理推行项目经理负责制，由公司抽调技术水平高，思想素质好、能力强的人员组成项目经理部，实施对工程的组织与指挥，其管理体系如图 5-3 所示。

(2) 施工任务划分。土建工程原则上以公司现有力量为主，分栋号成立承包队，考虑到合同工期紧、工程量大等因素，应补充部分民工(650 人左右)。此外，在工程大面积插入装修时，应从全公司范围抽调部分技术水平高的装修工，以补充装修力量的不足。安装工程由公司的水电专业分公司承担。土建与安装的配合，必须从基础开始就协调好。

(3) 施工组织原则。考虑到浴室、变电所在当年 9 月 30 日前竣工，1 号和 2 号教学楼、宿舍楼、学生食堂和锅炉房在次年 5 月 31 日前交付使用的要求，一期工程按“分区组织承包，齐头并进”的原则组织施工，并视单位工程大小分层分段组织流水，确保竣工工期。

由于采取上述施工原则，材料部门应积极组织好材料的订货、进货工作，加强材料管理，并严格控制好月、旬供货量，确保在合同工期内完成施工任务。

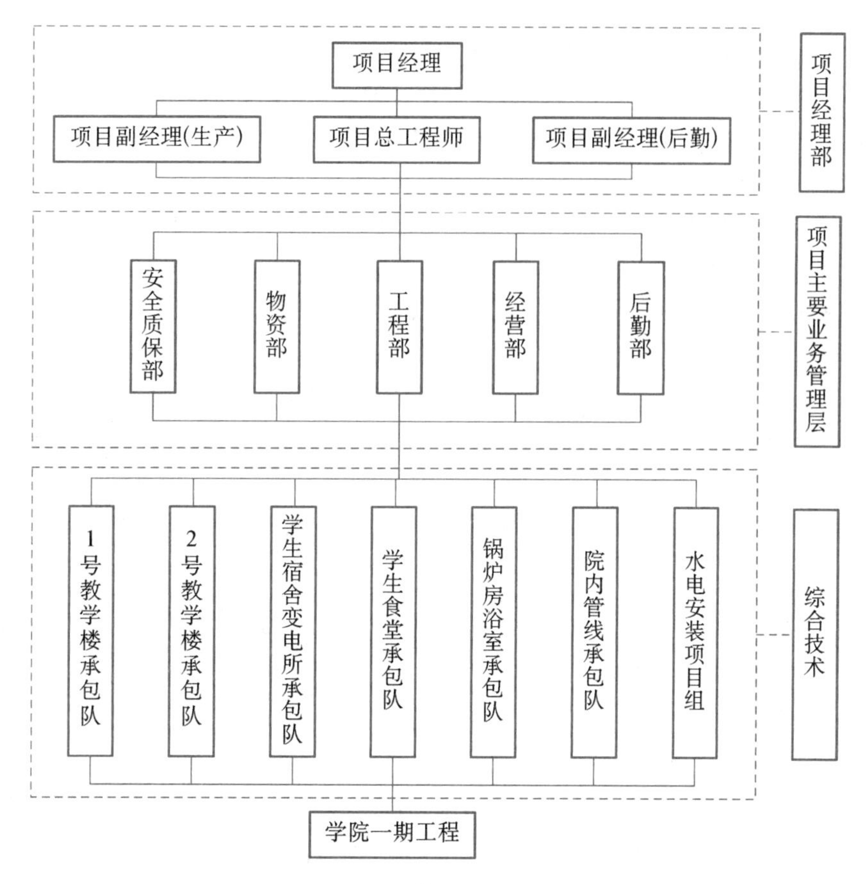

图 5－3　施工管理体系

2. 施工程序

根据平面规划及施工力量部署情况，学院一期工程划分为两个施工区：教学区为Ⅰ施工区，学院配套建筑群为Ⅱ施工区。一期工程各单位工程整体流水线按由Ⅰ区至Ⅱ区组织，在各单位工程开始插入抹灰施工时，组织院内污水、雨水和暖沟的施工。院内道路及场地平整在主要教学用工程完成后再大面积展开。

3. 主要项目施工方案

(1) 施工机械选用方案

根据工程项目特点、工期要求及本企业现有施工机械装备情况，各单位工程主要施工机械将采用表 5－15 所示的方案。

(2) 脚手架工程

根据工程项目特点及不同施工阶段的需要，各单位工程脚手架将采用表 5－17 所示的方案。

(3) 模板工程

本工程使用的模板类型如表 5－16 所示。

模板应按施工总平面图上划定的位置堆码整齐。对有损坏的模板，要及时进行修理，以保证工程施工质量。模板使用时涂刷防雨型脱模剂。

（4）钢筋工程

① 现场设钢筋加工车间，集中配料，按计划统一加工。加工好的钢筋半成品应按单位工程不同结构部位分成不同型号、规格，分别挂牌堆放，并按抗震结构有关规定施工。

② 钢筋焊接、绑扎应严格按设计、施工规范和工艺标准进行。为了降低工程成本，采用电渣压力焊、气压焊技术接长钢筋。

③ 钢筋绑扎过程中，随时注意检查设计是否有预埋件要求。如吊顶、框架柱、梁的预埋插筋，楼梯扶手下的预埋铁件等，为装修施工创造条件。

④ 各种楼梯应放大样，对旋转角度、弧长等应放样精确计算，以保证加工的成型钢筋符合设计及规范要求。

表 5-15　主要施工机械选用方案

序号	单位工程名称	结构形式	结构特征			主要施工机械选用方案				
			檐高/m	层数		基础土方工程	结构工程			
				地上	地下		主机	台数	副机	台数
1	1号教学楼	框架	21	5		WY-100液压式挖土机	QT60/80塔式起重机	1	井字提升架	1
2	2号教学楼	框架	21	5		WY-100液压式挖土机	F0/23B塔式起重机	1	井字架提升	1
3	学生宿舍	砖混	19.6	6	1	WY-100液压式挖土机	QT60/80塔式起重机	1	井字提升架	1
4	食堂	混合	11.2	2	1	WY-100液压式挖土机	QT60/80塔式起重机	1	井字提升架	1
5	浴室	砖混	7.8	1		人工挖槽	Lokomo汽车式起重机(芬兰)	1	井字提升架	1
6	锅炉房	混合	8.84	1		人工挖槽	Lokomo汽车式起重机(芬兰)	1	井字提升架	1
7	变电室	砖混	6.65	2		人工挖槽	Lokomo汽车式起重机(芬兰)	1	井字提升架	

表 5-16　模板类型选用

序号	结构部位	模板类型	支撑体系
1	柱	定型组合钢模板	钢管、扣件做支撑
2	梁、板	定型组合钢模板与胶合板模板	可调节立柱、钢管、扣件支撑
3	节点部位	木模	对拉螺栓固定，钢管、扣件支撑
4	教学楼旋转楼梯	底模、边模用木模或特制定型钢模板	钢管、扣件支撑，配以部分其他支撑，并应专项设计

（5）混凝土工程

① 施工现场设混凝土集中搅拌站，内置一台 H2-25 型自动化搅拌机及一台 J-400，

型滚筒式混凝土搅拌机，完善计量装置，按本工程统一生产计划供应混凝土。

② 作为检验混凝土强度的手段，现场设标准养护室，做好材质检验，并严格贯彻按配合比施工的原则。

③ 加强混凝土养护，浇水养护不少于 7 天。

④ 严格控制外加剂的掺量，掺量应以试验室提供的配合比数据为准，严禁随意更改。

（6）砌筑工程

本工程砌筑量较大，需精心组织，精心施工。

① 垂直运输采用选定的方案，水平运输利用小翻斗车和手推胶轮车。

② 脚手架按表 5－17 采用。

表 5－17　脚手架方案

<table>
<tr><th>序号</th><th>施工阶段</th><th>脚手架类型</th><th colspan="2">脚手架高度</th><th>注意事项</th></tr>
<tr><td>1</td><td>基础</td><td>双排钢管脚手架，教学楼、宿舍楼设三座跑梯，其余工程各设一座跑梯</td><td colspan="2">平地面高</td><td>坑上周围挂设安全网</td></tr>
<tr><td rowspan="11">2</td><td rowspan="11">主体</td><td rowspan="11">沿建筑外围设置双排钢管脚手架，教学楼、宿舍楼设三座跑梯，食堂、锅炉房、浴室、变电所各设一座跑梯，锅炉房烟囱外侧搭设正六边形脚手架，内墙砌体工程采用内撑式脚手架</td><td>1 号教学楼</td><td>Ⅰ段 21 m，Ⅱ段 13 m，扶手高 1 m</td><td rowspan="11">水平安全网、脚手架应与墙体可靠连接</td></tr>
<tr><td>2 号教学楼</td><td>Ⅰ段 21 m，Ⅲ段 14.4 m，扶手高 1 m</td></tr>
<tr><td rowspan="5">学生宿舍</td><td>D－K 轴 19.4 m</td></tr>
<tr><td>N－Q 轴 13.2 m</td></tr>
<tr><td>L－N 轴 16.3 m</td></tr>
<tr><td>Q－S 轴 10 m</td></tr>
<tr><td>S－T 轴 3 m</td></tr>
<tr><td>食堂</td><td>食堂 11 m，附楼 7.2 m</td></tr>
<tr><td>浴室</td><td>7.6 m</td></tr>
<tr><td>锅炉房</td><td>8.6 m</td></tr>
<tr><td>变电室</td><td>6.5 m</td></tr>
<tr><td>3</td><td>装修</td><td>简易满堂红脚手架</td><td colspan="2">步高 1.8 m</td><td>剪刀撑设置</td></tr>
</table>

③ 现场砂浆集中搅拌，集中供应，砌筑砂浆应在 2 h 以内用完，不准使用过夜砂浆。

④ 按照 8 度抗震设防的原则，检查设计及施工是否满足抗震要求，确保结构安全可靠。

（7）装修工程

① 装修程序按照“先上后下，先外后内，先湿作业后干作业，先抹灰后木作最后油漆”的原则施工。推广在结构施工中插入室内粗装修的施工方法。

② 装修工程应在混凝土工程和砌筑工程验收完后方可进行。对结构验收中提出的一些问题，如墙体凸凹不平，混凝土墙面麻面，大梁、顶板局部超出验收标准等问题，应经处理并取得设计单位与质量监督部门同意后，方可装修施工。

③ 建立样板间施工制度。质量检查以样板间为准,装修施工应加强技术组织与管理工作。

④ 要求本项目一切交叉打洞作业应在面层施工前完成,严禁面层施工后打洞,避免土建和安装交叉施工,保证整体装修质量。

⑤ 推广公司其他一些大型项目组织装修施工的经验,抽调素质过硬的高级工任工长,成立装修专业小组,分单位工程、分楼层、分施工段组织流水施工,并贯彻质量与工资、奖金挂钩的原则,做到人人关心质量,人人重视质量。

⑥ 加强成品保护工作并制定出切实可行的成品保护措施,建立成品保护组,设专人负责管理并监督实施。

(8) 室外管线工程

① 室外管线工程根据不同分项及现场走向划分施工段,组织流水施工。院内室外管线是保证学院次年 9 月 1 日按时开学的重要组成部分,为此必须在次年春季组织院内管线施工及与院外市政管网接口施工。

② 各施工段统一采用机械完成土方开挖及运土工作。土方开挖应以不阻断各单位工程运料通道为前提,需横穿运料通道时,应采用工字钢架桥,上铺 1.5 cm~2 cm 厚钢板,以满足运料需要。

③ 雨水、污水等项目钢筋混凝土管施工,均采用分段一次安装成型,支设稳定后,两侧支模,一次浇筑混凝土的施工方法。

④ 暖沟砌筑依不同施工段按设计组织墙体砌筑,并视一次用料量组织铺设沟盖板。

⑤ 各种雨水井、污水井和化粪池,均采用砌完后随即抹灰工艺。

⑥ 道路施工需采用压路机分段进行碾压,确保路面质量。

4. 施工准备工作计划

技术准备计划如表 5-18 所示。施工准备计划如表 5-19 所示。

表 5-18 技术准备计划

<table>
<tr><th>序号</th><th>工作内容</th><th>实施单位</th><th colspan="2">完成日期</th><th>备注</th></tr>
<tr><td>1</td><td>工程导线控制网测量</td><td>项目测量组</td><td colspan="2">本年 2 月中旬</td><td>建设单位配合</td></tr>
<tr><td>2</td><td>新开工程放线</td><td>项目测量组</td><td colspan="2">本年 2 月 20 日开始</td><td></td></tr>
<tr><td>3</td><td>施工图会审</td><td>建设单位、设计单位、公司技术科、项目工程部</td><td colspan="2">本年 1 月中旬,1 号、2 号教学楼、学生宿舍图纸会审,本年 2 月底完成锅炉房、浴室、变电所和学生食堂图纸会审工作</td><td>技术部门与建设单位、设计单位积极联系</td></tr>
<tr><td rowspan="6">4</td><td rowspan="6">编制施工组织设计</td><td rowspan="6">项目工程部</td><td>总设计</td><td>本年 2 月 15 日</td><td rowspan="6">先出结构工程施工组织设计,再出装修工程施工组织设计</td></tr>
<tr><td>1 号教学楼</td><td>本年 2 月中旬</td></tr>
<tr><td>2 号教学楼</td><td>本年 2 月中旬</td></tr>
<tr><td>锅炉房及浴室</td><td>本年 2 月底</td></tr>
<tr><td>学生宿舍及变电所</td><td>本年 2 月底</td></tr>
<tr><td>学生食堂</td><td>本年 3 月底</td></tr>
</table>

续表

序号	工作内容	实施单位	完成日期	备注
5	气压焊、埋弧焊焊工培训	项目工程部	本年3月	
6	构件成品、半成品加工订货	项目工程部	本年3月10日前	结构构件加工计划在单位工程开工前提出，装修工程构件稍后
7	提供建设场地红线桩水准点地形图及地质勘探报告资料	建设单位	本年2～3月上旬	
8	原材料检验	试验站	本年3月上旬	随工程材料进场验收
9	各工号施工图预算	项目经营部	本年2～3月	先出教学楼、学生宿舍、食堂预算
10	工程竖向设计	建设单位、设计单位	本年3月	

表5-19　施工准备计划

序号	工作内容	实施单位	完成日期	备注
1	劳动力进场	公司劳资科	本年1月中旬至2月底	
2	临建房屋搭设	项目部	本年1月中旬至3月中旬	满足3月份施工要求
3	施工水源	建设单位	本年2月	水化实验及水源主管接出、加压泵安装
4	修建临时施工道路	项目部(机械专业分公司配合)	本年3月初	建设单位配合
5	临时水电管网布设	项目部	本年2月下旬至3月中旬	
6	落实电源，增补容量	建设单位	本年2月底	机械专业分公司配合

续表

序号	工作内容	实施单位	完成日期		备注
7	大型机具进场	机械专业分公司	搅拌机	本年2月下旬	修建临时设施，为工程使用做准备
			QT60/80塔式起重机	本年4月下旬	主体结构施工
			F0/23B塔式起重机	本年3月底	主体结构施工
			Lokomo汽车式起重机（芬兰）	本年至次年	吊装大型预制构件，随用随进场
8	组织材料、工具及构件进场	物资专业公司	本年2～3月下旬		混凝土管与院内管线构件在次年4月开始进场
9	场地平整	建设单位	本年2～3月		堆土处要平整，不影响土方开挖放线工作
10	搅拌站、井架安装	机械专业分公司	本年3月		满足施工要求

三、施工总进度计划

1. 各单位工程开、竣工时间。根据与建设单位签订的工程承包合同，结合本工程的项目准备情况，拟定各单位工程开、竣工时间，如表5-20所示。

表5-20　各单位工程开、竣工时间

序号	工程名称	计划开工日期	计划竣工日期
1	1号教学楼	本年2月15日	本年12月
2	2号教学楼	本年3月1日	次年4月30日
3	学生宿舍	本年3月1日	次年3月31日
4	浴室	本年3月1日	本年8月31日
5	学生食堂	本年4月1日	本年12年月31日
6	锅炉房	本年4月1日	次年3月31日
7	变电室	本年4月1日	本年8月31日
8	室外管线	次年4月1日	次年7月31日

2. 本项目总进度网络控制计划。

施工总进度网络控制计划

四、资源需要量计划

1. 劳动力需要量计划

根据各单位工程的建筑面积，结合工期要求，结构工程按4～5工日/平方米，装修工程按2～3工日/平方米，计算出各单位工程需要的劳动力数。考虑到框架结构与混合结构劳动力组合要求，最后确定的各单位工程劳动力需要量计划如表5-21所示。

2. 主要机械设备、工具需要量计划

主要工具需用计划如表5-22所示。主要机械设备需用计划如表5-23所示。

表5-21　各单位工程劳动力需要量计划

单位：名

工程名称 工种名称	1号教学楼	2号教学楼	学生宿舍及变电所	学生食堂	锅炉房及浴室	合计
木工	36	36	28	24	18	142
钢筋工	24	24	24	18	16	106
混凝土工	12	12	12	8	8	52
架子工	16	16	18	16	12	78
瓦工	32	32	54	14	24	156
抹灰工	42	42	56	32	16	188
油漆工	16	16	24	16	12	84
电焊工	4	4	2	2	2	14
合计	182	182	218	130	108	820

表5-22　主要用具需要量计划

序号	单位工程名称	架管/T	扣件/万个	架板/m^2	安全网/m^2	模板/m^2
1	1号、2号教学楼	450	10.63	2 700	1 800	6 850
2	学生宿舍	180	4.25	510	900	650
3	变电室	12	0.3	60	220	165
4	学生食堂	210	4.96	660	880	1800
5	浴室	86	2.03	220	720	350
6	锅炉房	94	2.22	180	686	620
	合计	1 032	24.39	4 330	5 206	10 435

注：模板考虑两层连续支模。安全网沿外架工作面满挂并设水平网。

表 5-23　主要机械设备需要计划

序号	机械名称	型　号	单位	数量	用　途
1	塔式起重机	TQ60/80	台	2	学生宿舍、2号教学楼垂直运输机械
2	塔式起重机	F0/23B	台	1	1号教学楼垂直运输机械
3	挖土机	WY-100	台	1	单位工程基坑开挖
4	推土机		台	1	场地平整
5	载重汽车	东风牌	辆	4	场内至场外水平运输
6	小翻斗车		辆	6	场内材料运输
7	混凝土搅拌机		台	2	1台自动计量
8	卷扬机		台	8	主体和装修工程塔设井字架
9	砂浆搅拌机		台	2	砌筑、装修工程搅拌砂浆
10	混凝土振捣器	插入式	台	16	混凝土工程
11	混凝土振捣器	平板式	台	4	混凝土工程
12	钢筋切断机		台	1	钢筋加工
13	钢筋弯曲机		台	1	钢筋加工
14	钢筋条直机		台	1	钢筋加工
15	对焊机		台	1	钢筋加工
16	电焊机	交流	台	6	现场钢筋焊接
17	土木圆锯		台	2	木构件加工
18	木工平面刨		台	2	木构件加工
19	抽水泵	深水	台	2	深水井抽水
20	潜水泵	QY-25 mm	台	4	雨季施工基坑抽水
21	蛙式打夯机		台	5	回填土施工
22	砂轮机		台	3	打磨工具
23	双头磨石机		台	6	现浇水磨石打磨
24	单头磨石机		台	6	现浇水磨石打磨
25	切割机		台	2	
26	电钻		台	4	

注:室外管线施工劳动力由上述单位工程劳动力抽条组合,总数160人

五、施工总平面图

1. 施工用地安排

现场东部体育场跑道作为场内的集中堆土场,中部绿化区(包括图书馆和体育馆)和北大门入口范围作为工程材料中转场地使用,工人生活区靠近西大门。

2. 施工道路规划

(1) 建设单位在进行前期准备工作的同时，已预留了一条东西向道路，并预留了大门位置，道路规划中应尽可能加以利用。因东马路系集资兴建的道路，机动车辆禁止通行，故需将原预留的东大门堵死。在施工平面布置上，计划以南门和西门作为主要施工进出口。

(2) 施工道路在规划上尽可能利用学院设计规划的正式道路位置及路床。请建设单位催促设计单位于本年 2 月提供院内竖向设计。

(3) 施工道路按一般简易公路的做法，碎石路面采用碎石和砂土混合碾压而成，其中碎石含量≥65%，沙土(当地土壤)含量≤35%。单位工程施工机具及材料堆场见单位工程施工组织设计。

3. 施工用电安排

(1) 主要用电设备

施工主要用电设备见表 5 - 24。

表 5 - 24　施工主要用电设备

序号	机械名称	数量/台	单机容量/kW
1	TQ60/80 塔式起重机	2	55.5
2	F0/23B 塔式起重机	1	70
3	卷扬机	8	11
4	混凝土搅拌机	2	10.3
5	砂浆搅拌机	5	3
6	插入式振捣器	10	1.5
7	平板式振捣器	4	0.5
8	钢筋切断机	2	10
9	钢筋弯曲机	2	3
10	钢筋调直机	1	11
11	交流电焊机	6	27
12	对焊机	1	75
13	土木圆锯	1	4
14	木工平面刨	1	3.5
15	深水泵	2	2.2
16	QY25 潜水泵	4	2.2
17	蛙式打夯机	4	2.5
18	砂轮机	6	0.5
19	双头磨石机	4	3
20	单头磨石机	4	2.2

(2) 用电计算

$$\sum P_1=588.1\ kW,\sum P_2=162\ kW,\ K_1=0.5,\ K_2=0.6,\ \cos\phi=0.75。$$

室内外照明取总用电量的15%计算,并考虑80%的机械设备同时工作,则现场总用电量为:

$$P=1.1\times[0.5\times588.1/0.75+0.6\times162]\times1.15\times0.8=495.14\ kW$$

选择配电变压器的额定功率为:

$P=500\ kW>495.14\ kW$,原有变压器200 kW不能满足施工生产、生活需要,需增加容量。

(3) 供电线路布置

为了经济起见,场内供电线路均设埋地式(深度不小于0.6 m)电缆,采用三相五线制干线,分区控制,共五路。施工区四路,采用BLX型铝芯全塑铁管电缆3 * 95+2 * 35=355平方米;通生活区一路,采用电缆为3 * 70+2 * 25=260平方米(至生活区食堂为3 * 25+2 * 10=95平方米)。

4. 施工用水安排

(1) 主要分项工程用水量

主要分项工程用水量统计如表5-25所示。

表5-25 主要分项工程用水量

分项工程名称	日工程量(Q_1)	用水定额(N_1)	用水量(I)
混凝土工程	200	1 700	340 000
砌筑工程	80	200	16 000
抹灰工程	300	30	9 000
楼地面工程	500	190	95 000
合计	1 080	2 120	460 000

(2) 施工用水计算

① 施工工程用水

$$q_1=K_1\sum Q_1N_1K_2/1.5*8*3\ 600=1.15*460\ 000*1.5/1.5*8*3\ 600\approx18.37\ (L/s)$$

② 现场生活用水

$$q_2=P_1N_1K_3/T\ *8*3\ 600=600*60*1.4/1.5*8*3\ 600\approx1.17\ (L/s)$$

③ 生活区用水

$$q_3=P_2N_3K_4/24*3\ 600=400*70*2.0/24*3\ 600\approx0.65\ (L/s)$$

④ 消防用水

$$q_4=15(L/s)$$

⑤ 管径计算

由于 $q_1+q_2+q_3=20.19(1/s)>q_4$，现场主干管流速取 $v=2.0$ m/s，则管径：

$$D=(4Q*1\,000/3.14*v)^{0.5}\approx 113.4\text{ mm}$$

故现场主干管选用¢125 黑铁管，支管选用¢50 白铁管。

(3) 现场排水

① 施工道路利用路两旁修建的排水沟排水，将积水由西向东，再向北排入拟建道路旁的排水沟内。

② 混凝土搅拌站、r 锅炉房、浴室和钢筋棚等生产临建污水直接排入拟建道路旁的排水沟内。

③ 生活区污水，如职工宿舍和食堂污水，由滤池直接排入南面水沟内。

5. 现场临建房屋规划

临建房屋类型及平面布局见施工总平面图。根据该项目施工周期较短的特点及尽可能减少临建费用的要求，在规划和搭设临建房屋时，应考虑在满足基本需要的前提下，必须对其面积和标准严加控制。现将有关问题说明如下。

(1) 本工程施工高峰人数估计达 820 人左右，生活区已考虑了 540 人的住房，可能尚有 280 人左右的住房将在花棚北面的空地内搭设，请注意予以预留。

(2) 整个项目施工用地的安排，必须服从报送规划部门同意的施工平面图要求，不得擅自修改。

(3) 各临建单体构造详见各单位施工组织设计。规划中，对临建房屋大多考虑利用部分旧材料搭设(如金属配套骨架和门窗等)，其标准应不高于单位施工组织设计要求。

(4) 为满足文明施工的需要，场内应按总平面规划示意图增设排水沟道，并保持畅通。污水应经滤池排至场外水沟内。

六、主要技术措施

1. 技术管理措施

实行项目总工程师负责制，全面解决施工中出现的技术问题。技术管理流程如图 5－4 所示。

2. 质量保证措施

(1) 现场成立技术、质量管理小组，并建立以项目经理、项目总工程师为首的质量保证体系，推行目标管理(教学楼达到“市优”，学生宿舍达到“局优”，其余工程达到“优良”标准)，并以单体工程为单位开展全面质量管理活动。

(2) 严格执行各项技术管理制度和岗位责任制度，认真按照施工图、技术规范、规程和工艺标准施工，并贯彻“三级”技术交底制。

对工程中使用的新材料、新工艺、新技术须经过批准、试验并经鉴定后方可采用。

(3) 严格执行施工质量验收，对进场原材料、成品、半成品必须实行检验和验收制度，不符合要求的原材料、成品、半成品严禁在工程中使用。

施工中应加强技术指导与检查，工程管理中实行质量一票否决制，加强三检制，上一工序不合格必须返工重做。

(4) 严格贯彻工程质量奖惩制度,加强工程质量管理。

(5) 做好整个施工现场控制桩的保护及测量放线和标高施测工作。全场统一施测,统一管理。

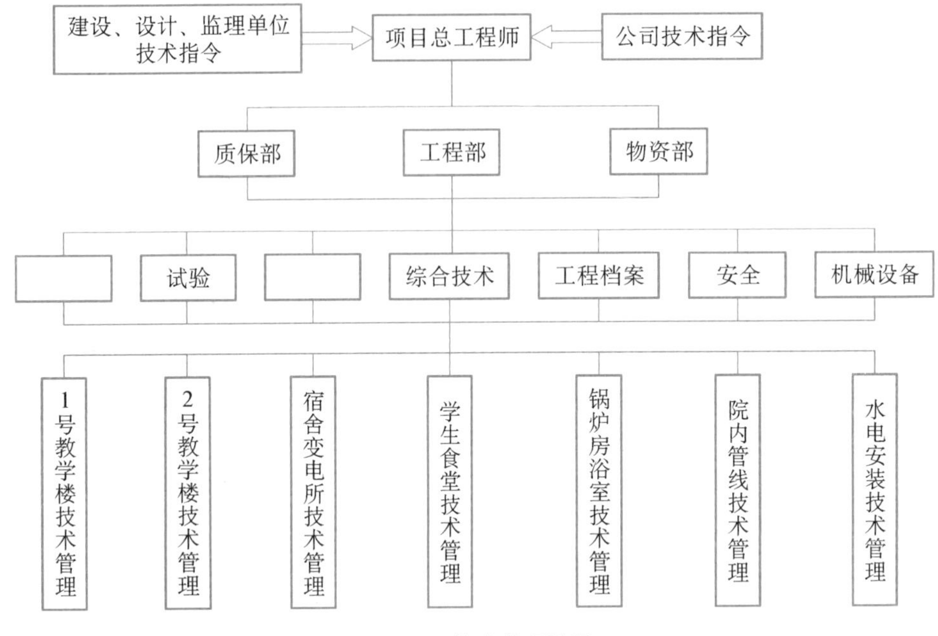

图 5－4 技术管理流程

3. 安全、消防措施

(1) 施工现场成立以项目经理为核心的安全、消防领导小组,设专职和兼职安全消防人员,形成安全消防保证体系。整个工地每周应进行一次安全消防大检查,以消除事故隐患。

(2) 按照建设主管部门关于文明施工的规定,开工前应将有关安全生产、消防、卫生的规章制度及现场施工平面布置图、卫生区责任图和临时用电定点图在工地西大门旁用展板公布。

(3) 凡进入施工现场的管理人员,必须参加安全考试并取得合格证书;各项工程开工前应做好安全交底工作,未进行安全交底的一律不准施工;特殊工种工人必须持证上岗;所有从业人员必须佩戴符合安全规定的劳动保护用品。

对新进场的工人和新分配来的大学生,应组织学习公司颁发的《安全手册》和建设主管部门有关安全生产的规定,考试合格后才能上岗。

(4) 单位工程用电容量大于 50 kW 时,应编制用电施工组织设计;50 kW 以内应做安全用电技术措施方案和安全防火措施。

(5) 塔式起重机的安全装置(四限位、两保险)必须齐全有效,不能带病运转。塔机操作人员必须经常检查塔机的螺栓部件并认真执行保修制度,严禁违章作业。

(6) 井字提升架的布置及其主体设计由工程部在单位施工组织设计中明确;动力部分设计及使用管理,由机械专业分公司统一负责。井字提升架应有超高限位、防坠落装置和进出口安全防护及防雷接地接零的设施,并要经常派人检查螺栓松紧和卷扬机运转情况,发现问题及时处理。卷扬机设专人操作、维修,其限位装置必须齐全、完好。吊笼起吊严格执行“三不准”制度,严禁吊笼载人运行,要有防止坠落措施。

(7) 首层出入口醒目处，应设置安全生产标志，建立安全责任区；建筑物四周、跑梯四周和楼层内若有较大的孔洞，应挂设安全网和护栏设施。严禁酒后参加施工作业。

(8) 建筑物外脚手架搭设应符合操作规程规定。工作面上应满铺架板，严禁有探头板出现；上人斜道坡度不大于 1∶3，宽度不小于 1 m，斜道上钉间距 300 mm 的防滑木条。

(9) 对结构吊装承重平台和运输马道必须专门设计，经技术、安全人员验收合格后方可使用。

(10) 对于有易燃易爆物品的施工场所，严禁使用明火；必须使用时，需经消防部门批准并采取适当的保护措施。电焊机应单独设置开关，焊接处不能有易燃物，操作时应设专人看管。

(11) 各种机械设备应严格执行安全操作规程和岗位责任制，非操作人员严禁擅自动用。

(12) 各单位工程楼梯入口处，应设置消防箱，配备各种消防器材。生活区和生产区应按总平面要求布置消防栓，并单独设置阀门开关，施工中严禁动用。

4. 冬期雨期施工措施

(1) 冬期施工措施

① 提前做好人力、物力准备，组织对司炉、测温、外加剂使用人员、工长等专业人员的技术培训，做好冬施技术交底。冬施准备工作要列入施工计划。

② 工程部组织有关人员对本工程各栋号的冬施项目进行统一审查，分年编制冬期施工方案，并由项目总工程师指导督促工地贯彻执行。

③ 冬期混凝土采用综合蓄热法施工，即混凝土采用热水搅拌，掺入抗冻剂和早强剂并加岩棉被覆盖保温；墙体砌筑采用抗冻砂浆，限制昼夜砌筑高度，同时对砌体进行覆盖保温。为确保合同工期及综合经济效益，凡属次年 5 月竣工的 4 个单体工程，其装修湿作业项目必须在本年年底全部完成，达到基本竣工程度。

④ 冬期尽可能不安排土方回填、屋面防水和室外散水等项目施工，必须安排时应制定专门的质量保证措施。砌筑工程应以各单位工程的楼层为单位，并在冬季到来之前完成楼层的封闭工作，为冬季室内装修创造条件。

⑤ 冬季到来之前应做好施工现场水管、水龙头、消防栓、蒸汽管和混凝土搅拌站等的保温工作，并做好冬施防火、防中毒、防冻、防滑和防爆工作。

(2) 雨期施工措施

① 现场成立雨期施工领导小组和防洪抢险队，设专人值班，做到及时发现，及时改进，消除隐患。

② 做好雨期施工准备工作。雨季到来之前一个月，应对各种防雨设备、器材、临时设施与临建工程进行检查、修整；现场内的排水沟，应经常有人疏通，以保证现场和生活区积水及时排除。

③ 本工程地势低洼(较设计±0.000 低 100 cm)，故现场临建设施和施工道路应较自然地坪垫高 80 cm 以上，防止雨水浸泡，影响使用。

④ 地下结构施工期间，应保证坑底周围排水沟和坑上排水沟畅通无阻，流入集水井内的水应及时抽出坑外；室外回填土应避免安排在雨期进行。

⑤ 现场内的控制桩、塔式起重机基础等要做好保护措施，避免被雨水浸泡后发生沉降。

⑥ 施工遇大雨或暴雨时，应停止浇混凝土并用塑料布加以遮盖。混凝土浇筑应避免安排在雨天进行。

⑦ 雨后应安排专人测定砂、石含水率，及时调整混凝土和砂浆的用水量。

⑧ 注意雨期的安全生产。雨期施工期间，要保证配电箱和场内电器设备不进水、不受雨淋：现场配电箱设置在距地面 1.5 m 处，电器设备基础顶面高出地面 50 cm；雨后应对一切外用照明、电器设备、脚手架和塔吊井字架等组织专人检查，确认安全后方可使用。

5. 降低成本措施

（1）采用对焊、气压焊接长钢筋，推广≯22 以上钢筋连续下料，达到节约钢筋的目的。

（2）在混凝土拌合中掺入减水剂，减少水泥用量。

（3）利用定型组合钢模板支模，降低木材消耗。

（4）在砌筑、抹灰砂浆中掺入粉煤灰和微沫剂，减少水泥和石灰用量。

（5）推广混凝土地面一次抹灰成型技术。

（6）顶棚和混凝土墙面抹灰使用混凝土界面处理剂，加气混凝土块墙面抹灰使用 YH－2 型防裂剂，减少抹灰厚度，降低工程成本。

【情境解决】

参考方案：

1. 扫码查看总进度计划

1. 总进度计划
2. 平面布置图

2.（1）施工用水：

$$q_1=\frac{1.15\sum Q_1N_1K_1}{t\times 8\times 3\,600}=\frac{1.15(70\times 50\times 1.5)}{1\times 8\times 3\,600}=0.21(\text{L/s})$$

（2）施工现场生活用水：

$$q_2=\frac{P_1N_3K_4}{t\times 8\times 3\,600}=\frac{50\times 70\times 1.5}{1\times 8\times 3\,600}=0.182(\text{L/s})$$

（3）生活区用水：

$$q_3=\frac{P_2N_4K_5}{24\times 3\,600}=\frac{50\times 100\times 2.25}{24\times 3\,600}=0.13(\text{L/s})$$

（4）消防用水：施工区工程小于 25 ha，按 25 ha 消防用水考虑。

$$q_4=10(\text{L/s})$$

$$q_1+q_2+q_3=3.66(\text{L/s})<10(\text{L/s})$$

故 $Q=q_4=10(\text{L/s})$

（5）水管总管径计算：

$$D=\sqrt{\frac{4q_4}{1\,000\pi V}}=\sqrt{\frac{4\times 10}{1\,000\times 3.14\times 2.5}}=71\text{ mm}$$

（6）生产用水管径计算：

$$d_1=\sqrt{\frac{4q_1}{1\,000\pi V}}=\sqrt{\frac{4\times 1.47}{1\,000\times 3.14\times 2}}=0.030\,6(\text{m})\approx 31\text{ mm}$$

(7) 生活用水计算：

$$d_2=\sqrt{\frac{4q_1}{1\,000\pi V}}=\sqrt{\frac{4\times1.276}{1\,000\times3.14\times2}}=0.028\,5(\text{m})\approx29\text{ mm}$$

从计算结果得出，供水管径采用DN100镀锌管。水源从现场临时给水管接入。各楼层可用支管接至施工点，保证主楼的施工用水。根据总平面布置图铺设，水管穿越道路时应有一定的埋置深度，并穿套管保护，根据不同阶段的施工要求，敷设临时用水管路。为满足各施工层用水，保证施工安全，每三层设置一个消防水龙头，在场地内布置一定数量的临时消防龙头。

3. 扫码下载施工总平面图

一、单项选择题

1. 施工组织总设计的编制依据不包括(　　)。

A. 计划批准文件及有关合同的规定　　B. 设计文件及有关规定

C. 建设地区的工程勘察资料　　D. 单位工程施工组织设计

2. 施工部署编制内容不包括(　　)。

A. 确定项目展开程序　　B. 施工任务划分与组织安排

C. 制定管理程序　　D. 拟定核心工程的施工方案

3. 编制施工组织总设计时，需要进行：① 全部工程施工部署；② 主要工种工程量的计算；③ 编制主要资源供应计划；④ 编制施工总进度计划。对上述4项工作正确程序是(　　)。

A. ②→③→①→④　　B. ②→①→④→③

C. ②→①→③→④　　D. ④→②→③→①

4. 施工组织总设计中要报定一些核心工程项目，核心工程项目是指(　　)。

A. 工程量小　　B. 施工工期短

C. 影响全局的特殊分项工程　　D. 影响紧后工作最早开始的工程

5. 编制施工准备工作总计划不包括内容(　　)。

A. 编制劳动力需求计划

B. 水、电来源及其引入方案

C. 落实建筑材料，加工品、构配件的货源和运输

D. 组织新材料、新技术、新工法和运输储存方式，新工艺试验和人员培训

二、多项选择题

1. 施工组织总设计的主要作用有(　　)。

A. 为建设项目或项目群的施工做出全局性的战略部署

B. 为确定设计方案的施工可行性和经济合理性提供依据

C. 导出单位工程施工全过程各项活动的经济文件

D. 为做好施工准备工作保证资源供应提供依据

2. 施工组织总设计编制的内容包括(　　)。

A. 施工总进度计划　　B. 施工资源需要量计划

C. 施工方案　　D. 施工总平面图和主要技术经济指标

E. 施工准备工作计划

3. 施工部署中应解决(　　)问题。

A. 确定项目开展程序　　B. 拟订各工程项目的施工方案

C. 明确施工任务划分与组织安排　　D. 编制施工准备工作计划

E. 编制工程概况

4. “三通一平”是指(　　)。

A. 水通　　B. 路通　　C. 电通　　D. 平整场地

E. 气通

5. 网络计划中工作之间的先后关系叫作逻辑关系,它包括(　　)。

A. 工艺关系　　B. 组织关系　　C. 技术关系　　D. 控制关系

E. 搭接关系

三、简答题

1. 简述施工组织总设计的作用和编制依据。
2. 简述施工组织总设计的内容和编制程序。
3. 施工组织总设计中的工程概况包括哪些内容?
4. 施工部署中应解决哪些问题?
5. 简述如何确定工程开展程序。
6. 施工总平面图设计的依据包括哪些?
7. 简述施工总进度计划的编制步骤。
8. 资源需要量计划包括哪些内容?
9. 施工总平面图的内容包括哪些?
10. 施工总平面图的设计原则是什么?

答案扫一扫

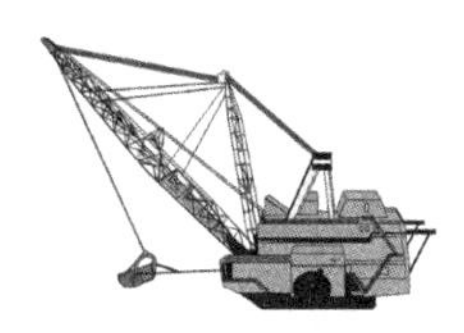

情境六 单位工程施工组织设计

知识目标

1. 熟悉单位工程施工组织设计的基本概念、编制依据与原则、编制程序与内容。
2. 掌握单位工程施工程序及施工顺序、施工起点及流向确定方法。
3. 掌握施工方法及施工机械选择及各项技术组织措施的制定方法。
4. 掌握单位工程施工进度计划及资源需要量计划的编制方法。
5. 掌握单位工程施工平面图的设计方法。

能力目标

能够参与编制施工部署，能够编制单位工程施工进度计划和主要资源配置计划，能够进行主要施工方案的选择及单位工程施工平面的布置。

素养目标

1. 树立全局观、大局观，培养综合安排项目和资源的能力。
2. 形成善于思考的良好习惯，培养分析和解决问题的能力。

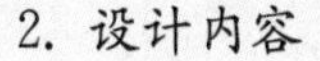

设计完成该工程施工平面布置图。

1. 工程概况

本项目拟建建筑为高层住宅楼，采用装配整体式混凝土剪力墙结构，连接方式采用钢筋套筒灌浆连接技术，建筑总高52.5米，地上18层，建设用地位于上海路与北京路交叉口，其他情况见场地平面图。（扫码下载项目图纸）

扫码下载项目图纸

2. 设计内容

(1) 主要的工程施工项目；

(2) 为工程施工服务的临时设施及其位置；

(3) 施工管理机构；

(4) 工地附近与施工有关的永久性建筑设施;

(5) 重要的地形地物;

(6) 其他与施工有关的内容,如安全文明施工。

3. 场地设计要求

(1) 围墙:材质(砌块)、宽度(240)、高度(2500)、偏心距(120)、设安全文明施工标语;

(2) 施工大门1:设置员工通道,门材质(电动门);

(3) 生活区大门采用两根立柱来代替;

(4) 劳务宿舍:活动板房、2层、每层2~6间,楼梯位于两侧;

(5) 办公楼:活动板房、2层、每层4间、蓝色、楼梯位于两侧;

(6) 餐厅:活动板房、1层、每层6间、蓝色、要求餐厅前种植草坪;

(7) 厕所:封闭式临时房屋、1层、2间、蓝色;

(8) 钢筋加工棚和模板加工棚:敞篷式临时房屋、红色、需要旁边放置消防箱;

(9) 砂石库房、水泥库房、模板库房、钢筋原材库房、钢筋成品库房:封闭式临时房屋、无窗、红色;

(10) 除了蓝色的外边框不用画之外,图中的其他内容都需绘制;

(11) 以上说明没有特别描述的按照软件系统默认值填写;

(12) 没有给出大小的单位按照底图大小进行绘制。

微课

单位工程施工组织设计概述

任务1 概 述

一、单位工程施工组织设计的概念

单位工程施工组织设计就是以单位工程为主要对象编制的施工组织设计,对单位工程的施工过程起指导和制约作用。

单位工程施工组织设计是一个工程的战略部署,是宏观定性的。体现指导性和原则性的,是用来指导拟建工程施工全过程中各项活动的技术、经济和组织的综合性文件。它是对拟建工程在人力和物力、技术和组织、时间和空间上做出全面合理的计划,及组织施工、指导施工活动的重要依据,是对项目施工活动实行科学管理,保证工程项目安全、快速优质、高效、全面完成的重要手段,对工程项目施工的顺利实施是必不可少的。

施工组织设计从其作用上看总体有两大类:一类是施工企业在投标时所编写的施工组织设计,另一类是中标后编写的用于指导整个施工用的施工组织设计,这里主要介绍后者。

二、单位工程施工组织设计的作用

施工企业在施工前应对每一个施工项目编制详细的施工组织设计。其作用主要有以下几个方面。

（1）施工组织设计为施工准备工作做出了详细的安排，施工准备是单位工程施工组织设计的一项重要内容。在单位工程施工组织设计中对以下的施工准备工作提出了明确的要求或做出详细. 具体的安排。

① 熟悉施工图纸，了解施工环境。

② 施工项目管理机构的组建、施工力量的配备。

③ 施工现场“三通一平”工作的落实和进场安排。

④ 各种建筑材料的现场布置。

⑤ 施工设备及起重机等的准备和线。

⑥ 提出预制构件、门、窗以及预埋件等的数量和需要日期。

⑦ 确定施工现场临时仓库、工棚、办公室、机具房以及宿舍等的面积，并组织进场。

（2）施工组织设计对项目施工过程中的技术管理做出了具体安排。单位施工组织设计是指导施工的技术文件，可以针对以下 6 个主要方程中的技术管理做出重方面的技术方案和技术措施做出详细的安排，用以指导施工。

① 结合具体工程特点，提出切实可行的施工方案和技术手段。

② 各分部(分项)工程以及各工种之间的先后施工顺序和交叉搭接。

③ 对各种新技术及较复杂的施工方法所必须采取的有效措施与技术规定。

④ 设备安装的进场时间以及与土建施工的交叉搭接。

⑤ 施工中的安全技术和所采取的措施。

⑥ 施工进度计划与安排。

总之，从施工的角度看，单位工程施工组织设计是科学组织单位工程施工的重要技术、经济文件，也是建筑企业实现管理科学化，特别是施工现场管理的重要措施之一。同时，它也是指导施工和施工准备工作的技术文件，是现场组织施工的计划书、任务书和指导书。

三、单位工程施工组织设计的编制依据

（1）上级领导机关对该工程的有关批示文件和要求，建设单位的意图和要求，工程承包合同等。

（2）施工组织总设计。当单位工程为建筑群的一个组成部分时，则该建筑物的施工组织设计必须按照施工组织总设计的各项指标和任务要求来编制，如进度计划的安排应符合总设计的要求等。

（3）施工图及设计单位对施工的要求。其中包括单位工程的全部施工图样、会审记录和相关标准图等有关设计资料。对较复杂的工业建筑、公共建筑和高层建筑等，还应了解设备图样和设备安装对土建施工的要求，设计单位对新结构、新技术、新材料和新工艺的要求。

（4）施工现场条件和地质勘查资料。如施工现场的地形、地貌、地上与地下障碍物以及水文地质、水准点、气象条件交通运输道路施工现场可占用的场地面积等。

（5）材料、预制构件及半成品供应情况。主要包括工程所在地的主要建筑材料构配件、半成品的供货来源、供应方式及运距和运输条件等。

（6）劳动力配备情况，一方面是企业能提供的劳动力总量和各专业工种的劳动力人数，另一方面是工程所在地的劳动力市场情况，各种材料、构件加工品的来源及供应条件，施工机械的配备及生产能力。

(7) 施工企业年度生产计划对该工程项目的安排和规定的有关指标。如开工、竣工时间及其他项目穿插施工的要求等。

(8) 本项目相关的技术资料。包括标准图集、地区定额手册、国家操作规程及相关的施工与验收规范、施工手册等,同时包括企业相关的经验资料、企业定额等。

(9) 建设单位的要求。包括开工、竣工时间,对项目质量、建材的要求,以及其他的一些特殊要求等。

(10) 建设单位可能提供的条件。如现场"七通一平"情况临时设施以及合同中的定的建设单位供应的材料、设备的时间等。

(11) 建设用地征购、拆迁情况,施工执照,国家有关规定规范规程和定额等。

四、单位工程施工组织设计的编写原则

1. 做好施工现场相关资料的调查工作

工程技术资料等原始资料是编制施工组织设计的主要依据,要求其必须全面、真实、可靠,特别是材料供应运输及水、电供应的资料。有了完整、准确的资料,就可以根据实际条件制定方案和进行方案优选。

2. 合理划分施工段和安排施工顺序

为了科学地组织施工,满足流水施工的要求,应将施工对象划分成若干个合理的施工段。同时,按照施工客观规律和建筑产品的工艺要求安排施工顺序,这也是编制单位工程施工组织设计的重要原则。在施工组织设计中一般应将施工对象按工艺特征进行分解,以便组织流水作业,使不同的施工过程尽量进行平行搭接施工。同施工工艺(施工过程)连续作业,可以缩短工期,减少窝工现象。当然在组织施工时,应注意安全。

3. 采用先进的施工技术和施工组织措施

提高企业劳动生产率,保证工程质量,加快施工进度. 降低施工成本,减轻劳动强度等需要先进的施工技术。但选用新技术和新方法应从企业实际技术水平出发,以实事求是的态度,在充分调查研究的基础上,经过科学分析和技术经济论证,既要保证其先进性,又要保证其适用性和经济性。在采用先进施工技术的同时,也要采用相应的科学管理方法,以提高企业人员的技术水平和整体实力。

4. 专业工种的合理搭接和密切配合

施工组织设计要有预见性和计划性,既要使各施工过程、专业工种顺利进行施工,又要使它们尽可能地实现搭接和交叉,以缩短工期。有些工程的施工中,一些专业工种既相互制约又相互依存,这就需要各工种间密切配合。高质量的施工组织设计应对专业工种的合理搭接和密切配合做出周密的安排。

5. 充分做好施工前的计划编制工作

编制工程施工劳动力需求计划、施工机具使用计划、材料需求量计划、施工进度计划等,是一项科学性极强,要求相当严谨的工作。这些计划应以该项目的分项工程工作量为基础,用定额进行测算拟定. 计划的编制目标为节能降耗和高效。

6. 进行施工方案的技术经济分析

对主要工种工程的施工方案和主要施工机械的选择方案进行论证和技术经济分析,优选出经济上合理、技术上先进且符合现场实际要求的施工方案。

五、单位工程施工组织设计的编制程序

单位工程施工组织设计的编制程序是指各组成部分间形成的先后次序以及相互制约的关系。如图 6－1 所示。

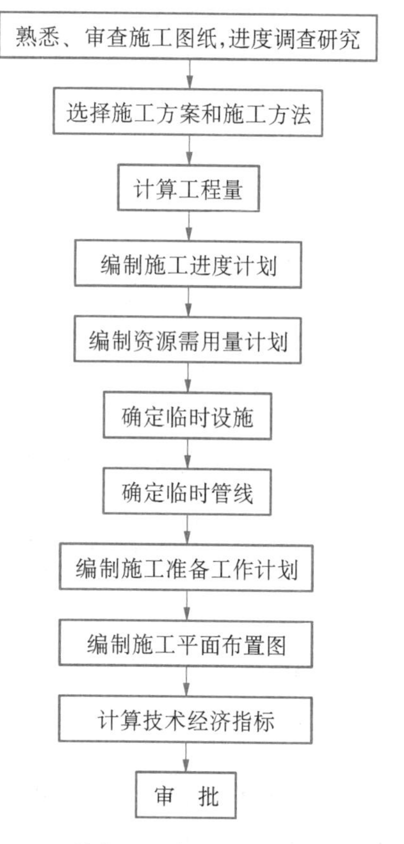

图 6－1　单位工程施工组织设计编制程序

六、单位工程施工组织设计的内容

1. 工程概况及施工特点分析

工程概况和施工特点分析包括工程，工程建设地点特征，建筑，结构设计概况，施工条件和工程施工特点分析五方面内容。

(1) 工程建设概况

主要介绍拟建工程的建设单位，性质，用途和建设的目的，资金来源及工程造价，开工，竣工日期，设计单位，监理单位，施工图纸情况，施工合同是否签订，上级有关文件或要求，以及组织施工的指导思想等。

(2) 工程建设地点特征

主要介绍拟建工程的地理位置，地形，地貌，地质，水文，气温，冬雨期时间，主导风向，风力和抗震设防烈度等。

(3) 建筑、结构设计概况

主要根据施工图纸，结合调查资料，简单概括工程全貌，综合分析，突出重点问题。对新结构、新技术、新工艺及施工的难点重点说明。

建筑设计概况主要介绍拟建工程的面积、平面形状和平面组合情况、层数、层高、总高、总长、总宽等尺寸及室内外装修的情况。

结构设计概况主要介绍基础的形式、主体结构的类型，墙、柱、梁、板的材料及截面尺寸，预制构件的类型及安装位置，楼梯构的类型及形式等。

(4) 施工条件

主要介绍“三通一平”的情况，当地交通运输条件，资源生产及供应情况，施工现场大小及周围环境情况，预制构件生产及供应情况，施工单位机械、设备、劳动力的落实情况，内部承包方式、劳动组织形式及施工管理水平，现场临时设施、供水、供电问题的解决。

(5) 工程施工特点分析

主要介绍拟建工程施工特点和施工中关键问题、难点所在，以便突出重点、抓住关键，使施工顺利进行，提高施工单位的经济效益和管理水平。

2. 施工方案

主要包括确定各分部分项工程的施工顺序、施工方法和选择适用的施工机械、制订主要技术组织措施。详见本书第二单元。

3. 单位工程施工进度计划表

主要包括确定各分部分项工程名称、计算工程量、计算劳动量和机械台班量、计算工作延续时间、确定施工班组人数及安排施工进度，编制施工准备工作计划及劳动力、主要材料、预制构件、施工机具需要量计划等内容。

4. 资源需求量计划

包括材料需用量计划、劳动力需求用量计划、构件及半成品需求量计划，机械需求量计划、运输量计划等。

5. 单位工程施工平面图

主要包括确定起重、垂直运输机械、搅拌站、临时设施、材料及预制构件堆场布置，运输道路 布置，临时供水、供电管线的布置等内容。

6. 主要技术经济指标

要包括工期指标、工程质量指标、安全指标、降低成本指标等内容。

微课

工程概况与施工条件

任务 2　工程概况与施工条件

工程概况是对拟建工程的工程特点、建设地点特征、施工特点、施工目标及项目组织机构等做一个简要、突出重点的文字介绍。工程概况的表达形式可以是文字或表格，最好配有简要图纸。

编写工程概况的目的：一是做到编制者心中有数，以便合理选择方案，提出相应措施；二是做到审批人了解情况，以判断方案的可行性、合理性、经济性、先进性。

工程概况的内容包括工程特点建设地点特征、施工条件施工特点分析和管理组织结构等几个方面。

1. 工程特点

(1) 工程建设概况

单位工程施工组织设计刚开始就应对建设单位，建设地点，工程性质、名称、用途，资金来源及造价，开/竣工日期，设计单位，施工总分包单位，上级有关文件、要求，施工图纸情况，施工合同是否签订等做出简单介绍。

(2) 建筑设计概况

① 建筑设计

建筑设计概况说明总建筑面积以及地上和地下部分的建筑面积、层数、层高；明确槽口高度、基础埋深和轴网尺寸：应介绍地下部分和首层、标准层、屋面层的层高与功能；应明确防水要求，说明建筑防火设计和抗震设计要求：注明内、外装饰及屋面的做法；并附上平面、立面、剖面图。

② 结构设计

结构设计概况应说明建筑结构设计等级、使用年限；明确抗震设防等级；注明土质情况、渗透系数、持力层的情况；注明地下水位；明确基础类型、做法、埋深及设备基础形式；注明地下室主要部位的结构参数、混凝土的强度等级，说明主体结构的体系和类型、预制构件类型、屋面结构类型；注明砌体工程的部位和使用材料。

③ 设备安装设计

设备安装设计概况应主要说明建筑采暖卫生与煤气工程、电器安装工程、通风与空调工程、电气安装工程消防. 监控及楼宇自动化等设计要求和系统做法应说明使用的特殊设备。

2. 建设地点特征

建设地点特征主要包括拟建工程的位置、地形、工程地质、水文地质条件；当地气温、风力、主导风向，雨量、冬雨季时间，冻层深度等。

3. 施工条件

施工条件主要包括拟建工程的“七通一平”的完成情况；场地周围环境；劳动力、材料、构件、加工品、机械供应和来源；施工技术和管理水平；现场暂设工程的解决办法等。

4. 施工特点分析

简要介绍拟建工程的施工特点和施工中的关键问题，以便在选择施工方案、组织资源供应、配备技术力量以及在施工组织上采取有效措施时，保证工程的顺利开展。

5. 管理组织结构

管理组织结构主要包括确定施工管理组织目标、施工管理工作内容、施工管理组织机构，制定施工管理工作流程和考核标准等；同时还要确定组织机构形式、组织管理层次，制定岗位职责，选派管理人员等。

微课

施工方案的设计

任务3　施工方案的设计

施工方案的选择是单位工程施工组织设计中的重要环节，是决定整个工程全局的关键。施工方案选择恰当与否，将直接影响到单位工程的施工效率、进度安排、施工质量、施工安全、工期长短。因此，我们必须在若干个初步方案的基础上进行认真分析比较，力求选择出一个最经济、最合理的施工方案。

在选择施工方案时应重研究以下四个方面的内容：确定各分部分项工程的施工顺序；确定主要分部分项工程的施工方法和选择适用的施工机械；制定主要技术组织措施；进行流水施工。

一、施工顺序的确定

1. 确定合理的施工顺序应遵循的基本原则和基本要求

施工顺序是指工程开工后各分部分项工程施工的先后次序。确定施工顺序既是为了按照客观的施工规律组织施工，也是为了解决工种之间合理搭接，在保证工程质量和施工安全的前提下，充分利用空间，以达到缩短工期的目的。在实际工程施工中，施工顺序可以有多种。不仅不同类型建筑物的建造过程有着不同的施工顺序；而且在同一类型的建筑工程施工中，甚至同一幢房屋的施工，也会有不同的施工顺序，这也是建筑工程项目的特点造成的；因此，本节的基本任务就是如何在众多的施工顺序中，选择出既符合客观规律，又经济合理和施工顺序。

(1) 施工顺序应遵循的基本原则

① 先地下，后地上。指的是在地上工程开始之前，把管道、线路等地下设施、土方工程和基础工程全部完成。坚固耐用的建筑需要有一个坚实的基础，从工艺的角度考虑，也必须

先地下后地上，地下工程施工时应先深后浅，这样可以避免对地上部分施工产生干扰，从而带来施工不便，造成浪费，影响工程质量。

② 先主体，后围护。指的是框架结构建筑和装配式单层工业厂房施工中，先进行主体结构施工，后完成围护工程。同时，框架主体结构与围护工程总的施工顺序上要合理搭接，一般来说，多层建筑以少搭接为宜，而高层建筑则应尽量搭接施工，以缩短施工工期；而装配式单间工业厂房主体结构与围护工程一般不搭接。

③ 先结构，后装修。是对一般情况而言，有时为了缩短施工工期，也可以有部分合理的搭接。

④ 先土建后设备。指的是不论是民用建筑还是工业建筑，一般来说，土建施工应先干水、暖、煤、卫、电等建筑设备的施工。但它们之间更多的是穿插配合关系，尤其在装修阶段，要从保证施工质量、降低成本的角度，处理好相互之间的关系。

以上原则并不是一成不变的，在特殊情况下，如在冬期施工之前，应尽可能完成土建和围护工程，以利于施工中的防寒和室内作业的开展，从而达到改善工人的劳动环境、缩短工期的目的；又如大板建筑施工，大板承重结构部分和某些装饰部分宜在加工厂同时完成。因此，随着我国施工技术的发展、企业经营管理水平的提高，以上原则也在进一步完善之中。

（2）确定施工顺序的基本要求

① 必须符合施工工艺的要求。建筑物在建造过程中，各分部分项工程之间存在着一定的工艺顺序关系，它随着建筑物结构和构造的不同而变化，应在分析建筑物个分部分项工程之间的工艺关系的基础上确定施工顺序。例如：基础工程未做完，其上部结构就不能进行，垫层须在土方开挖后才能施工；采用砌体结构时，下层的墙体砌筑完成后方能施工上层楼面；

② 必须与施工方法协调一致。例如：在装配式单层工业厂房施工中，如采用分件吊装法，则施工顺序是先吊装柱、再吊装梁、最后吊装各个节间的房架及屋面板等；如采用综合吊装法，则施工顺序为一个节间全部构件吊装完成后，再依次吊装下一个节间，直至构件吊装完。

③ 必须考虑施工组织的要求。例如：有地下室的高层建筑，其地下室地面工程可以安排在地下室顶板施工前进行，也可以安排在地下室顶板施工后进行。从施工组织方面考虑，前者施工较方便，上部空间宽敞，可以利用吊装机直接将地面施工用的材料运送到地下室；而后者，地面材料运输和施工，就比较困难。

④ 必须考虑施工质量的要求。在安排施工顺序时，要以保证和提高工程质量为前提，影响工程质量时，要重新安排施工顺序或采取必要的技术措施。例如：屋面防水层施工，必须等找平层干燥后才能进行，否则将影响防水工程的质量，特别是柔性防水层的施工。

⑤ 必须考虑当地的气候条件。例如：在冬季和雨季施工到来之前，应尽量先做基础工程、室外工程、门窗玻璃工程，为地上和室内工程施工创造条件。这样有利于改善工人的劳动环境，有利于保证工程质量。

⑥ 必须考虑安全施工的要求。在立体交叉、平行搭接施工时，一定要注意安全问题。例如：在主体结构施工时，水、暖、煤、卫、电的安装与构件、模板、钢筋等的吊装和安装不能在同一个工作面上，必要时采取一定的安全保护措施。

2. 多层砌体结构民用房的施工顺序

多层砌体结构民用房屋的施工，按照房屋结构各部位不同的施工特点，可分为基础工程、主体工程、屋面及装修工程三个施工阶段，如图 6-2 所示。

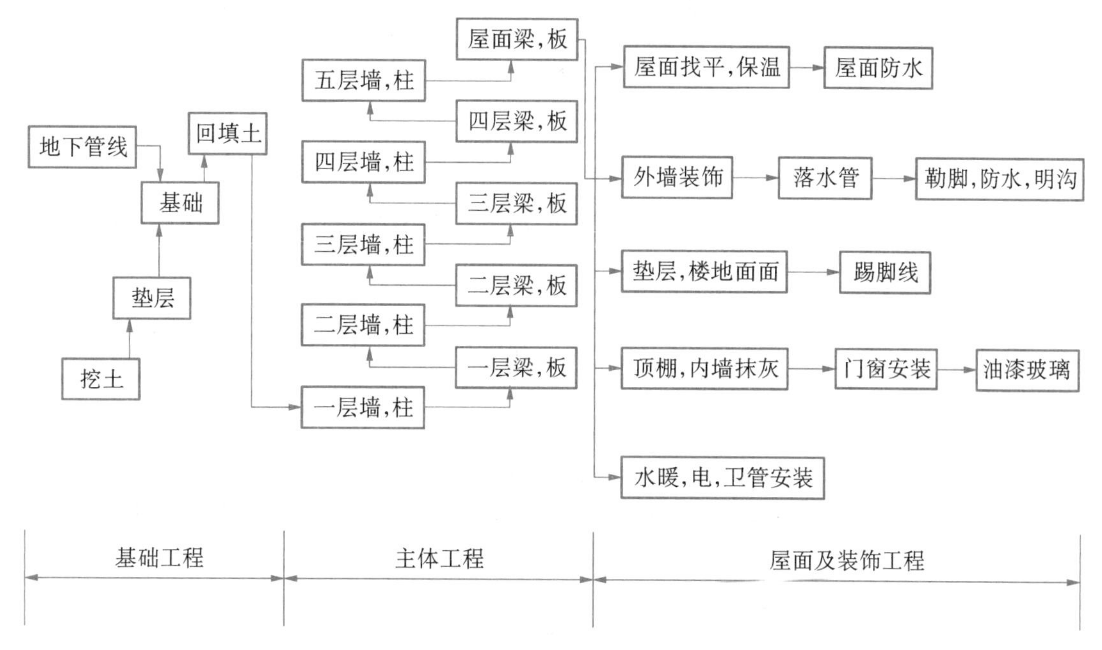

图 6－2　多层砌体结构民用房屋施工顺序示意图

(1) 基础工程阶段

基础工程是指室内地面以下工程。其施工顺序比较容易确定，一般是：挖土方→垫层→基础→回填土。具体内容视工程设计而定。如有桩基础工程，应另列桩基础工程。如有地下室则施工过程和施工顺序一般是：挖土方→垫层→地下室底板→地下室墙、柱结构→地下室顶板→防水层及保护层→回填土。但由于地下室结构、构造不同，有些施工内容应有一定的配合和交叉。

在基础工程施工阶段，挖土方与做垫层这两道工序，在施工安排上要紧凑，时间间隔不宜太长，必要时可将挖土方与做垫层合并为了一个过程。在施工中，可以采取集中兵力，分段流水进行施工，以避免基槽（坑）土方开挖后，因垫层施工未能及时进行使基槽（坑）浸水或受冻害，从而使地基承载力下降，造成工程质量事故或引起工程量、劳动力、机械等资源地增加。同时还应注意混凝土垫层施工后必须有一定的技术间歇时间，使之具有一定强度后再进行下道工序的施工。各种管沟的挖土、铺设等施工过程，应尽可能与基础工程施工配合，采取平行搭接施工，回填土一般在基础工程工后一次性分层、对称夯填，以避免基础受到浸泡并为后一道工序施工创造条件。当回填土工程量较大且工期较紧时，也可将回填土分段施工并与主体结构搭接进行，室内回填土可安排在室内装修施工前进行。

(2) 主体工程阶段

主体工程是指基础工程以上，屋面板以下的所有工程。这一施工阶段的施工过程主要包括：安装起重垂直运输机械设备，搭设脚手架，砌筑墙体，现浇柱、梁、板、雨篷、阳台、楼梯等施工内容。

其中砌墙和现浇楼板是主体工程施工阶段的主导过程。两者在各楼层中交替进行，应注意使它们在施工中保持均衡、连续、有节奏地进行，并以它们为主组织流水施工，根据每个施工段的砌墙和现浇楼板工程量、工人人数、吊装机械的效率、施工组织安排等计算确定流水节拍大小，而其他施工过程则应配合砌墙和现浇楼板组织流水施工，搭接进行。如脚手架搭设要配合砌墙和现浇楼板逐段逐层的进行；其他现浇钢筋混凝土构件支模、绑扎钢筋可安排在现浇楼板的同时间或砌墙体的最后一步插入，要及时做好模板、钢筋的加工制作，以免影响后续工程的按期投入。

(3) 屋面及装修工程阶段

屋面及装修工程是指屋面板完成以后的所有工作，这一施工阶段的施工特点是：施工内容多、繁、杂；有的工程量大而集中，有的工程量小而分散；劳动消耗大，手工作业多，工期较长。因此，妥善安排屋面及装修工程的施工顺序，组织立体交叉流水作业，对加快工程进度有着特别重要的现实意义。

屋面工程的施工，应根据屋面的设计要求逐层进行。例如：柔性屋面的施工顺序按照隔汽层→保温层→隔汽层→柔性防水层→保护隔热层的顺序依次进行。刚性屋面按照找平层→保温层→找平层→刚性防水层→隔热层的施工顺序依次进行，其中细石混凝土防水层、分仓缝施工应在主体结构完成后尽快完成，为顺利进行室内装修创造条件。为了保证屋面工程质量，防止屋面渗漏，屋面防水在南方做成"双保险"，即既做刚性防水层，又做柔性防水层，但也应精心施工，精心管理。屋面工程施工在一般情况下不划分流水段，它可以和装修工程搭接施工。

装修工程的施工可分为室外装修(檐沟、女儿墙、外墙、勒脚、散水、台阶、明沟、雨水管等)和室内装修(顶棚、墙面、楼面、踢脚线、楼梯、门窗、五金、油漆及玻璃等)两个方面和内容。其中内、外墙及楼、地面的饰面是整个装修工程施工的主导过程，因此，要着重解决饰面工作的空间顺序。

根据装饰工程的质量、工期、施工安全以及施工条件，其施工顺序一般有以下几种：

① 室外装修工程

室外装修工程一般采用自上而下的施工顺序，是在屋面工程全部完工后，室外抹灰从顶层至底层逐向下进行。其施工流向一般为水平向下，如图 6-3 所示。采用这种顺序的优点是：可以使房屋在主体结构完成后，有足够的沉降和收缩期，从而可以保证装修工程质量，同时便于脚手架的及时拆除。

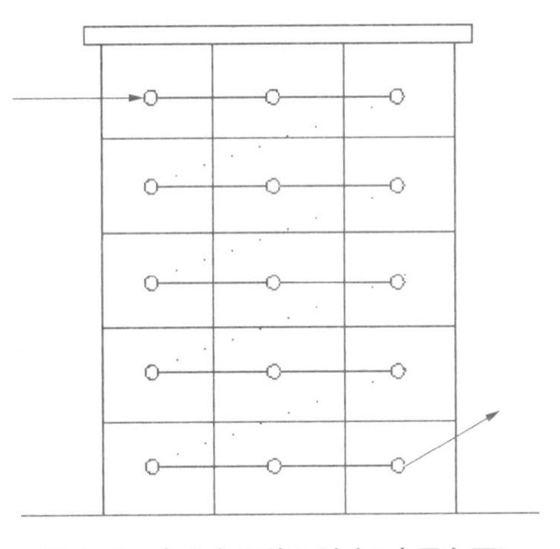

图 6-3　自上向下施工流向(水平向下)

② 室内装修工程

室内装修自上而下的施工顺序是指主体工程及屋面防水层完工后，室内抹灰从顶层到底层依次逐层向下进行。其施工流向又可分为水平向下和垂直向下两种，通常采用水平向下的施工流向，如图 6-4 所示。采用自上而下施工顺序的优点是：可以使房屋主体结构完成后，有足够的沉降和收缩期，沉降变化趋向稳定，这样可以保证屋面防水工程质量，不易产生屋面漏水，也能保证室内装修质量，可以减少或避免各工作操作互相交叉，便于组织施工，有利于施工安全，而且也很方便楼层清理。其缺点是：不能与主体及屋面工程施工搭接，故总工期相应较长。

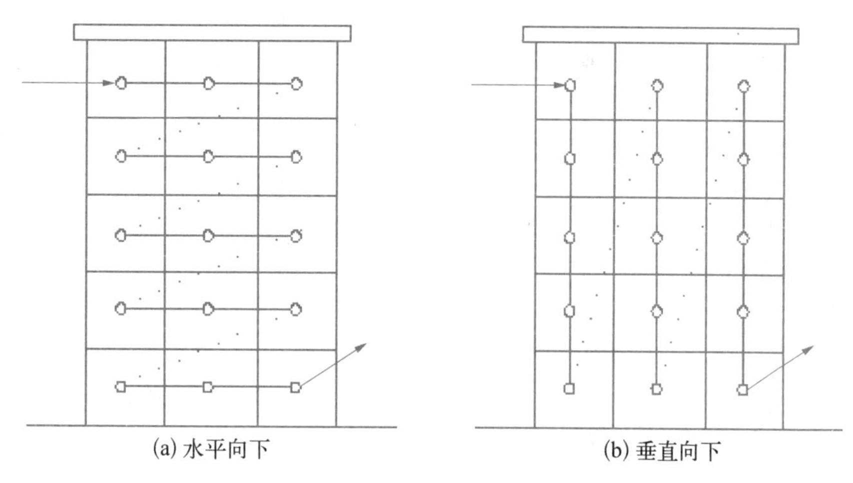
(a) 水平向下　　(b) 垂直向下

图 6－4　自上而下施工流向

室内装修自下而上的施工顺序是指主体结构施工到三层及三层以上时(有两层楼板，以确保底层施工安全)，室内抹灰从底层向上进行，一般与主体结构平行搭接施工。其施工流向又可分水平向上和垂直向上两种，通常采用水平向上的施工流向，如图 6－5 所示。为了防止雨水或施工用水从上层楼板渗漏，而影装修质量，应先做好上层楼板的面层再进行本层顶棚，墙面、楼、地面的饰面。采用自下而上的施工顺序的优点是：可以与主体结构平行搭接施工，从而缩短工期。其缺点：同时施工的工序多、人员多、工序间交叉作业，要采取必要安全措施；材料供应集中，施工机具负担重，现场施工组织和管理比较复杂。因此，只有当工期紧迫时，室内装修才考虑采取自下而上的施工顺序。

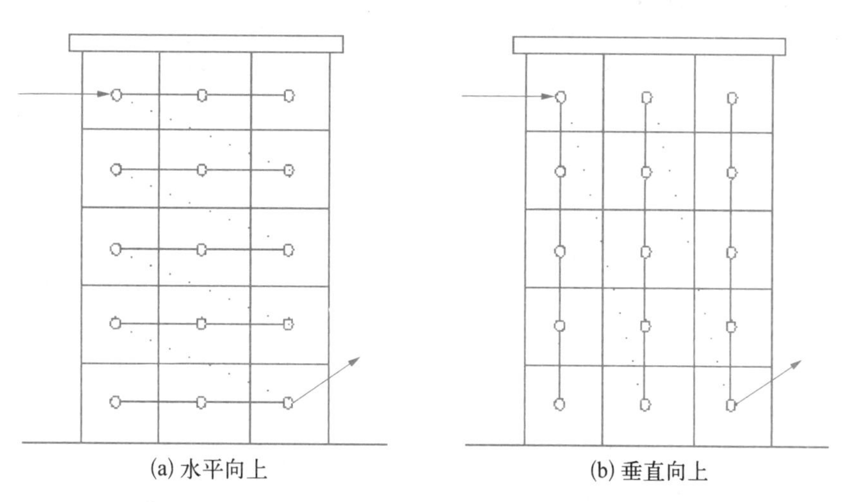
(a) 水平向上　　(b) 垂直向上

图 6－5　自下而上施工流向

室内装修的单元顺序即在同一楼层顶棚、墙面、楼、地面之间的施工顺序一般有两种：楼、地面→顶棚→墙面，顶棚→墙面楼、地面。这两种施工顺序各有利弊。前者便于清理地面基层，楼、地面质量保证，而且便于收集墙面和顶棚的落地灰，从而节约材料，但要注意楼、地面成品保护，否则后一道工序不能及时进行。后者则在楼、地面施工之前，必须将落地灰清扫干净，否则会影响面层与结构层间的粘接，引起楼、地面起壳，而且楼、地面施工用水的渗漏可能影响下层墙面、顶棚的施工质量。底层地面施工通常在最后进行。

楼梯间和楼梯踏步，由于在施工期间易受损坏，为了保证装修工程质量，楼梯间和踏步装修往往安排在其他室内装修完工之后，自上而下统一进行。门窗的安装可在抹灰之前或之后进行，主要视气候和施工条件而定，通常是安排在抹灰之后进行。而尤其和安装玻璃的次序应先油漆门窗扇，后安装玻璃，一面油漆时弄脏玻璃，塑钢及铝合金门窗不受此限制。

在装修工程施工阶段，还需考虑室内装修与室外装修的 先后顺序，这与施工条件和天气变化有关。通常有先内后外，先外后内，内外同时进行这三种施工顺序。当室内有水磨石楼面时，应先做水磨石楼面，再做室外装修，一面施工时渗漏水影响室外装修质量，当采用单排脚手架砌墙时，由于留有脚手眼需要填补，应先做室外装修，在拆除脚手架后，同时填补脚手眼，再做室内装修；当装饰工人较少时，则不宜采用内外同时施工的施工顺序，一般来说，采用先外后内的施工顺序较为有利。

3. 钢筋混凝土框架结构房屋的施工顺序

钢筋混凝土框架结构房屋的施工顺序也可分为基础、主体、屋面及装修工程三个阶段，它在主体工程施工时与砌体结构房屋有所区别，即框架柱、框架梁、板交替进行，也可采用框架柱、梁、板同时进行、墙体工程则与框架柱、梁、板搭接施工。其他工程的施工顺序与砌体结构房屋相同。

4. 装配式单层工业厂房施工顺序

装配式单间工业厂房施工，按照厂房结构各部位不同的施工特点，一般分为基础工程、预制工程、吊装工程、其他工程四个施工阶段。如图 6－6 所示。

在装配式单层工业厂房施工中，有的由于工程规模较大，生产工艺繁杂，厂房按生产工艺要求不分区、分段。因此，在确定装配式单层工业厂房的施工顺序时，不仅要考虑土建施工及施工组织的要求，而且还要研究生产工艺流程，即先生产的区段先施工，以尽早交付生产使用，尽快发挥基本建设投资的效益。所以工程规模较大、生产工艺要求复杂的装配式单层工业厂房的施工时，要分期分批进行，分期分批交付试生产，这是确定其施工顺序的总要求。下面根据中小型装配式单层工业厂房各施工阶段不叙述施工顺序。

（1）基础工程阶段

装配式单层工业厂房的柱基础大多采用钢筋混凝土杯形基础。基础工程施工阶段的施工过程和施工顺序一般是挖土→垫层→钢筋混凝土杯形基础（也可分为绑扎钢筋、支模、浇混凝土、养护、拆模）→回填土。如有桩基础工程，则应另列桩基础工程。

在基础工程施工阶段，挖土与做垫层这两道工序，在施工安排要紧凑，时间间隔不宜太长。在施工中，挖土、做垫层这两道工序及钢筋混凝土杯形基础，可采取集中力量、分区、分段进行流水施工。但应注意混凝土垫层和钢筋混凝土杯形基础施工后必须有一定的技术间歇时间，待其有一定的强度中，再进行下一道工序的施工。回填土必须在基础工程完工后及时地、一次性分层对称夯实，以保证基础工程质量并及时提供预制作场地。

装配式单层工业厂房往往都有设备基础，特别是重型工业厂房，其设备基础埋置深、体积大、所需工期长和施工条件差，比一般的柱基工程施工困难和复杂得多，有时还会因为设备基础的施工必须引起足够和重视。设备基础施工，视其埋置深浅、体积大小、位置关系和施工条件，有两种施工顺序方案即封闭式和敞开式施工，封闭式施工，是指厂房柱基础先施工，设备基础在结构吊装后施工。它适用于设备基础埋置浅（不超过厂房柱基础埋置深度）、体积小、土质好、距柱基础较远和厂房结构吊装后对厂房结构稳定性并无影响的情况。采用封闭式施工的优点是：土建施工工作面大，有利于构件的现场预制、吊装和就位，便于选择合适的起重机械和开行路线；围护工程能及早完工，设备基础能在室内施工，不受气候影响，可以减少设备基础施工时的防雨、降寒及防暑等的费用；有时可以利用厂房内的桥式吊车为设备基础施工服务。缺点是：出现某些重复性工作，如部分柱基回填土的重复挖填；设备基础施工条件差，场地拥挤，其基坑不宜采用机械开挖，当厂房所在地点土质不佳，设备基础基坑开挖过程中，容易造成土体不稳定，需增加加固措施工费用。敞开式施工，是指厂房柱基础与设备基础同时施工或设备基础先施工。它的适用范围、优缺点与封闭式施工正好相反。这两种施工顺序方案，各有优缺点，究竟采用哪一种施工顺序方案，应根据工程的具体情况，仔细分析、对比后加以确定。

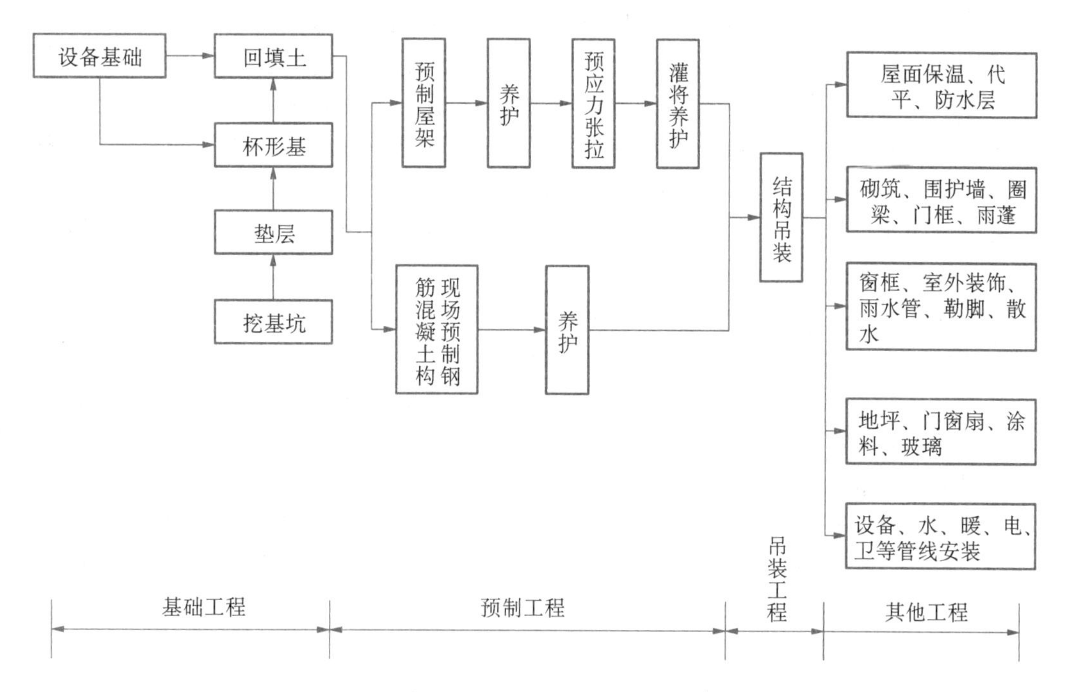

图 6-6　装配式单层工业厂房施工顺序示意图

(2) 预制工程阶段

装配式单层工业厂房的钢筋混凝土结构构件较多。一般包括：柱子、基础梁、连系梁、吊车梁、支撑、屋架、天窗端壁、屋面板、天沟及檐沟板等构件。

目前，装配式单层工业厂房构件的预制方式，一般采用加工厂预制和现场预制（在拟建车间内部、外部）相结合的预制方式。这里着重阐述现场预制的施工顺序。对于重量大、批量小或运输不便的构件采用现场预制的方式，如柱子、吊车梁、屋架等；对于中小型构件采用加工厂预制方式。但在具体确定构件预制方式时，应结合构件的技术特征、当地的生产能力、工期要求、现场施工条件、运输条件等因素进行技术经济分析后确定。

非预应力预制构件制作施工顺序：支模→绑扎钢筋→预埋铁件→浇筑混凝土→养护→拆模 。

后张法预应力预制构件制作的施工顺序是：支模→绑扎钢筋→预埋铁件→孔道留设→浇筑混凝土→养护→拆模→预应力钢筋和张拉、锚固→孔道灌浆→养护。

预制构件开始制作日期、位置、流向和顺序,在很大程度上取决于工作面和后续工程的要求。一般来说,只要基础回填土、场地平整完成一部分之后,结构吊装方案一经确定,构件制作即可开始,制作流向应与基础工程的施工流向一致,这样既能使构件制作早日开始,又能及早地交出工作面,为结构吊装尽早进行创造条件。

当采用分件吊装法时,预制构件的制有两种方案:若场地狭窄而工期又允许时,构件制作可分批进行,首先制作柱子和吊车梁,待柱子和吊车梁吊装完后再进行屋架制作;若场地宽敞,可考虑柱子和吊车梁等构件在拟建车间内部预制,屋架在拟建车间外进行制作。当采用综合吊装法时,预制构件需一次制作,这时,视场地的具体情况确定构件是全部在拟建车间内部制作,还是一部分在拟建车间外制作。

(3) 吊装工程阶段

结构吊装工程是装配式单层工业厂房施工中的主导施工过程。其内容依次为:柱子、基础梁、吊车梁、连续梁、屋架、天窗架、屋面板等构件的吊装、校正、固定。

构件吊装开始日期取决于吊装前准备工作完成情况。吊装流向和顺序主要由后续工程对它们要求来确定。当柱基杯口弹线和杯底标高抄平、构件的弹线、吊装强度验算、加固设施、吊装机械进场等准备工作完成之后,这可以开始吊装。

吊装流向通应与构件制作的流向一致。但如果车间为多跨且有高低跨时,吊装流向应从高低跨柱列开始,以适应吊装工艺的要求。

吊装的顺序取决于吊装方法。若采用分件吊装法时,其吊装顺序:第一次开行吊装柱子,随后校正与固定,第二次开行吊装基础梁、连续梁;第三次开行吊装构件。有时也可将第二次开行、第三次开行合并为一次开行。若采用综合吊装法时,其吊装顺序是:先吊装四根或六根柱子,迅速校正固定,再吊装基础梁、连系梁及屋盖等构件,如此逐个节间吊装,直至整个厂房吊装完毕。

装配式单层工业厂房两端山墙往往设有抗风柱,抗风柱有两种吊装顺序:在吊装柱子的,同时先装该跨一端的抗风柱,另一端抗风柱则待屋盖吊装完后进行;全部抗风柱均待屋盖装完之后进行。

(4) 其他工程阶段

其他工程阶段主要包括围护工程、屋面工程、装修工程、设备安装工程等内容。这一阶段总的施工顺序是:围护工程→屋面工程→装修工程→设备安装工程,但有时也可互相交叉、平行搭接施工。

围护工程的施工过程和施工顺序是:搭设垂直运输设备(一般选用井架)→砌墙(脚手架搭设与之配合进行)→现浇门框、雨篷等。

屋面工程的施工过程在屋盖构件吊装完毕,垂直运输设备搭好后,就可安排施工,其施工过程和施工顺序与前述多层砌体结构民用房屋基本相同。

装修工程包括室外装修和室内装修,两者可平行进行,并可与其他施工过程交叉进行,通常不占用总工期。室外装修一般采用自上而下的施工顺序;室内按屋面板底→内墙→地面的顺序进行施工;门窗安装在粉刷中穿插进行。

设备安装包括水、暖、煤、卫、电和生产设备安装。水、暖、煤、卫、电安装与前述多层砌体结构民用房屋基本相同。而生产设备的安装,则由于专业性强、技术要求高等,一般由专业公司分包安装。

上面所述多层砌体结构民用房屋，钢筋混凝土框架结构房屋和装配式单层工业厂房的施工顺序，仅适用于一般情况。建筑施工顺序的确定既是一个复杂的过程，又中一个发展的过程，它随着科学技术的发展，人们观念的更新而在不断地变化。因此，针对每一个单位工程，必须根据其施工特点和具体情况合理确定施工顺序。

二、施工方法和施工机械的选择

正确选择施工方法和施工机械是制定施工方案的关键。单位工程各个分部分项工程均可采用各种不同施工方法和施工机械进行施工，而每一种施工方法和施工机械又都有其优缺点。因此，我们必须从先进、经济、合理的角度出发，选择施工方法和施工机械，以达到提高工程质量、降低工程成本、提高劳动生产效率和加快工程进度的预期效果。

1. 选择施工方法的施工机械的主要依据

(1) 应考虑主要分部分项工程的要求

应从单位工程施工全局出发，着重考虑影响整个工程施工的主要分部分项工程的施工方法和施工机械选择。而对于一般的、常见的、工人熟悉的、工程量小的以及对施工全局和工期无多大影响的分部分项工程，只要提出若干注意事项和要求就可以了。

主要分部分项工程是指工程量大、所需时间长、占工期比例大的工程；施工技术复杂或采用新技术、新工艺、新结构、新材料的分部分项工程；对工程质量起关键作用的分部分项工程。对施工单位来说，某些结构特殊或缺乏施工经验的工程也属于分部分项工程。

(2) 应符合施工组织总设计的要求

如本工程是整个建设项目中的一个项目，则其施工方法和施工机械的选择应符合施工组织总设计的关要求。

(3) 应满足施工技术的要求

施工方法和施工机械的选择，必须满足施工技术的要求，如预应力张拉方法和机械选择应满足设计、质量、施工技术的要求。又如吊装机械的类型、型号、数量的选择应满足构件吊装技术和工程进度要求。

(4) 应考虑如何符合工厂化、机械化施工的要求

单位工程施工，原则上应尽可能提高工厂化和机械化和施工程度。这是建筑施工发展的需要，也是提高工程质量、降低工程成本、提高劳动效率、加快工程进度和实现文明施工的有效措施。这里所说的工厂化，是指建筑物的各种钢筋混凝土构件、钢结构构件、木构件、钢筋加工等应最大限度地实现工厂化制作，最大限度地减少现场作业。而机械化程度不仅是指单位工程施工要提高机械化程度还要充分发挥机械设备的效率，减轻繁重的体力劳动。

(5) 应符合先进、合理、可行、经济的要求

选择施工方法和施工机械，除要求先进、合理之外，还要考虑对施工单位是可行的、经济的。必要时，要进行分析比较，从施工技术水平和实际情况出发，选择先进、合理、可行、经济的施工方法和施工机械。

(6) 应满足工期、质量、成本和安全的要求。

所选择的施工机械应尽量满足缩短工期、提高工程质量、降低工程成本、确保施工安全的要求。

2. 主要部分项工程的施工方法和施工机械选择

(1) 土方工程

① 确定土方开挖方法、工作面宽度、放坡坡度、土壁支撑形式,排水措施,计算上方开挖量、回填量、外运量;

② 选择土方工程施工所需机具型号和数量。

(2) 基础工程

① 桩基础施工中应根据桩型及工期选择所需机具型号和数量;

② 浅基础施工中根据垫层、承台、基础的施工要点,选择所需机械的型号和数量;

③ 地下室施工中应根据防水要求,留置,处理施工缝,大体积混凝土的浇筑要点、模板及支撑要求选择所需机具型号数量。

(3) 砌筑工程

① 砌筑工程中根据砌体的砌筑方式、砌筑方法及质量要求,进行弹线、立皮数杆、标高拱制和轴线引测;

② 选择砌筑工程中报需机具型号和数量。

(4) 钢筋混凝土工程

① 确定模板类型与支模方法,进行模板支撑设计;

② 确定钢筋加工、绑扎、焊接方法,选择所需机具型号和数量;

③ 确定混凝土的搅拌、运输、浇筑、振捣、养护、施工缝的留置和处理,选择所需机具型号和数量;

④ 确定预应力钢筋混凝土的施工方法,选择所需机具型号和数量。

(5) 结构吊装工程

① 确定构件的预制、运输及堆放要求,选择所需机具型号和数量;

② 确定构件的吊装方法,选择所需机具型号和数量;

(6) 屋面工程

① 确定屋面工程防水层的做法、施工方法,选择所需机具型号和数量;

② 确定屋面工程施工中所用材料及运输方式。

(7) 装修工程

① 确定各种装修工程的做法及施工要点;

② 确定材料运输方式、堆放位置、工艺流程和施工组织;

③ 选择所需机具型和数量。

(8) 现场垂直运输、水平运输及脚手架等搭设

① 确定垂直运输及水平运输方式、布置、开行路线,选择垂直运输及水平运输机具型号和数量;

② 根据不同建筑类型,确定脚手架所用材料、搭设方法及安全网的挂设方法。

三、主要的施工技术、质量、安全及降低成本措施

任何一个工程的施工,都必须严格执行的《建筑工程施工质量验收统一标准》建筑工程各专业工程施工质量验收规范,《建筑工程建设标准强制性条文》等有关法规,并根据工程特点、施工现场的实际情况,制定相应技术组织措施。

1. 技术措施

对采用新材料、新结构、新工艺、新技术的工程，以及高耸、大跨度、重型构件、深基础等特殊工程，在施工中应制定相应技术措施。其，内容一般包括：

(1) 要表明工程的平面、剖面示意图以及工程量一览表；

(2) 施工方法的特殊要求、工艺流程、技术要求；

(3) 水下混凝土浇筑及冬雨期施工措施；

(4) 材料、构件和机具的特点、使用方法及需用量。

2. 保证和提高工程质量措施

保证和提高工程质量措施，可以按照各主要分部分项工程施工质量要求提出，也可以按照工程施工质量要求提出。保证和提高工程质量措施，也可从以下几个方面考虑。

(1) 保证定位放线、轴线尺寸、标高测量等准确无误的措施；

(2) 保证地基承载力、基础、地下结构及防水质量的措施；

(3) 保证主体结构等关键部位施工质量的措施；

(4) 保证屋面、装修工程施工质量的措施；

(5) 保证采用新材料、新结构、新工艺、新技术的工程施工质量的措施；

(6) 保证和提高工程质量的组织措施，如现场管理机构的设置、人员培训、建立质量检验制度等。

3. 确保施工安全措施

加强劳动保护保障，保证安全生产是国家保障劳动人民生命财产安全的一项重政策，也是进行工程施工的一项基本原则，为此，应提出有针对性的施工安全保障措施，从而杜绝施工中安全事故发生，施工安全措施，可以从以下几方面考虑：

(1) 保证土方边坡稳定措施

(2) 脚手架、吊篮、安全网的设置及防止人员坠落各类洞口的防范措施；

(3) 外用电梯、井架及塔吊等垂直运输机具有的拉结要求和防倒塌措施；

(4) 安全用电和机电设备防短路、防触电措施；

(5) 易燃、易爆、有毒作业场所的防火、防爆、防毒措施；

(6) 季节性安全措施。如雨期的防洪、防雨、夏期和防暑降温、冬期的防滑、防火、防冻措施等；

(7) 现场周围通行道路及居民安全保护、隔离措施；

(8) 确保施工安全的宣传、教育及检查等组织措施。

4. 降低工程成本措施

应根据工程具体情况，按照分部分项工程提出相应的节约措施，计算有关技术经济指标，分别列出节约工料数量与金额数字，以便衡量降低工程成本的效果，其内容一般包括：

(1) 合理进行土方平衡调配，以节约台班费；

(2) 综合利用吊装机械，减少吊次，以节约台班费；

(3) 提高模板安装精度，采用整装整拆，加速模板周转，以便节约木材或钢材；

(4) 混凝土、砂浆中掺加外加剂或混合料，以便节约水泥；

(5) 采用先进的钢材焊接技术以便节约钢材；

(6) 构件及半成品采用预制拼装、整体安装的方法，以便节约人工费、机械费等。

5. 现场文明施工措施

(1) 施工现场设置围栏与标牌，保证出入交通、道路畅通、场地平整、安全与消防设施齐全；

(2) 临时设施的规划与搭设应符合生产、生活和环境卫生的要求；

(3) 各种建筑材料、半成品、构件的堆放与管理有序；

(4) 散碎材料、施工垃圾的封闭运输车及防止各种环境污染；

(5) 及时进行成品保护及施工机具保养。

四、施工方案的技术经济评价

施工方案的技术经济评价是在众多的施工方案中选择出快、好、省、安全的施工方案。

施工方案的技术经济评价涉及的因素多而复杂，一般来说施工方案的技术经济评价有定性分析和定量分析两种。

1. 定性分析

施工方案的定性分析分是人们根据自己的个人实践和一般经验，对若干个施工方案进行优缺点比较，从中选择出比较合理的施工方安。如技术上是否可行、安全是否可靠、经济上是否合理、资源上能否满足要求等。此方法比较简单，但主观随意性较大。

2. 定量分析

施工方案的定量分析是通过计算施工方案的若干相同的、主要技术经济指标，进行综合分析比较，选择出各项指标较好的施工方案，这种方法比较客观，但指标的确定和计算比较复杂。主要的评价指标有以下几种：

(1) 工期指标：当要求工程尽快完成以便尽早投入生产或使用时，选择施工方案就要在确保工程质量、安全和成本较低的条件下，优先考虑缩短工期，在钢筋混凝土工程主体施工时，往往采用增加模板的套数来缩短工期主体工程的施工工期。

(2) 机械化程度指标：在考虑施工方案时应尽量施工机械化程度，降低工人的劳动强度。积极扩大机械化施工范围，把机械化施工程度的高低，作为衡量施工方案优劣的重要指标。

$$\text{施工机械化程度}=[\text{机械完成的实物工程量}/\text{全部实物工程量}]\times 100\%$$

(3) 单方用工量　它反映劳动力的消耗水平，不同建筑物单方用工量之间有可比性。

$$\text{单方用工量}=\frac{\text{总用工量(工日)}}{\text{建筑面积}(\text{m}^2)} \qquad (6-1)$$

(4) 质量优良品率　质量优良品率是施工组织设计中控制的主要目标之一，主要通过质量保证措施来实现。

(5) 材料节约指标

① 主要材料节约量：主要材料节约量＝预算用量－计划用量

② 主要材料节约率：

$$\text{主要材料节约率}=\frac{\text{主要材料节约额}}{\text{主要材料预算}}\times 100\% \qquad (6-2)$$

（6）大型机械台班数及费用

① 大型机械单位耗用量：

$$\text{大型机械单方耗用量}=\frac{\text{耗用总台班(台班)}}{\text{建筑面积(m}^2\text{)}} \tag{6-3}$$

② 单方大型机械费：

$$\text{单方大型机械费}=\frac{\text{计划大型机械费(元)}}{\text{建筑面积(m}^2\text{)}} \tag{6-4}$$

3. 降低成本指标

（1）降低成本额：

$$\text{降低成本额}=\text{预算成本}-\text{实际成本} \tag{6-5}$$

（2）降低成本率：

$$\text{降低成本率}=\frac{\text{降低成本额}}{\text{预算成本}}\times 100\% \tag{6-6}$$

微课

单位工程施工进度计划

任务 4　单位工程施工进度计划

单位工程施工进度计划是以施工方案为基础，根据工期要求和技术物资供应条件，遵循各施工过程按合理的工艺顺序和统筹安排各项施工活动的原则编制的，在进度计划的基础上，可以编制劳动力需要计划、材料供应计划、半成品及构配件供应计划、机械设备供应计划、运输计划。因此施工组织设计中的进度计划的编制是很重要的。

施工进度计划可以用横道图（水平进度表）或网络图表示。

一、单位工程施工进度计划的作用

单位工程施工进度计划的主要作用有：

（1）安排单位工程施工进度，保证在规定工期内是项目建成启用。

（2）确定各施工过程的施工顺序、持续时间既相互衔接关系。

（3）为编制季度、月、旬生产计划提供依据。

（4）为编制施工准备工作计划和各种资源需要计划提供依据。

（5）它反映土建与其他专业工程的配合关系。

二、单位工程施工进度计划的编制依据

编制单位工程施工进度计划的主要依据是：

（1）施工组织总设计中总进度计划对本工程的要求。

（2）施工工期要求及建设单位的要求。

（3）经过审批的各种技术资料。

（4）自然条件及各种技术经济资料调查。

(5) 主要分部分项工程的施工方案。

(6) 施工条件、劳动力、材料、构配件机械设备供应要求。

(7) 劳动定额及机械台班定额。

(8) 有关规范、规程及其他要求和资料。

三、单位工程施工进度计划的分类

单位工程施工进度计划根据分部分项工程划分的粗细程度不同,可分为控制性施工计划和指导性施工计划两类。

1. 控制性施工进度计划

控制性施工进度计划按分部工程来划分施工过程,一边控制各分部工程的施工起止时间及其相互搭接,配合关系。控制性施工进度计划主要适用于工程结构比较复杂、规模较大、工期较长而且需要跨年度施工的工程(如体育场、火车站等大型公共建筑以及大型工业厂房等);它也是用于工程规模不大或结构不复杂但各种资源(劳动力、施工机械设备、材料、构配件等)供应尚且不能落实或由于某些建筑结构设计、建筑规模可能还要进行较大的修改、具体方案尚未落实等情况的工程。编制控制性施工进度计划的单位工程,在进行各分部工程施工之前,还要分阶段地编制各分部工程的指导性施工进度计划。

2. 指导性(或实时性)施工进度计划

指导性施工进度计划按分项工程或工序来划分施工过程,以便具体确定每个分项工程或工序的施工起止时间及其相互搭接、配合关系。指导性施工进度计划适用于工程任务具体而明确、施工条件基本落实、各项资源供应比较充足、施工工期不太长的工程。

四、单位工程施工进度计划的编制程序

单位工程施工进度计划的编制程序如图6-7所示。

1. 划分施工过程

根据结构特点、施工方案及劳动组织确定拟建工程的施工过程。这些施工国产是施工进度计划组成的基本单元。划分过程可以有粗有细,一般来说,控制性的进度计划可以 应该粗略些 。实施性的施工进度可以具体些。单位工程施工进度计划应比较具体,以此来指导工作业活动。划分施工过程通常应列表编号,核对是否重复或漏项。非直接施工的辅助性施工过程和服务性的施工过程不必列入表中。施工过程的名称应尽可能与施工方案一致,施工过程的名称应尽可能与现行定额手册上的项目名称一致。

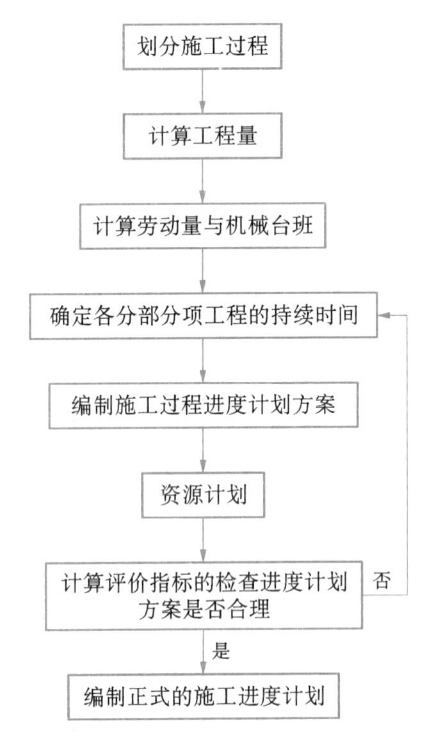

图6-7 单位工程施工进度计划的编制程序

划分施工过程要密切结合施工方案。由于施工方案不同,施工过程的名称、数量和内容也不同。如深基础施工,当采用放坡开挖施工时,其施工过程有井点降水和挖土两项;而采用钢筋混凝土灌注护坡

桩施工时，施工过程则有井点降水、护坡桩施工及挖土三个项目。

2. 计算工程量

通常工程量计算是由施工图和工程量计算规则确定的。若编制计划时已有了预算文件，则可以直接利用预算文件中的有关工程量数据。如某些项目工程量有出入但相差不大，则可以结合实际情况相应调整和补充。计算工程量时应该注意如下问题：

（1）各部分项工程量的计算单位应与现实施工定额的计算工程量一致。以便计算劳动量和机械台班量时直接套用定额。

（2）结合部分分项工程的施工方法和安全技术要求计算工程量。如基础工程中的挖土方的人工挖土、机械挖土、是否放坡、坑底是否留工作面、是否设支撑等，其土方量计算是不相同的。

（3）当要求分段、分层组织施工时、工程量应分层、分段计算以便施工组织和进度计划的编制。

（4）计算工程量时应尽量考虑到其他计划使用工程量数据的方便，做到一次计算，多次使用。

3. 计算劳动量与机械台班量

根据施工过程的工程量、施工方法和施工定额进行劳动量和机械台班量计算其公式如下：

$$P=\frac{Q}{S} \tag{6-7}$$

或

$$P=QH \tag{6-8}$$

式中：P——某一施工过程所需劳动量（或机械台班量）；

Q——该施工过程的工程量；

S——计划采用的产量定额(或机械产量定额)；

H——计划采用的时间定额(或机械时间定额)。

施工记得计划中的施工过程所包含的工作内容为若干分项过程的综合时，可将该过程的定额相应扩大综合，求出平均产量定额，使其适应施工进度计划中所列的施工过程。平均产量定额可按下列计算

$$\overline{S}=\frac{\sum_{i=1}^{n}Q_i}{\frac{Q_1}{S_1}+\frac{Q_2}{S_2}+\cdots+\frac{Q_n}{S_n}}=\frac{\sum_{i=1}^{n}Q_i}{\sum_{i=1}^{n}\frac{Q_i}{S_i}} \tag{6-9}$$

式中：$Q_1,Q_2\cdots Q_n$——同一施工过程各部分过程的工程量；

$S_1,S_2\cdots S_n$——同一施工过程各部分过程的产量定额；

S——该施工过程平均产量定额(或平均机械产量定额)，也称为综合产量定额。

实际应用时，应注意综合前的个分项工程的工作内容和工程量单位，当合并综合前各

分项工程内容和工程量单位完全一致时，公式 $\sum Q_i$ 应等于个各分项工程量之和；当各部分分项工作内容和工作量单位不一致时，应取与综合产量定额单位一致且工作内容也基本一致的各分项工程的工程量之和。

例如，某一预制混凝土构件工程，其施工参数如表 6－1 所示。

表 6－1　某钢筋混凝土预制构件施工参数

施工过程	工程量		时间定额	
	数量	单位	数量	单位
安模板	165	$10\ m^2$	2.67	工日/$10\ m^2$
扎钢筋	19.5	t	15.5	工日/t
浇混凝土	150	m^3	1.90	工日/m^3

$$\overline{S}=\frac{\sum_{i=1}^{n}Q_i}{\frac{Q_1}{S_1}+\frac{Q_2}{S_2}+\frac{Q_3}{S_3}}=\frac{150\ m^3}{Q_1H_1+Q_2H_2+Q_3H_3}$$

$$=\frac{150\ m^3}{165\times 2.67+19.5\times 15.5+150\times 1.90}=0.146\ m^3/\text{工日}$$

该综合产量定额意义为：每工日完成 0.146 m^3 预制构件的生产，其中包括模板支设、钢筋绑扎、混凝土浇筑的综合项目。

4. 确定各分部分项工程的持续时间

计算各施工过程的持续时间的方法一般有两种：

（1）按劳动资源配置情况计算

$$T=P/(b*n) \tag{6-10}$$

式中：T——完成某施工过程的持续时间；

P——该施工过程所需要完成的劳动量（工日）或机械台班量；

n——每个工作班投入该施工过程的工人数（或机械台数）；

b——该施工过程每天投入的施工班组数（8 小时 1 班，每天最少 1 班，最多 3 班）

（2）按工期要求倒排进度

$$n=\frac{P}{Tb} \tag{6-11}$$

确定施工过程持续时间，还应考虑工作人员和机械的工作面情况。工作人员和机械数量的增加可以缩短工期，但当超过工作面限度时，则工人和施工机械的生产效率下降，同时也可能产生安全问题。

5. 施工进度计划安排

编制施工进度计划时，应首先找出控制施工工期的主导施工过程，并安排其施工进度，其余施工过程与之相配和协调，尽可能地与之平行或最大限度搭接。

在编制施工进度计划时，各主导施工过程之间、主导施工过程中的各分项工程之间，应用流水施工组织方法和网络计划技术进行施工进度计划的设计。

由于建筑施工本身的复杂性，使施工活动的制约因素很多。因此在编制施工进度计划时，应尽可能地分析施工条件，对可能出现的困难要有预见性，使计划既符合客观实际，有留有适当余地，以免计划安排不合理而使实际难以执行。在编制施工进度计划后。我们还应对施工进度进行检查、调整和优化。检查工期是否符合要求，资源供应是否均衡，工作队是否连续作业，施工顺序是否合理，各施工之间搭接以及技术间歇、组织间歇是否符合实际情况。

此外，在施工进度计划的执行过程中，往往因人力、物力及各种客观条件的变化，使进度与原计划发生偏差，因此在施工过程中应不断地进行计划→执行→检查→调整→重新计划，近年来，计算机已广泛用于施工进度计划的编制、调整和优化，使计划的优化、调整速度大大地加快，节省了大量人力和时间。

6. 资源计划

单位工程施工进度确定之后，可以根据进度计划编制各种资源计划，如劳动力计划，施工机械需要计划，各种材料、构件、半成品需要计划，以利于劳动组织和技术物资供应，保证施工进度计划的顺序完成。

(1) 主要劳动力需要计划

分别计算各施工过程的主要劳动力，并根据施工进度进行累加，就可以编制主要工种的劳动力需要量计划。劳动力需要量计划的作用是为现场劳动力调配提供依据，并以此安排生活福利设施。如表 6－2 所示。

表 6－2　劳动力需要量计划表

序号	工作名称	总劳动量/工日	每月需要量/工日											
			1	2	3	4	5	6	7	8	9	10	11	12

(2) 施工机械需要计划

根据施工方案和施工进度计划确定施工机械类型、型号、数量与进场时间，并进行汇总得出施工机械需要量计划表，如表 6－3 所示。

表 6－3　施工机械需要量计划

序号	机械名称	机械类型（规格）	需要量		来源	使用起讫时间	备注
			单位	数量			

(3) 主要材料及构配件需要量计划

材料需要量计划主要为组织材料供应、确定材料仓库面积、确定材料堆场面积和运输计划之用。材料及构配件需要量计划如表 6－4 所示。

表 6-4　材料及构配件需要量计划

序号	品名	规格型号	需要量		加工单位	供应日期	备注
			单位	数量			

(4) 运输计划

运输计划用于组织运输力量,保证货源按时进场。运输计划表见表 6-5。

表 6-5　运输计划

序号	需运项目	单位	数量	货源	运距/km	运输量/(t·km)	所需运输工具			起讫时间
							名称	吨位	台班	

7. 单位工程施工进度计划评价指标

评价单位工程施工进度计划的优劣,主要有下列指标:

(1) 工期

施工进度计划的工期应符合合同工期要求,并在可能情况下缩短工期。

(2) 劳动力消耗的均衡性

力求每天出勤的人数不发生较大的改动,即力求劳动力消耗均衡,这对施工组织和临时布置都有很大好处。劳动力消耗的均衡性用劳动力不均衡系数 K 来表示,即

$$K=\frac{R_{max}}{R_{平均}} \tag{6-12}$$

式中:R_{max}——施工期间工人日最大需要量;

R——施工期间工人日平均需要量。

劳动力不均衡系数 K 愈接近 1,说明劳动力安排愈理想。在组织流水作业的情况下,可得到较好的 K 值。除了总劳动力消耗均衡外,对各专业工种工人的均衡性也应十分重视。

当建筑工地有若干各单位工程同时施工时,就应该考虑全工地范围内劳动力消耗的均衡性,应绘出全工地劳动力耗用动态图,用以指导编制单位工程劳动力需要计划。

劳动力不均衡系数一般情况下不宜大于 1.5。

任务 5　资源配置与施工准备工作计划

微课

单位工程资源需要量计划

一、编制资源需要量计划

单位工程施工进度计划编制确定以后,便可编制劳动力需要量计划:编制主要材料、预制构件、门窗等的需用量和加工计划:编制施工机具及周转材料的需用量和进场计划。它们是做好劳动力与物资的供应、平衡、调度、落实的依据,也是施工单位编制施工作业计划的主要依据之一。以下简要叙述各计划表的编制内容及其基本要求。

1. 劳动力需要量计划

一般要求按月分旬编制计划。主要根据确定的施工进度计划编制，其方法是按进度表上每天需要的施工人数分工种进行统计，得出每天所需工种及人数，按时间进度要求汇总编出，见表 6-6。

表 6-6　劳动力需要量计划

序号	工种名称	人数	月			月			月			月		
			上旬	中旬	下旬	上旬	中旬	下旬	上旬	中旬	下旬	上旬	中旬	…

2. 主要材料需要量计划

这种计划是根据施工预算、材料消耗定额和施工进度计划编制的，主要反映施工过程中各种主要材料的需要量，作为备料、供料和确定仓库、堆场面积及运输量的依据。见表 6-7。

表 6-7　主要材料需要量计划

序号	材料名称	规格	需要量		需要时间									备注
					月			月			月			
			单位	数量	上旬	中旬	下旬	上旬	中旬	下旬	上旬	中旬	下旬	

3. 施工机具需要量计划

施工进度计划是根据施工预算、施工方案、施工进度计划和机械台班定额编制的，主要反映施工所需机械和器具的名称、型号、数量及使用时间。见表 6-8。

表 6-8　施工机具需要量计划

序号	构件名称	编号	规格	单位	数量	要求进场时间	备注

4. 预制构件需要量计划

这种计划是根据施工图、施工方案及施工进度计划要求编制的。主要反映施工中各种预制构件的需要量及供应日期，并作为落实加工单位以及按所需规格、数量和使用时间组织构件进场的依据。见表 6-9。

表 6-9　预制构件需要量计划

序号	构件名称	编号	规格	单位	数量	要求进场时间	备注

二、施工准备工作计划

单位工程施工准备工作计划是施工组织设计的一个组成部分，一般在施工进度计划确定后即可着手进行编制。它主要反映开工前、施工中必须做的有关准备工作，是施工单位落实安排施工准备各项工作的主要依据。施工准备工作的内容主要有以下方面：建立单位工程施工准备工作的管理组织，进行时间安排；施工技术准备及编制质量计划；劳动组织准备；施工物资准备；施工现场准备；冬雨期准备；资金准备等。

为落实各项施工准备工作，加强对施工准备工作的检查监督，通常施工准备工作可列表表示，其表格形式见表 6-10。

表 6-10　施工准备工作计划

序号	施工准备工作名称	准备工作内容（及量化指标）	主办单位（及主要负责人）	协办单位（及主要协办人）	完成时间	备注
1						
2						
3						
…						

任务 6　单位工程施工平面图

微课

单位工程施工平面图

在施工现场上，除拟建的建筑物外，还有各种为拟建工程施工所需要的各种临时设施，如混凝土搅拌站、起重机等设备、水电管网、运输道路、材料堆场及仓库、工地临时办公室及食堂等。为了使现场施工科学有序、安全，我们必须预先对施工现场进行合理地平面规划和布置。这种在建筑总平面图上布置各种为施工服务的临时设施的现场布置图称为施工平面图。单位工程施工平面图一般按1∶200～1∶500 比例绘制。

施工平面图是施工方案在现场空间上的体现，反映了已建工程和拟建工程之间，以及各种临时建筑、临时设施之间的关系。现场布置得好，就可以使现场管理得好，为文明施工创造良好的条件；反之，如果现场施工平面布置得不好，施工现场条路不畅通、材料堆放混乱，就会对工程的进度、质量、安全、成本产生不良后果。因此，施工平面图设计是施工组织设计中一个很重要的内容。

一、单位工程施工平面图设计依据

单位工程施工平面图设计主要有三个方面的资料。

1. 设计和施工的原始资料

（1）自然条件资料　自然条件资料包括地形资料、地质资料、水文资料、气象资料等。主要用来确定施工排水沟渠、易燃易爆品仓库的位置。

（2）技术经济条件资料　技术经济条件资料包括地方资源情况、供水供电条件、生产和生活基地情况、交通运输条件等。主要用来确定材料仓库、构件和半成品等堆场，道路及可以利用的生产和生活的临时设施。

2. 施工图

(1) 建筑总平面图　在建筑总平面上标有已建和拟建建筑物和构筑物平面位置，根据总平面图和施工条件确定临时建筑物和临时设施的平面位置。

(2) 地下、地上管道位置　一切已有或拟建的管道，应在施工中尽可能考虑利用，若对施工有影响，则应采用一定措施予以解决。

(3) 土方调配规划及建筑区域竖向设计　土方调配规划及建筑区域竖向设计资料对土方挖填及土方取舍位置密切关系，它影响到施工现场的平面关系。

3. 施工方面资料

(1) 施工方案　施工方案对施工平面布置的要求，应具体体现在施工平面上。如单层工业厂房的结构吊装、构件的平面布置、起重机开行线路与施工方案密不可分。

(2) 施工进度计划　根据施工进度计划以及由施工进度计划而编制的资源计划，进行现场仓库位置、面积、运输道路等的布置。

(3) 由建设单位提供原有的房屋及生活设施情况　建设单位提供原有可利用房屋和生活设施对施工现场平面布置有影响，并可降低临时设施费用。

二、单位工程施工平面图设计内容

单位工程施工平面图设计的主要内容有：

(1) 施工现场内拟建和已建的一切建筑物、构筑物及其他设施。

(2) 施工机械位置，如塔式起重机位置、自行式起重机开行线路及停机点、混凝土控制站位置。

(3) 地形图、土方调配区域及测量放线标桩等。

(4) 为施工服务的一切临时设施等，主要有运输道路、各种材料堆场及仓库、生产和生活临时建筑、水电管线、消防设施等。

当然，施工对象不同，施工平面图布置也不尽相同。当采用商品混凝土时，混凝土的制备可以在场地外进行，这样现场平面布置就显得简单多了。当工程规模大、工期长时，各施工过程及各分部工程施工内容差异很大，其施工平面布置也随时间改变而变动很大，因此施工平面图设计应分阶段进行。

三、施工平面图设计原则

施工平面图设计应考虑下列原则：

(1) 在可能的情况下，尽量少占施工用地　少占用地除可以解决城市施工用地紧张的问题外，还有其他重要的意义。对于建筑场地而言，减少场内运输距离和临时水电管线长度，既然有利于现场施工管理，又对施工成本起降低作用。通常我们可以采取一些技术措施以减少施工用地，如合理计算各种材料的储备量，尽量采用商品混凝土施工，有些结构件吊装时可以采用随吊随运方案，某些预制构件采用平卧叠浇方式，临时办公用房采用多层装配式活动房屋等。

(2) 尽可能地减少临时设施　在保证工程顺利进行的条件下，尽量减少临时设施用量，尽可能地利用现有房屋作临时用房，水电管网选择应使长度最短。

(3) 最大限度缩短场内运输距离，减少场内二次搬运　各种主要材料、构配件堆场应布置在塔吊有效工程半径范围之内，尽量使各种资源靠近使用地点布置，力求转运次数量少。

(4) 要符合劳动保护、技术安全及消防要求　存放易燃易爆物品(如木材、油漆材料、石油沥青卷材等)的设施之间要满足消防要求，考虑到操作人员的健康，石灰池、熬制沥青胶的地点应布置在下风处，主要消防设施应布置在现场存放易燃易爆物品的场所旁边并设有必要标志。

(5) 要有利于生产、生活和施工管理　施工平面图设计应做到分区明确，避免人流交叉，便于工人的生产、生活，有利于现场管理。

在设计单位工程施工平面图时，除应遵循上述原则外，还应根据建筑物的主导施工过程，并结合工程的特点，进行多方案比较，优先采用技术上先进、经济上合理的设计方案。

四、单位工程施工平面图设计步骤

设计单位工程施工平面图步骤如下：

1. 熟悉、分析有关资料

熟悉设计图样、施工方案和施工进度计划，调查分析有关资料，掌握、熟悉施工现场有关地形情况，水文、地质条件，在建筑总平面图上开始布置。

2. 确定起重机位置

施工进场的材料运输量很大，起重机械，如塔式起重机、履带式起重机、钢井架、龙门架等起重机位置，直接影响到材料的仓库和堆场位置，砂浆及混凝土搅拌站位置以及场内运输道路、水电管网的布置，因此应首先考虑起重机位置的布置。

塔式起重机的布置要结合建筑物平面形状及四周场地条件而定，以充分发挥起重机的起重能力，使建筑物平面尽量处于塔式起重机回转半径范围内，尽量避免出现“死角”，要使构件、成品、半成品等堆场尽量处于塔臂活动范围之内，使塔式起重机对建筑物的服务半径为最大。布置塔式起重机时应考虑其起重量、起重高度和起重半径等参数，同时还应考虑装塔、拆塔时场地条件及施工安全等方面的要求，如塔基是否坚实，双塔回转时是否有碰撞的可能性，塔臂范围内是否有需要防护的高压电线等问题。

轨道式塔式起重机通常沿建筑物周边一侧或两侧布置，必要时应增设转弯设备，轨道的路基要坚实，并做好路基的排水处理。

固定式运输机具(如井架、龙门架、桅杆等)的布置，主要根据建筑物平面形状、机械的性能及服务范围、施工段划分情况、构件重量和垂直运输量、运输道路等决定，做到方便、安全、便于组织流水施工、便于地面和楼面水平运输并使其运输距离最短。

3. 选择混凝土搅拌站位置

当施工方案中确定施工现场设置混凝土和砂浆搅拌机时，其布置要求如下所述。

(1) 搅拌站应靠近施工道路布置，其前台应有装料或车辆调头的场地，其后台要有称量、上料的场地。尤其是混凝土搅拌站，要与砂石堆场、水泥仓库等一起考虑布置，既要使其互相靠近，又要方便各种大宗材料和成品的装卸与运输。此外，搅拌站的前台口等均应布置在塔式起重机的有效起吊服务范围之内。

(2) 搅拌站的位置应尽量靠近使用地点或靠近垂直运输设备。有时在浇筑大型混凝土基础时，为了减少混凝土的运输，可将混凝土搅拌站直接设在基础边缘，待基础混凝土浇完后再转移。

(3) 当采用井架(或龙门架、建筑施工电梯)运输时,搅拌站应靠近井架布置;当采用塔式起重机运输时,搅拌机的出料口应布置在塔式起重机的服务范围之内,以使吊斗能直接装料和挂钩起吊。

(4) 搅拌站的范围应设置排水沟,以防积水;搅拌站在清洗搅拌机时排出的污水应经沉淀池沉淀后再排入城市地下排水系统或排水沟,以防堵塞排水系统、污染环境。

(5) 搅拌站的面积,以每台混凝土搅拌机需要 25 m^2、每台砂浆搅拌机需要 15 m^2 计算;冬期施工时,考虑到某些材料的保温要求(如水泥、外加剂)和设置供热设施,搅拌站的面积应增加一倍。

4. 确定材料及半成品堆放位置

材料和半成品的堆放是指砂、石、砖、石灰、水泥及预制构件等的堆放。应根据现场条件、施工方案、工期要求、运输能力、道路条件、搅拌站位置及材料储备量要求等综合考虑。砂、石、水泥等材料的储放应考虑与搅拌站靠近,方便运输装卸;石灰堆场、淋灰池应靠近砂浆搅拌机;沥青熬制地点应设在下风处、且避免靠近易燃品仓库;预制构件堆场应尽量使支距最小,避免场内重复运输,力求提高效率、节省费用。

5. 确定场内运输道路

现场主要道路应尽量利用永久性道路,或先做好路基,然后在土建施工结束前再铺设路面。现场道路应最好布置成环形,道路的宽度单行道不小于 3～3.5 m,双向车道不小于 5.5～6 m,路基要经过计算设计,转弯处要满足运输要求,要结合地形在道路两侧设排水沟,消防车道宽不小于 3.5 m,道路的布置应尽量避开地下管道,以免管线施工时使道路中断。

6. 确定各类临时设施位置

各类临时设施是指行政及生活用房、现场的生产用房及仓库用房。为单位工程服务的临时设施是较少的,一般有工地办公室、工人休息室、加工棚、工具库等。确定它们的位置时应考虑使用方便,不妨碍施工,并符合安全防火要求。

木工棚、钢筋加工棚、水电加工棚应离建筑物稍远,宜设在建筑物四周,并有相应木材、钢筋、水电材料及半成品堆放场地。

收发室、门岗应设在出入口处。

临时设施面积由场地条件确定,也可以参照有关标准通过计算确定。

临时供水线路要经过设计计算,然后在施工平面图上布置。主要内容有:水源的选择、取水设施的选用、用量计算(包括生产用水、生活用水及消防用水)。工地临时用水应尽量利用永久性供水系统以减少临时供水费用。因此,在进行施工准备时,临时线路应力求线路最短。根据经验,一般 5 000～10 000 m^2 的建筑物,施工用水主管径为 50 mm,支管管径为 40 mm 或 25 mm,消防用水管径不小于 100 mm,消火栓间距不大于 120 m,布置应靠近道边或十字路口,消火栓距建筑物不大于 25 m,距道边不大于 2 m,高层建筑物施工用水应设蓄水池和高压水泵,以满足高空用水的需要。

临时用电设计计算包括用电量计算、电源选择、电力系统选择和配置。用电量计算包括生产用电及室内外照明用电的计算;选择变压器;确定导线的截面及类型。变压器应设在场地边缘高压电线接入处,变压器离开地面距离应大于 30 cm,在四周 2 m 外用高度大于 1.7 m的钢丝网围护以保证其安全,且变压器不得设在交通要道口处。

临时用电线路应尽量架设在道路一侧，线路距建筑物距离应大于 1.5 m，线路应尽可能保持水平。

五、单位工程施工平面图评价指标

1. 施工用地面积及施工占地系数

施工占地系数＝施工占地面积(m^2)×100％/建筑面积(m^2)　　(6－13)

2. 施工场地利用率

施工场地利用率＝施工设施占用面积(m^2)/施工用地面积(m^2)×100％　　(6－14)

施工用临时房屋面积、道路面积，临地供水线长度及临时供电线长度。

3. 临时设施投资率

临时设施投资率＝临时设施费用总和(元)/工程总造价(元)×100％　　(6－15)

临时设施投资率用于表示临时设施包干费支出情况。

六、单位工程施工平面图案例

1. 工程背景

本工程为某学院教学实验楼，位于某市某区南部。耐火等级为一级，屋面工程防水等级为 11 级，设计使用年限 50 年。

本工程设 A、B、C 三段，A 段为教学楼和阶梯教室，B 段为教学楼，C 段为实验楼和阶梯教室，总建筑面积为 25 625.34 m^2，基底面积为 6 489.22 m^2，建筑总高度为 21.75 m，一层层层高 4.2 m，二～五层层高 3.9 m，楼梯间与水箱间层高 3.6 m，室内外高差 0.45 m。

本工程建筑物类别为丙类，结构形式为现浇混凝土框架结构，框架抗震等级为二级。基础形式为钢筋混凝土柱下独立基础，局部为肋梁式筏片基础或柱下条形基础。抗震设防烈度为 8 度，建筑物设计使用年限为 50 年。

结构施工现场设 3 台 QTZ6013 型塔吊，主要负责钢筋、混凝土、模板、三钢工具的垂直运输，设置 3 座龙门架，主要负责砌砖、装饰工程及零星材料等的垂直运输。设两座混凝土集中搅拌站搅拌，配备 4 台 JS500 型混凝土搅拌机，2 台自动配料机，2 台混凝土输送泵。钢筋加工机械，准备配备钢筋对焊机 1 台，钢筋调直机、切断机、弯曲机各 2 台及电渣压力焊机 6 台。

装饰施工阶段，将设 3 台砂浆机以满足各种砂浆的搅拌需要。

为解决施工现场供水、供电应急需要，现场还准备 1 台高压水泵及 1 台发电机。要求：试对该工程进行施工平面图设计。

2. 施工平面图

根据上述工程背景及现场具体条件，按照本节前述施工平面图设计的原则、内容、步骤布置本工程施工平面图，按场地内原来的排水坡向，对场地进行平整，修筑宽 5 m 现场临时道路。现场路基铺 10 mm 厚砂夹石，压路机压实，路面浇 100 mm 厚 C15 混凝土，纵向坡度 2％。施工现场道路循环，满足材料运输、消防等要求。为了保证现场材料堆放有序，堆放场地将进行硬化处理。材料尽可能按计划分期、分批、分层供应，以减少二次搬运。

本工程施工平面图如图 6－8 所示。

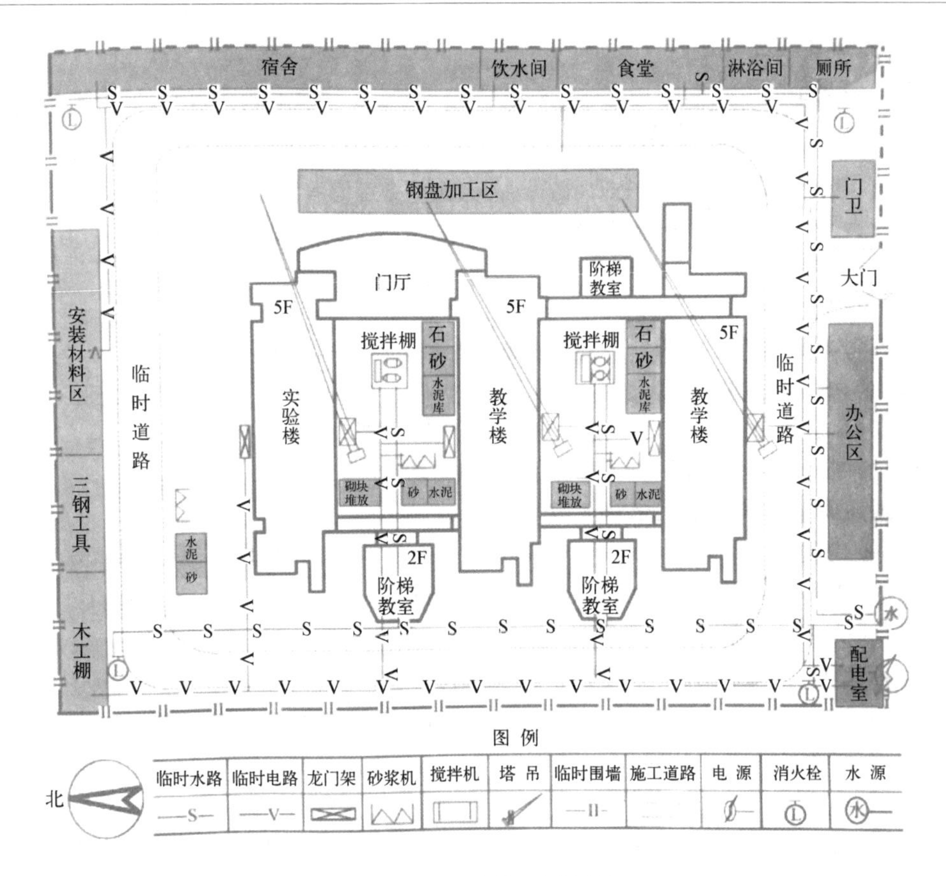

图 6-8　工程施工平面图

【情境解决】

1. 请扫码下载用场地布置软件绘制的施工平面布置图。
2. 请扫码观看该施工平面布置图绘制视频。

1. 施工平面布置图
2. 绘制视频

一、单项选择题

1. 工程项目的施工组织设计或施工方案由(　　)。
   A. 施工单位编制,监理单位审查　　B. 监理单位编制,施工单位执行
   C. 设计单位编制,施工单位执行　　D. 施工单位编制,设计单位审查
2. 单位工程施工方案主要确定(　　)的施工顺序、施工方法和选择适用的施工机械。
   A. 单位工程　　B. 分部分项工程
   C. 检验批　　D. 施工过程
3. (　　)是选择施工方案首先要考虑的问题。
   A. 确定施工顺序　　B. 确定施工方法

C. 划分施工段　　D. 选择施工机械

4. 当某一施工过程是由同一工种、不同做法、不同材料的若干个分项工程合并组成时，应先计算(　　)，再求其劳动量。

A. 产量定额　　B. 时间定额　　C. 综合产量定额　　D. 综合时间定额

5. 单位工程施工平面布置图应最先确定(　　)的位置。

A. 起重机械　　B. 搅拌站　　C. 仓库　　D. 材料堆场

二、多项选择题

1. 在编制施工组织设计文件时，施工部署及施工方案的内容应当包括(　　)。

A. 全面部署施工任务　　B. 合理安排施工顺序

C. 对可能的施工方案进行分析并决策　　D. 确定主要工程的施工方案

E. 绘制施工总平面图

2. 施工组织总设计的编制依据主要包括(　　)。

A. 合同文件　　B. 工程施工标准图

C. 资源配置情况　　D. 建设地区基础资料

E. 类似建设工程项目的资料和经验

3. 下列各项中，属于分部(分项)工程施工组织设计内容的是(　　)。

A. 施工方法和施工机械的选择　　B. 单位工程施工进度计划

C. 各项资源需求量计划　　D. 作业区施工平面布置图设计

E. 主要技术经济指标

4. 进行单位工程施工组织设计的技术经济定量分析时，应计算的主要指标有(　　)。

A. 单方用工　　B. 主要材料节约额

C. 大型机械耗用台班数及其费用　　D. 临时工程费用比例

E. 质量优良品率

5. 下列关于单位工程施工组织设计中施工进度计划的编制叙述正确的是(　　)。

A. 对于实施性施工进度计划，项目划分要粗一些

B. 对于控制性施工进度计划，项目划分要细一些

C. 一般而言，单位工程进度计划的项目应明确到分项工程或更具体

D. 单位施工组织设计的施工进度计划可绘制横道图

E. 单位施工组织设计的施工进度计划可绘制施工网络图并计算时间参数

三、简答题

1. 单位工程施工组织设计编制的依据有哪些？
2. 单位工程施工组织设计的内容有哪些？
3. 施工方案选择的内容有哪些？
4. 如何进行施工方案的技术经济评价？
5. 什么是施工起点流向？如何进行确定？试举例说明。
6. 简述单位工程施工进度计划的分类和作用，以及编制步骤。
7. 什么是单位工程施工平面图？施工平面图设计的依据有哪些？
8. 单位工程施工平面图的设计原则是什么？
9. 试述单位工程施工平面图的设计步骤。

10. 简述技术经济分析目的和主要方法。

11. 简述砖混结构、混凝土结构和单层装配式厂房的施工顺序及施工方法。

四、应用案例题

1. 某市拟建设五星级写字楼工程，设计采用钢筋混凝土组合结构，共36层，层高3.8 m，建筑总高度为141 m，总建筑面积为58 500 m^2 建成后将成为该地段又一标志性建筑。某施工单位对本工程势在必夺，调集各部门主干技术力量对该工程进行投标。该施工单位对技术标的编制要求比较高，尤其是对单位施工组织设计的编制要求很高。在投标时投入了大量的技术人员参加单位施工组织设计的编制工作。

【问题】

(1) 单位工程施工组织设计的编制依据有哪些？

(2) 单位工程施工组织设计中最具决策性的核心内容是什么？

(3) 按照施工组织设计编制程序的要求，在确定了施工的总体部署后，接下来应该进行的工作是什么？

(4) 单位工程施工组织设计的主要内容有哪些？

2. 某施工单位与业主签订了某综合楼工程施工合同。经过监理方审核批准的施工进度网络图如图6-9所示(时间单位：月)，假定各项工作均匀施工。

在施工中发生了如下事件。

事件1：因施工单位租赁的挖土机大修，晚开工2 d。

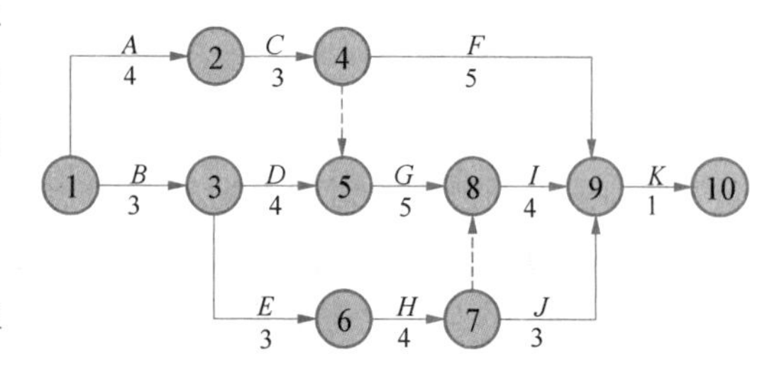

图6-9　经过监理方审核批准的施工进度网络图

事件2：基坑开挖后，因发现了软土层，施工单位接到了监理工程师停工的指令，拖延工期10 d。

事件3：在主体结构施工中，因连续罕见特大暴雨，被迫停工3 d。

【问题】

(1) 分别指出图中的关键工作及关键线路。

(2) 求出总工期是多少个月？

(3) 施工单位对上述事件1、事件2、和事件3中哪些事件向业主要求工期索赔成立，哪些不成立？并说明理由。

(4) 如果在工作D施工过程中，由于业主原因使该工作拖后2 d进行，施工单位可否提出工期索赔要求？原因是什么？

(5) 如果某施工过程中，由于业主原因使该工作拖后2 d进行，但该工作有3 d总时差，问施工单位是否可提出工期索赔？原因是什么？

答案扫一扫

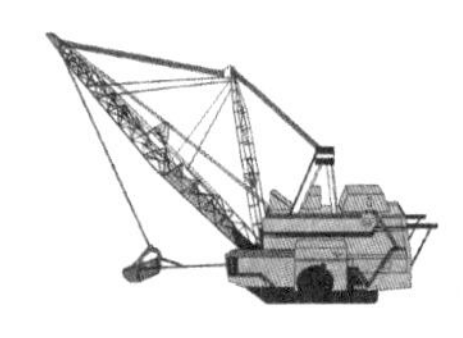

附　录
施工组织设计综合实例

附录Ⅰ　单位工程施工组织设计

一、工程概况

本工程为新建福厦铁路福州南站，为向莆线、福厦线和温福线引入的铁路客运枢纽站，负责沿海通道通过旅客列车作业，及部分旅客列车始发终到作业。车站选址位于福州市三环路、福厦高速公路连接线、福厦路(324 国道)、清凉山、城门之间的仓山区城门镇，距市中心(五一广场)13.9 公里。福州南站规划范围东至福厦高速公路福州连接线，西至福峡路，南至清凉山，北至城门山，占地约 10 000 亩，设计范围为纵一路、纵三路、螺城路、环岛路围成的区域内，占地约 2 200 亩。

车站采用“下进下出”的进出站流线模式，车站竖向共分 5 个标高层即地上 3 层、地下 2 层，从上至下依次为铁路站台层、候车及进站层、换乘广场及铁路出站层、地铁站厅层、地铁站台层，站房建筑总高度约 55.3 m。车站设正线 2 条、旅客列车到发线 12 条(有效长 650 m)；基本站台 2 座(西基本站台 450 m×20 m×1.25 m、东基本站台 450 m×15 m×1.25 m)，中间站台 5 座(450 m×12 m×1.25 m)。站房旅客最高聚集人数为 6 000 人，站房建筑面积 92 473 平方米(东西站房综合楼 49 251 m^2、换乘广场 31 907 m^2、高架车道及落客平台 11 315 m^2)，无站台柱雨棚面积 78 553 m^2。东、西站房主体采用钢筋混凝土框架结构及大跨度屋盖钢结构，建筑耐火等级为一级，结构安全等级为一级，抗震设防烈度为 7 度。

福州南站地理位置详见下图所示：

施工范围：设计里程为 DK7+555～DK8+005 范围内的站房、无站台柱雨棚(含站台面铺装)、给排水、暖通、电气及消防工程，包含站房中部 DK7+780 站内 96 m(12 m+3×24 m+12 m)铁路高架通道桥及与其联通的旅客进出站地道(不含上述区间内的路基及其余桥涵工程)，连接东西基本站台的上下站台通道桥，站外高架落客平台，以及福州市政府委托的福州火车南站地下配套交通工程。

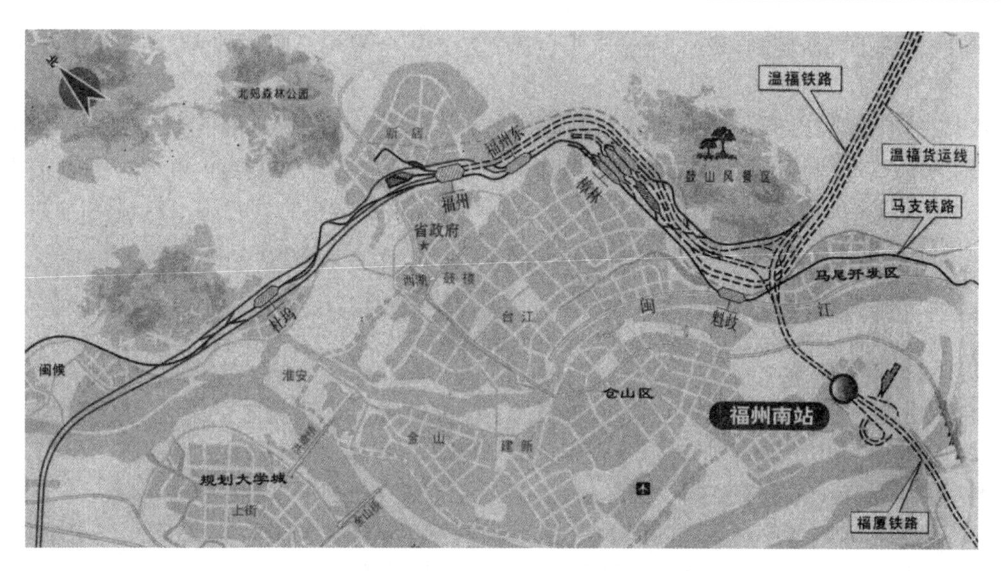

图Ⅰ-1　福州南站地理位置图

（一）自然条件

1. 地形地貌

福州南站站址位于戴云山东麓，丘陵、丘间谷地区及冲海积平原，地势东高西低。冲海积平原区内地势平坦、开阔，地面标高一般 3～4 m，道路、房建较密集，交通便利；丘陵区地形起伏，相对高差 60 m 左右，自然坡度 15°～25°；丘间谷地较平坦，呈半闭状，地面标高 5.0～10.0 m，民居零星分布。

2. 地质特征

（1）丘陵区：表层为坡残积粉质黏土，厚度 1～3.5 m 不等，局部达 8 m 以上；下部燕山期侵入花岗石全风化层，厚度 0～3 m，最厚 10 米左右，强风化层 2～5 m，局部 5～8 米；底部为弱风化层。

（2）丘间谷地：表层局部分布人工填筑土层厚度 1～3 m，下部为第四系冲海积松散沉积层，粉质黏土、淤泥、淤泥质土总厚度 3～9 m，底部为花岗岩全风化层。

（3）冲海积平原：表层为第四系全新统人工填筑土层，其下地层为第四系冲海积沉积层，底部为花岗岩全风化层。

3. 水文特征

冲海积平原地区沉积第四系全新统淤泥、淤泥质土、黏土层和基岩风化层地下水位埋深 0.5～1.5 m，淤泥质土、黏土层和基岩风化层内赋存少量孔隙潜水，其含水量一般较少。地表水、地下水水质分析结果：pH 值 6.5～6.9，二氧化碳侵蚀，H1 环境作用等级。

丘陵、丘间谷地区地下水主要为孔隙潜水较小，基岩裂隙水，水量侵蚀性。

4. 地震基本烈度

本工程结构安全等级为一级，抗震设防烈度为 7 度。

5. 气象特征

福州南站所在地属中亚热带季风气候区，雨量充沛，日照充足，夏长冬短，四季分明。春季受冷热气团影响气温变化大，常出现连续性降水；夏季前期受暖湿气团影响，出现梅雨天气，后期受单一副热带高压控制，晴热少雨，常少台风影响。历年平均日照时数为 1 625.3 h，日照时数百分率为 37%。年平均气温 16.7℃～19.4℃，最冷月一月平均最低气温约为 10℃，最热月七、八月平均气温 28.8℃，极端最高气温可达 40～41℃以上，极端最低气温－6℃；历年平均无霜期为 302 天；全年风向以静风频率最多，占 27%；东北频率次之，占 11%。极端最大风速城郊曾出现 34 m/s，北郊出现过 40 m/s。台风造成影响最早为 5 月 19 日，最迟为 1 月 18 日，地区降水量在 1 000 mm～1 740 mm 之间，全年雨季、旱季分明。

（二）工程建设条件

1. 施工用电条件

沿线电力发达，且电力网络密集，容量富裕，有供应本工程施工的能力可就近“T”接。为确保工程施工用电，对本工程用电采用地方电源与自发电相结合的方式。

站房施工用电由施工单位自行申请，满足本工程施工要求。

2. 施工用水条件

全线地表水、地下水较丰富，可利用市自来水或铁路车站既有水源，站房施工用水接市政自来水管。由施工单位自行申请并设置水表后引入施工现场，满足本工程施工要求。

3. 通信条件

本地区信息化水平较高，有程控电话线路，移动通信网络覆盖，通信条件便利。站房施工现场位于市区，通信方便，施工期间主要利用商用电话和无线电对讲机作为主要通信工具。

4. 交通运输条件

本工程为新建铁路站房，中间站场区域正在施工，南北侧为规划市政工程（房屋待拆迁），西侧有一条道路通往工地，场地交通运输满足现场施工需要。

5. 周边环境条件

福州南站位于福州市三环路、福厦高速公路连接线、福厦路（324 国道）、清凉山、城门之间的仓山区城门镇，距市中心（五一广场）13.9 公里。

（三）工程特点

（1）本工程施工工期紧，专业众多，施工中相互交错，站房下设计有市政地铁 1 号线，地铁上部又为铁路通道高架桥，高架桥地面以下墩柱和基础采用和地铁合建的模式，结构相互利用，构成空间结构体系，因此在施工前要做好施工策划，强化过程协调，施工时必须先施工地铁结构才能施工站房结构，因此地铁施工工期直接制约主站房的施工工期，为此成立专门的配合协调部门，加强与设计部门及市政部门联系、沟通，为工程顺利施工扫清障碍。

（2）本工程位于丘陵挖方地区，大都为坚硬岩石，造成土石方开挖及桩基础施工难度增大，局部需要采取爆破形式才能进行土方掘进和桩基施工。

（3）本工程混凝土框架梁为有黏结预应力梁，并且为大跨度双向梁板体系，预应力梁和大跨度梁板体系其本身特性（要求砼强度达到设计强度方可张拉和拆模）直接制约结构施工向建筑装修的快速转换，因此必须合理安排工序以保证工期目标实现。

（4）屋盖结构采用大跨度张弦梁结构形式，有效降低屋盖自重，并且造型比较美观。

（5）站房工程与站前市政紧密相连，站前市政直接关系到站房投入运营的交通组织，因此站房工程和站前市政先后施工，共同竣交，才能确保正常运营。

二、总体施工组织部署及规划

（一）编制依据

（1）《新建铁路福厦线福州南站房及配套工程施工总承包》合同；

（2）中铁第四勘察设计院、同济大学建筑设计研究院设计的福州南站房及配套工程的设计图纸；

（3）省部领导对工程的指示精神及工程现场实际情况、有关便线通过等会议纪要；

（4）国家、铁道部、东南沿海铁路福建有限公司、福建省及福州市有关工程施工质量、安全、文明施工、环保、水保、文物保护等的法律、法规及相关文件；

（5）国家、铁道部、福建省关于工程设计、施工及验收的标准、规范、技术指南和有关文件；

（6）类似铁路工程积累的施工经验、施工技术总结，工法及专利等科研成果，拥有的施工机械设备装备和施工能力。

（二）总体施工目标

1. 质量目标

工程必须全部达到国家和铁道部现行的工程质量验收标准及设计要求，并满足验收速度对质量要求；工程一次验收合格率达到100%，满足全线创优规划要求。

2. 工期目标

总工期：总工期455天，其中开工日期2017年9月2日，竣工日期2018年11月30日。

受诸多客观因素的影响，本工程正式开工日期2017年10月2日，拟竣工日期不变。

3. 安全施工目标

坚持“安全第一，预防为主”的方针，消灭一切责任事故，确保人民生命财产不受损害；杜绝施工安全重大、大事故，防止一般事故发生。

按照国家、铁道部、福建省和福州市政府颁发的有关安全生产法律法规。建设部建标(99)79号“关于发布发行《建筑施工安全检查标准》的通知”、本单位的各类施工安全管理制度等，对本工程施工过程中的现场安全保障措施、现场消防、保卫措施等方面做到严格、详细的规定。

为了确保工程施工全过程中的安全生产，我们将建立强有力安全组织保证体系和完善的安全生产保证制度，在遵守以上安全生产法律法规及规定的同时，过程中加强对施工队伍的安全交底培训，强化住宿制度、现场出入制度的管理，由专职安全员进行现场安全的全方位、全天候、全过程管理，确保本工程安全生产无事故。

4. 文明施工目标

本技术标编制严格贯彻了《建设部施工现场管理规定》以及《福州市市区建设工程环境保护管理规定》。对如何做好施工区域范围内的文明施工，防止渣土洒落，泥浆废水流溢，控制粉尘飞扬，减少环境污染等对周边环境的影响做了详细的规定，并制定有效的措施。

我们将严格遵循市、区及行业监督、监察的要求，严格执行《福州市市区建设工程环境保护管理规定》,《建设部施工现场管理规定》、招标文件对我们在文明施工方面的要求和规定以及投标书中承诺的保证文明生产、环境保护的技术措施，真正做到文明施工。

工程施工现场严格按照福建省、铁道部有关文明施工要求组织施工，确保福建省文明工地、铁道部标化工地。做到“五化”：即亮化、硬化、绿化、美化、净化。

（三）施工总体区段划分

1. 总体施工区段划分

根据本工程东西站房设计的特点，为实现质量、安全、工期目标，将本工程划分为三个施工区，每个区分成两个流水段，施工区段划分如下：

第一施工区（W 区）：西站房、相应进出站通道、西侧进站落客平台、西基本站台匝道；

第二施工区（E 区）：东站房、相应进出站通道、东侧进站落客平台、东基本站台匝道；

第三施工区（C 区）：无站台柱雨棚；

第四施工区（T 区）：地铁、无站台柱雨棚内进出站通道、96 m 通道高架桥；

第五施工区（D 区）：地铁主体结构施工。

（1）福州南站施工分区图

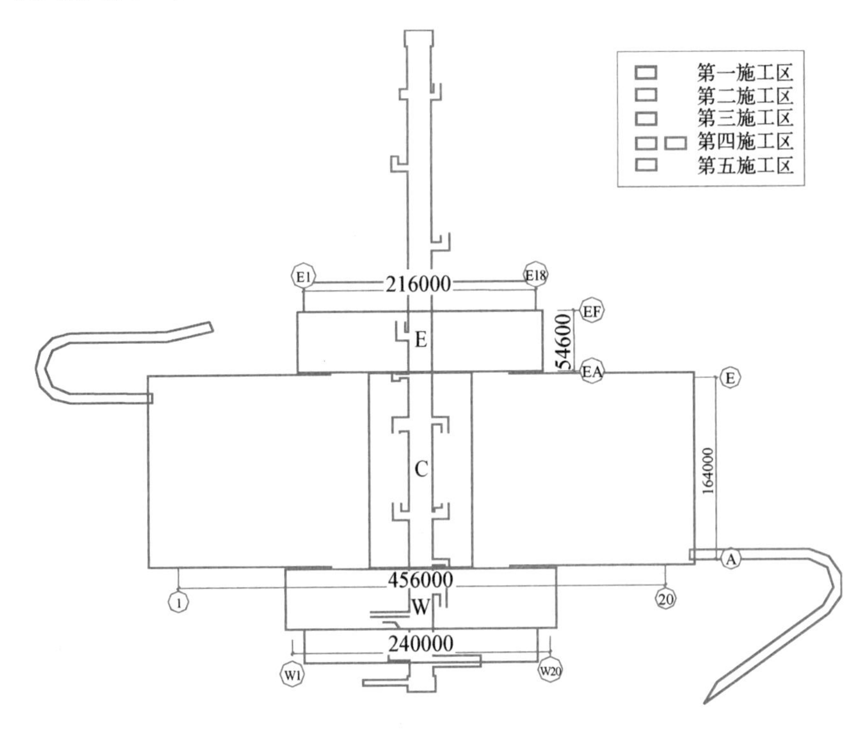

图 I-2　福州南站施工分区图

（2）施工流水段划分

① 西站房施工作业区分为 W1、W2、W3 三个大的流水段。

② 东站房及东进站平台施工作业区分为 E1、E2、E3 三个大的流水段。

③ 无站台柱雨棚划分为 C1、C2、C3 三个流水段。

④ 高架通道垂直铁路线划分为 T1、T2、T3 三个大的流水段。

⑤ 地铁施工为 D1、D2、D3 三个大流水段，进出站通道施工作业区分划分同地铁。

（3）各作业区塔吊布置

塔吊布置及装拆时间计划表：

序号	塔吊编号	塔吊型号	安装时间	拆除时间	备注
1	1#	ZSC7030	2017.10.9	2018.5.2	主要负责东西站房部位结构及钢结构施工
2	2#	ZSC7030	2017.10.11	2018.5.4	
3	3#	MC300	2017.10.13	2018.5.6	
4	4#	MC300	2017.10.15	2018.5.8	
5	5#	TC7030	2017.10.1	2018.3.15	重型塔吊，主要负责站场内进出站通道、站场通道高架桥及地铁部位的结构施工和雨棚柱基础结构施工
6	6#	TC7030	2017.10.3	2018.3.16	
7	7#	TC7030	2017.10.5	2018.3.17	
8	8#	TC7030	2017.10.7	2018.3.18	

1#—4#塔吊为行走式塔吊主要供东西站房结构及东西站房钢结构施工使用，5#—8#塔吊为固定式塔吊主要供96 m通道高架桥及相应的部位进出站通道结构施工使用。

塔吊布置平面示意图如下：

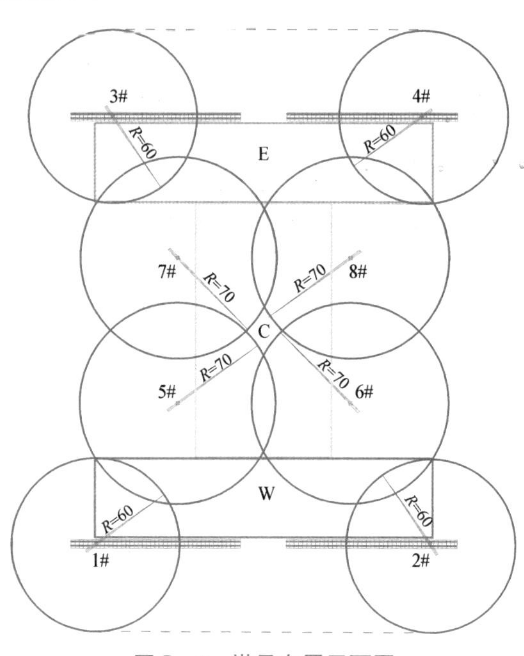

图Ⅰ-3　塔吊布置平面图

2. 主要工程项目的施工方法

表Ⅰ-1　主要工作项目施工方法

序号	主要单项或分项工程	施　工　方　法
1	基坑围护及支护	地铁基坑采用地下钻孔灌注桩围护；深基坑采用 φ600X12 钢管做水平支撑；大放坡基坑采用喷射砼防护。
2	基坑降水	基坑采用集水坑降水。
3	土方工程	进出站通道及站房一层结构均采用机械大开挖，人工配合清土；地铁负一、二层开挖采用爆破开挖出土；机械分层回填，局部人工分层回填夯实，大面积回填土采用振动压路机压实。

续表

序号	主要单项或分项工程	施 工 方 法	
4	地铁结构施工	总体施工工艺	全部采用正常施工的正做法施工。
5		模板工程	采用成套组合型钢双面覆塑胶合板模板。
6		脚手架	顶板采用成套碗扣式脚手架,局部采用组合型钢梁(贝雷架)和组合型钢柱支撑;墙板采用组合型钢木支撑模板系统。
7		钢筋	机械下料、塔吊调运、人工绑扎、直螺纹钢筋接头,部分采用电渣压力焊。
8		混凝土	汽车泵和固定地泵浇筑。
9	站房主体结构	模板工程	采用18厚双面覆塑胶合板模板,部分柱采用制作非定型钢模板。
10		脚手架	采用成套碗扣式脚手架和普通钢管脚手架,部分采用型钢支架。
11		钢筋	机械下料、塔吊调运、人工绑扎、直螺纹钢筋和闪光对焊接头及部分搭接接头,部分采用电渣压力焊。
12		混凝土	汽车泵和固定地泵浇筑,楼板大面积混凝土采用布料机旋转浇筑。
13	钢结构	桁架采用履带吊双机抬吊,履带吊、塔吊分段吊装。	
14	钢合金板屋面	屋面板现场集中轧制裁切,屋面人工安装,机械咬口闭合。	
15	石材工程	专业厂家下料裁切,现场人工铺贴。	
16	吊顶工程	专业厂家制作,现场安装。	
17	幕墙工程	专业厂家制作,现场安装	
18	水平运输	地面采用汽车或装载机,楼面采用液压叉车。	
19	垂直运输	结构施工阶段采用塔吊,装修阶段采用标准提升架。	
20	高空吊装	采用塔吊和履带吊共同吊装。	
21	大体积混凝土	采用汽车泵或固定泵,循环或分层浇筑。	
22	通道高架桥工程	模板	预制成套可调节钢模板,流水使用。
23		支撑	地铁区域内下部结构满堂脚手架支撑卸载,高架桥梁与地下空间顶板间空隙采用型钢钢架(贝雷架)支撑及定型钢模。
24		钢筋	机械下料、塔吊辅助转运、人工调运绑扎、直螺纹钢筋和闪光对焊接头,部分采用电渣压力焊。
25		混凝土	汽车泵浇筑。

3. 施工任务划分

依据为本工程设立的施工组织机构及施工区段划分，基于站房建设的需要，施工组织上先完成地铁及不受地铁影响的站房、雨棚的建设，然后进行站房的全面施工。由于福州南站工程涉及地铁、通道高架桥与房建三个部分，因此按照地铁、桥梁工程与房建工程两大部分组织施工管理，分别成立施工单位项目经理部，各专业工程施工由专业架子队负责，专业架子队的数量根据施工的进展随时进行相应增减调整。

架子队伍是以施工企业管理、技术人员和生产骨干为施工作业管理与监控层，以劳务企业的劳务人员和与施工企业签订劳动合同的其他社会劳动者(统称劳务作业人员)为主要作业人员的工程队。架子队伍是一种经实践证明较好的施工生产组织方式，是一种较为理想的劳动用工管理模式。采用架子队伍管理模式，能够充分利用社会劳动力资源，实现施工现场管理层与作业层的有机衔接和有效运作，防止施工现场质量安全保证体系流于形式，对确保建设工程质量和施工安全具有重大意义。

依据为本工程设立的施工组织机构及施工区段划分：

第一土建施工作业队负责东西站房即 E 区和 W 区段、C 区雨棚土建、西区进站落客平台桥及东西站房的进站匝道；

第二土建施工作业队负责施工站场范围 96 m 跨宽 177.1 m 的进出站通道、96 米通道高架桥；

第三施工作业队为地铁施工队，负责地下地铁站的主体施工，具体再根据地铁施工区段划分配置分队；

第四施工作业队为钢结构施工队，负责站房钢结构、无站台柱雨棚钢结构及屋面工程的施工；

表Ⅰ-2　主要架子队伍施工安排表

序号	架子队划分		工　作　内　容
1	地铁与通道工程	地铁围护桩架子队	负责地铁范围内的地下基坑围护桩施工
3		土方架子队	负责地铁、站房范围的土方开挖工作。
3		结构架子队	负责地铁范围内结构施工
4		高架桥架子队	负责进出站通道、通道高架桥及进站匝道施工。
5		预应力架子队	负责桥梁范围内的预应力施工
6	房屋建筑工程	桩基架子队	负责站房范围内的桩基础及围护墙施工
7		土方架子队	负责站房、进出站通道范围内的土方开挖工作
8		结构架子队	负责除地铁范围外的站房及进出站通道空间结构施工(东西站房各一个施工作业架子队)
9		钢结构架子队	负责站房钢结构、无站台柱雨棚钢结构及屋面施工
10		装饰装修架子队	负责站房及进出站通道空间范围内的装饰装修工作(东西站房各一个施工作业架子队)。
11		安装架子队	负责地铁范围内的预留预埋及站房和地下空间内的安装工程。

（四）施工准备

施工准备工作一览表：

表Ⅰ-3 施工准备工作一览表

序号	工作内容		执行人员
1	图纸学习、会审、技术交底、编制施工组织设计		工程师、技术员
2	基础、主体、安装、装饰工程施工预算		预算员
3	根据交接的基准点进行施工放线		测量员
4	施工图纸翻样、报材料计划		各专业施工员
5	临建设施	钢筋堆放加工场、水泥库房、标准养护室、化浆池	各专业施工员
		配电间、木工车间	施工员、电工班长
		办公、生活用房、临时围墙	各专业施工员
		场地硬化、施工道路、绿化	各专业施工员
6	施工供电	施工现场以外电源	电工班长
		施工现场以内电源	电工班长
7	施工供水管网铺设		施工员、水工班长
8	木工机械、钢筋机械安装		施工员、机械队长
9	塔吊机械	钢筋混凝土基础施工	专业施工员
		塔吊安装、验收	机械队长
10	桩机及地连墙设备安装		机械队长
11	参与施工管理人员、劳动力进场教育并取证		安全环保部长、专业工长
12	上呈开工报告		东南沿海铁路福建有限责任公司指挥部相关人员、项目经理

1. 施工图审核

新建铁路福州南站工程由于工程规模大，车站周边施工单位较多，且涉及地铁、站房、铁路站场、地方东西站前广场、站前东西高架道路、电气化、市政等多项工程系统，且工程本身具有土建、安装、钢结构、装饰装修、幕墙、“四电”以及其他诸多的专业工程分项，工程各系统之间的相互制约、相互协调、相互穿插的情况非常复杂，根据此种情况，必须将施工图审核作为一项重要的技术准备实施。

本项目由专业工程师牵头，组织各施工项目部，统一进行福州南站站房工程，包括地铁、通道高架桥、进出站通道、站房内各专业、各系统的图纸审核工作，同时，还承担站房图纸与地方有关单位或站场工程提供的图纸之间的相互核对与校核，如东西站前广场、站前高架道路、铁路站场（其他单位承担施工的部分）、四电、市政系统等，将不同设计专业、不同设计单位的图纸问题消化在施工之前，以保证施工能够顺利进行，必要时尤其是后期，对相关图纸进行深化设计，报主管设计单位认可后实施，现场及时处理设计及相关工程衔接深化设计工程，避免工程现场受图纸制约而影响工程进度。

2. 资源准备

（1）劳动力组织

各施工项目部投入本工程的施工力量从其公司范围内组成专业施工队，并根据施工作业面的变化和工作量适时动态调整。

表Ⅰ-4　劳动力组织

	2018年										
	1月	2月	3月	4月	5月	6月	7月	8月	9月	10月	11月
钢筋工	300	310	410	410	410	410	340	250	40	40	
模板工	500	560	560	560	560	560	260	80	60	60	
混凝土工	100	80	60	60	60	80	50	20	20	20	
钢结构焊工						20	120	210	120	40	
钢结构辅助工	20	40	80	60	30	20	40	80	60	30	
架子工	50	50	150	150	150	150	150	60	50	50	10
瓦工			120	160	160	160	160	130	90	80	15
信号工	10	10	10	10	10	10	10	10	10	5	
起重工	6	10	10	10	10	10	10	10	10	5	
机械工	10	10	10	10	10	10	10	10	10	5	
防水工	20	20	20	20	20	80	80	20	20		
测量工	6	6	6	6	6	6	6	6	4	5	
试验工	8	8	8	8	8	8	8	8	6	5	
电焊工	20	56	56	56	56	50	50	30	30	20	
油工					40	60	120	140	140	110	30
精装修工				10	140	240	370	480	480	360	160
幕墙工			20	60	100	100	100	30			
水道工	30	30	30	60	60	80	80	40	20	10	10
电工	60	60	60	120	120	140	140	70	20	15	15
空调工				40	40	70	60	30	15	10	10
保温工			40	40	40	46	46	36	15	10	10
其他	30	30	30	30	30	30	30	30	30	20	10
管理人员	100	100	100	100	100	100	100	100	100	100	100

（2）物资材料准备

本工程所需材料品种多，供货时间相对集中，应周密安排好材料供应计划，超前考虑，避免短货、缺货现象发生。各种材料本着先试验，后定点，并经业主及监理工程师确认后，才能订购，严格进场材料抽检制度，把好原材料质量关，杜绝伪劣材料进场。

(3) 施工机械设备、仪器准备

充分发挥施工单位集团整体优势，主要机械设备、仪器均从各施工单位公司内自有机械设备、仪器中调配，少量不足拟从社会租赁或购置。所有机械设备及工器具应严格按照一般机械的有关规定和产品的专门规定进行定期检查和维修保养，以保证它们处于良好和安全的工作状态，日常保养、检测及维护工作应尽可能安排在非工作时间进行，以确保工程施工不间断地进行。

表Ⅰ-5　拟投入本工程的主要施工设备表

序号	设备名称	规格型号	数量/台•套$^{-1}$	国别产地	制造年份	额定功率/kW	生产能力	用于施工部位	备注
一、地下工程(土方、桩基、围护、地铁、通道高架桥)施工机械									
1	钻机	GPS—10	15	上海	2005	30	15 m/d	桩基工程 管井降水	
2	冲击式工程钻机	CZ-30	40	上海	2005	30		桩基工程	
3	塔吊(70 m)	TC7030	2	四川	2005	90	250 tm	主体工程	
4	电焊机	BX-300	48	无锡	2004	21		桩基工程	
5	电焊机	500 型	2	无锡	2004	38		旋喷桩施工	
6	锚杆钻机	MG-50	4	上海	2003	30		围护工程	
7	冲击器	WC-150	2	上海	2006	7.5		围护工程	
8	冲击器	J-80	2	上海	2006	7.5		围护工程	
9	空压机	1.0 m^3	5	北京	2005	5.5		桩基工程	
10	高风压空压机	VHF-700 型 21/1.2	2	上海	2006	15		桩基工程	
11	泥浆运输车	10 m^3	8	武汉	2003			桩基工程	
12	导管	Φ250	1 800	武汉	2002			桩基工程	
13	汽车吊	15T	3	徐工	2003			桩基工程	
14	高压旋喷桩机	IDS50	6	上海	2005	90		旋喷桩施工	
15	偏心钻	WC-100	4	上海	2004	5.5		桩基工程	
16	千斤顶	YCW100 型	4	太原	2005			桩基工程	
17	油泵	ZB4-500	4	太原	2006	30		桩基工程	
18	灰浆搅拌机	1 m^3	4	上海	2004	3.5		桩基工程	
19	储气罐	0.6/0.8	4	上海	2005			桩基工程	
20	吸浆泵	YFB-90D	4	济南	2004	3.5		桩基工程	
21	履带吊	WC-1500	4					桩基工程	
22	泥浆泵	3PNL	4	上海	2005	2.5		桩基工程	
23	制浆机	0.6 m^3	6	上海	2004	3.5		旋喷桩施工	

续表

序号	设备名称	规格型号	数量/台·套$^{-1}$	国别产地	制造年份	额定功率/kW	生产能力	用于施工部位	备注
24	注浆机	UBJ-2	6	上海	2004	2.5		旋喷桩施工	
25	泥浆机		3	武汉	2003	3		旋喷桩施工	
26	履带吊机	W1001	2	抚顺	2005			旋喷桩施工	
27	震动锤		2	上海	2004	45		旋喷桩施工	
28	履带吊	神户-7100	3	日本	2002	35	100 t	基坑开挖	
29	86 泵		4	中国	2004	7.5		管井降水	
30	深井潜水泵	QX25-50-4Z	35	中国	2006	5.5		管井降水	
31	深井潜水泵	QX50-60-15	30	常德	2005	7.5	10 m^3	管井降水	
32	潜水泵	QDX3-35-0.75	10	中国	2004	15		管井降水	
33	真空泵	2S-185	10	中国	2001	0.75		管井降水	
34	湿喷机	TK-961	2	中国	2002	5.5		土方开挖	
35	挖掘机	PC200	4	中国	2001	9		土方开挖	
36	挖掘机	0.6 m^3	2	成都	2006	83		土方开挖	
37	挖掘机	0.4 m^3	4	日本	2004		1 m^3	土方开挖	
38	挖掘机	16 m 长臂	4	韩国	2006	208	0.4 m^3	土方开挖	
39	自卸卡车	太脱拉 15T	20	中国	2001	110	15t	土方运输	
40	自卸卡车	10 m^3	10	天津	2005			土方运输	
41	轴流风机	88-1	1	中国	2003			通风	
42	千斤顶	300 t	4	中国	2002		300 t	基坑开挖	
43	竖井提升架	10 t	1	自制	2006	7.5	10 t	地铁工程	
44	插入式振动器	ZN50	60	中国	2005	1.5		地铁工程	
45	平板式振动器	ZB11	15	中国	2006	1.5		地铁工程	
46	钢筋切断机	GQ40-1	8	韶关	2004	4.4	40 m/min	钢筋工程	
47	钢筋弯曲机	GJ2-40	8	合肥	2003	3	40 m/min	钢筋工程	
48	闪光对焊机	UN1-100	4	太原	2006	100		钢筋焊接	
49	直流电焊机	AX-320×1 型	16	中国	2006	32		钢筋型钢	
50	接驳器加工机		4	中国	2006			钢筋工程	
51	空压机	L-20/8	10	中国	2006	55	20 m^3	结构施工	
52	输送泵	HBT60	2	中联	2006	75		砼施工	
53	气泵	SY-2.5	2	河北	2006	1.2		砼施工	

续表

序号	设备名称	规格型号	数量/台·套$^{-1}$	国别产地	制造年份	额定功率/kW	生产能力	用于施工部位	备注
54	泥浆车		6	中国	2006			泥浆外运	
55	推土机	T140-1	2	宣工	2005	103		基坑回填	
56	压路机	YZ10-B	1	洛阳	2005	65	10 t	基坑回填	
57	打夯机	HW60	4	长沙	2003	15		基坑回填	
58	装载机	ZL-50	2	柳工	2003	155	0.5 m^3	基坑回填	
59	注浆泵	LT200	2	锦州	2004	8		连续墙	
60	预应力千斤顶	350B	20	柳州	2006		3 000 kN	预应力	
61	压浆泵	BW180-2	10	济南	2006	7.5		预应力	
62	高压注浆泵	2TGZ-120	2	上海	2004	20	120 L/min	桩基工程	
二、站房施工机械									
(1)	站房钢筋混凝土结构施工机械								
1	柴油发电机组	YTW-200-4	2	上海	2006	200		发电设备	
2	塔吊(60 m)	C7030	2	南京	2008	150	720 tm	主体工程	行走
3	塔吊(60 m)	MC300	2	波坦	2003	90	300 tm	主体工程	行走
4									
5	快速提升架	SSB100	4	南海	2005	15		主体工程	
6	钢筋切断机	GQ40-1	12	韶关	2004	5	40 m/min	钢筋工程	
7	钢筋弯曲机	GJ2-40	12	合肥	2003	3	40 m/min	钢筋工程	
8	钢筋调直机	GT4-8	3	合肥	2005	5.5	40 m/min	钢筋工程	
9	闪光对焊机	UN1-100	6	上海	2004	100		钢筋工程	
10	交流电焊机	AXC-400-1	80	无锡	2002	40		钢筋工程	
11	直螺纹套丝机	WQT-1	12	南京	2006	4.5	2 000 个/d	钢筋工程	
12	电渣压力焊机	ZH1250	4	无锡	2005	21		钢筋工程	
13	木工加工机械		5	广东	2004	3		模板工程	
14	潜水泵	扬程 30 m	100	广东	2002	2.2	30 m	抽、降水	
15	高压水泵	扬程 80 m	4	广东	2005	18.5	80 m	三类	
16	砼运输车	XQ5220 GJB	30	徐工	2000		6 m^3	砼工程	
17	砼输送泵	HBT60	5	镇江	2004	90	70 m^3/h	砼工程	
18	插入式振捣器	ZX-50	40	广东	2006	1.1		砼工程	
19	砼平板振捣器	PZ-50	6	韶关	2005	3.5		砼工程	

续表

序号	设备名称	规格型号	数量/台·套$^{-1}$	国别产地	制造年份	额定功率/kW	生产能力	用于施工部位	备注
20	灰浆搅拌机	JZC250	2	韶关	2006	5.5	250 L	灰浆搅拌	
(2)	站房预应力结构施工机械								
1	砂轮切割机	ϕ400	2	柳州	2003			成型制作	
2	穿束套		5	柳州	2003			成型制作	
3	手动葫芦	0.5T	2	柳州	2003			成型制作	
4	穿心式千斤顶	YDC2500	3	柳州	2004		2480kn	预应力张拉	
5	穿心式千斤顶	YDQ280－160	3	柳州	2004			预应力张拉	
6	专用工具锚		2	柳州	2003			预应力张拉	
7	电动油泵	ZB－500	2	柳州	2005			预应力张拉	
8	高压油管	6 m	10	柳州	2005	5.5		预应力张拉	
9	精密压力表	1.5 级	4	苏州	2004			预应力张拉	
10	手提式切割机	Φ180	2	柳州				预应力张拉	
11	灌浆泵	UBL3	3	柳州	2004		2.7 m^3/h	孔道灌浆	
(3)	站房钢结构施工机械								
1	钢板矫平机	W43－70＊1000	1	上海	1999	35	70 mm	钢结构制作	
2	刨边机	B81120A/12	1	上海	1997	7.5	12 m	钢结构制作	
3	刨边机	B1199CA/9	3	上海	2000	7.5	9 m	钢结构制作	
4	龙门刨	BC12000＊1500	1	天津	1999	5	3 m	钢结构制作	
5	平板机	PZ750/60	1	建湖	2001	30	60 mm	钢结构制作	
6	摇臂钻	Z3080	2	建湖	2001	7.5	80 mm	钢结构制作	
7	摇臂钻	Z30100	2	上海	2000	10	100 mm	钢结构制作	
8	卷板机	Q100＊2900	1	太原	1998	150	100 mm	钢结构制作	
9	卷板机	40＊4000	2	太原	2002	100	40 mm	钢结构制作	
10	桥式吊	20/20T＊28.5	7	威海	2000	30	20 t	钢结构制作	
11	桥式吊	50/10T＊28.5	2	上海	2001	20	10 t	钢结构制作	
12	桥式吊	75/20T＊28.5	2	上海	1998	30	20 t	钢结构制作	
13	剪板机	Q11－20＊2000	3	上海	1996	35	20 mm	钢结构制作	
14	剪板机	Q12－20＊3200	2	上海	2003	35	20 mm	钢结构制作	
15	压力机	S1－1250T	1	宁波	2001	210	1 250 t	钢结构制作	
16	车床	C650	10	上海	1999	13	1 m	钢结构制作	

续表

序号	设备名称	规格型号	数量/台·套$^{-1}$	国别产地	制造年份	额定功率/kW	生产能力	用于施工部位	备注
17	H型钢调直机	S=40	2	无锡	2001	30	40 mm	钢结构制作	
18	H型钢自动组立机	HG-1500	1	无锡	2000	7.5	1500*500	钢结构制作	
19	数控三维钻	BDL-1250/3	1	美国	1998	15	80 mm	钢结构制作	
20	端铣机	HG63/T *4050	1	江阴	2000	22		钢结构制作	
21	数控切割机	GS/24000B	2	重庆	1998	3	80 mm	钢结构制作	
22	数控切割机	CM-100-26	1	无锡	1996	5	100 mm	钢结构制作	
23	数控切割机	CMC-60-15	3	无锡	2002	3	60 mm	钢结构制作	
24	等离子切割机	SKG30C7	4	无锡	2003	1	30 mm	钢结构制作	
25	半自动切割机	G1-100A	30	常州	2000	0.5	60 mm	钢结构制作	
26	自动仿型切割机	Q2-300	3	常州	2001	1		钢结构制作	
27	型材圆盘锯	LC-1250	2	上海	2001			钢结构制作	
28	数控相贯切割机	HID-900MTS	2	日本	2001	15	900 mm	钢结构制作	
29	300 T履带吊	QUY300	4	日本	2005	240	150 t	站房钢构主桁架吊装	
30	250 T履带吊	M250	8	日本	2002	231	50 t	雨棚及门厅桁架吊装	
31	65 T汽车吊	QY65	2	徐州	2005	240	150 t	门厅悬挑结构及檩条吊装	
32	50 T汽车吊	QY50	8	徐州	2002	231	50 t	雨棚檩条吊装	
33	55 T履带吊	抚挖	6	抚顺	2006		160 t	现场拼装	
34	25 T汽车吊	QU25	8	徐州	2001		25t	现场拼装	
35	160 T汽车吊	QUY160	1	徐州	2002	231	50 t	卸车、倒运	
36	龙门行车	25 t	2	上海	2002			现场拼装	
37	炮台车	10～30吨	4	上海	2003			构件运输	
38	拉磅	50 T	60					构件现场组装安装	
39	超声波探伤仪	EPOCH LT	1	苏州	2004			焊缝检测	
40	超声波探伤仪	CTS-2000	1	苏州	2004			焊缝检测	

续表

序号	设备名称	规格型号	数量/台·套$^{-1}$	国别产地	制造年份	额定功率/kW	生产能力	用于施工部位	备注
41	CO_2焊机	CPX-350	80	日本	2003	30		现场焊接	
42	交直流两用焊机	ZXE1-3*500/400	30	浙江	2004	90		高空焊接	
43	碳弧气刨	ZX5-630	10	南通	2003	15		焊透焊缝清根出白	
44	空压机	DW-9/7 ZW-6/7	6	北京	2005	35	9 m^3/min	现场涂装	
45	焊条烘箱	HY704-3	2	吴江	2002	1.5		现场焊接	
46	喷枪	CD80-3	8	温州	2002			现场补漆	
(4)	站房安装工程施工机械								
1	真空滤油机	ZJY-100	1	山东	2004	1.5		安装工程	
2	母线煨弯机	YWPJ-P10	2	江苏	2005	1.2		安装工程	
3	辘骨机	LB-12V	1	西安	2005	4	1 000 m^2/台班	安装工程	
4	压筋机	G1.2*2000-7	2	西安	2005	3	1 000 m^2/台班	安装工程	
5	滚板机	6×2 000	1	西安	2005	4	1 000 m^2/台班	安装工程	
6	剪板机	Q11-4X2000	2	青岛	2005	4	1 000 m^2/台班	安装工程	
7	单平咬口机	YZD-12	3	太原	2005	1.5	1 000 m^2/台班	安装工程	
8	联合角咬口机	YZD-12	3	太原	2005	1.5	1 000 m^2/台班	安装工程	
9	弯头联合咬口机	YWL-12	1	太原	2005	1.5	1 000 m^2/台班	安装工程	
10	插条机	YZD-10	1	太原	2005	1	1 000 m^2/台班	安装工程	
11	手动折方机	WS-2*2000	3	太原	20005	7.5	1 000 m^2/台班	安装工程	
12	曲线剪切机	Q21-5A	1	西安	20005	7.5	1 000 m^2/台班	安装工程	
13	真空泵	BZ182XZ	2	上海	20005	2.4		安装工程	
14	开孔机	KB-114	25	潍坊	2006	1	40 m/台班	安装工程	
15	氩弧焊机	WS-200	8	北京	2005	4		安装工程	
16	型材切割机	400A	12	浙江	2005	2.2		安装工程	

续表

序号	设备名称	规格型号	数量/台·套$^{-1}$	国别产地	制造年份	额定功率/kW	生产能力	用于施工部位	备注
17	热熔焊机	平台式 250 型	2	无锡	2005	16		安装工程	
18	电动套丝机	ZIT-R4	10	杭州	2004	3		安装工程	
19	电焊机	BX3-300	15	上海	2006	23		安装工程	
20	交流焊机	BX-500	10	上海	2006	30		安装工程	
21	直流焊机	AX7-500	5	唐山	2006	30		安装工程	

3. 现场准备

进场后，先搭设围墙和大临设施，确保文明施工；施工临时用电和临时用水的铺设。在搭建临时设施的同时，施工准备工作也同时展开，包括现场清障、场地布置、管线搬迁、场地硬化修筑临时道路、道路翻交、本工程的定位放线、进机械设备、桩基施工等。

(1) 及时与有关单位取得联系，认真勘查，探明地下管线、构筑物分布情况，做出明显标识，并做好记录，加强保护措施，为下一步制定处理方案做好准备。

(2) 三通一平：根据施工实际需要和施工总平面布置要求，结合福州南站工程土石方开挖的进度，按设计红线范围，快速有序的组织临时工程的施工。首先，根据整个场地的实际施工进度及拆迁进度，分基础、主体结构、装饰等阶段编制总平面布置图，按平面布置图要求，分阶段分区域尽快开通施工硬化道路，修建临时围墙，架设施工电力主干线，敷设施工供水主干管，将水、电引至各主要施工工点，做好现场临时水、电及消防等系统安装。然后，迅速展开施工临时设施的修建，调配机具设备的就位、调试，组织工程所需材料陆续进场。

(3) 坐标点的引入：邀请设计院、监理会同站前站后施工单位进行定位桩及建筑红线和坐标点的引入工作，现场交接桩与复测，然后依据设计图纸提供的坐标点和水准点，复核建筑物控制桩，引入高程控制网水准点，做好现场控制网测设，并及时报验监理，同时实施对桩点的保护。

三、主要工程项目的施工方案

（一）测量施工方案

1. 测量工程概况

本工程由 DK7+549DK8+110 范围内的站房 92 473 m^2（东西站房综合楼 49 251 m^2、换乘广场 31 907 m^2、高架车道及落客平台 11 315 m^2），无站台柱雨棚面积 78 553 m^2 及主站房下东西走向的地铁土建工程组成。

车站采用“下进下出”的进出站流线模式，车站竖向共分 5 个标高层即地上 3 层、地下 2 层，从上至下依次为铁路站台层、候车及进站层、换乘广场及铁路出站层、地铁站厅层、地铁站台层，站房建筑总高度约 55.3 m。车站设正线 2 条、旅客列车到发线 12 条（有效长 650 m）；基本站台 2 座（西基本站台 450 m×20 m×1.25 m、东基本站台 450 m×15 m×1.25 m），中间站台 5 座（450 m×12 m×1.25 m）。东、西站房主体采用钢筋混凝土框架结构及大跨度屋盖钢结构。地铁一号线车站位于国铁福建南站站站房正下面，车站呈东西走向，两柱三跨结构。

由于本工程国铁站房与地铁结构相互交错，平面变化较大，高差起伏较大，桩基分布较广，且高低不一，因此在本工程本工程需要建立三级控制网，即一级控制网、二级控制网、三级控制网。以及控制网对整个工程进行控制，二级控制网对各个分区进行控制，三级控制网对各个分区内结构构件进行控制，三级控制网能够相互关联、互相校核，并且与站房中心里程线进行关联，确保站房工程与线路、站场共用统一基准线——站房中心里程线 DK7＋780，同时本工程在施工前一定与线路工程、站场工程高程基准点保持统一，两统一需要建设方牵头，各参建单位进行协调统一。

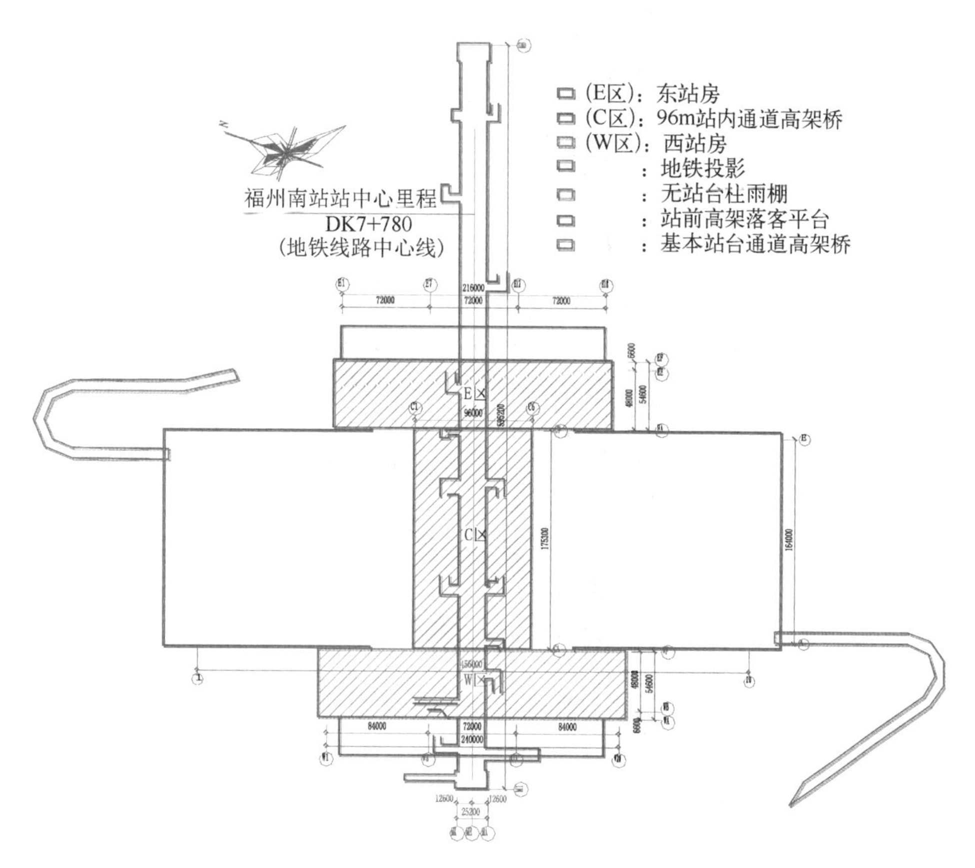

图Ⅰ-4　新建铁路福厦线福州南站房及配套工程平面关系图

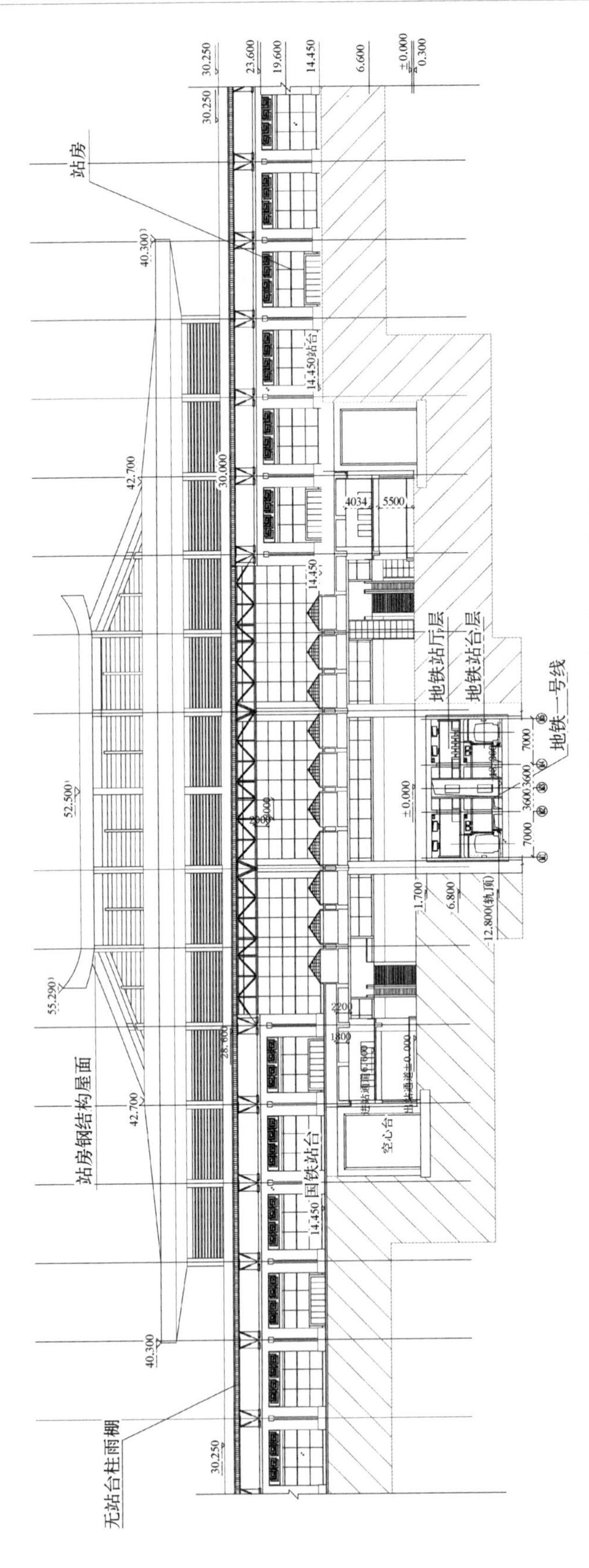

图Ⅰ-5 新建铁路福厦线福州南站房及配套工程标高关系图

2. 施工准备

(1) 测量及验线人员

测量及验线人员是经过培训、考核，持证上岗，掌握并运用国家、地方有关现行标准规范，熟悉施工现场各种测量工作和熟练使用测量仪器。随工程进度在完成施工测量方案、水准点引测成果及施工过程中各种测量、记录后，填写《工程定位测量、放线验收记录》报监理单位、设计单位审核并验线。

施工测量管理内容包括：编制施工测量方案、水准点引测成果复查及施工过程中各种测量、填写记录(含定位测量、高程引测、基槽验线、工程桩定位、基坑围护定位、轴线竖向投测控制线、各层墙柱轴线控制线、墙柱边线、门窗洞口位置线、垂直度偏差、楼层+0.5 m水平控制线等)。

(2) 测量器具准备

表Ⅰ-6　测量器具表

序号	名称	型号	产地厂家	主要用途	数量
1	全站仪	TCR702XR	日本	测量、放样	3台
2	经纬仪	J2-2	苏州一光	测水平角、垂直度	4台
3	水准仪	NAL124	苏州一光	引测标高	4台
4	激光铅垂仪	J2-2	苏州一光	竖向轴线传递	2台
5	铝合金塔尺	5 m	中华测绘器厂	引测标高	10把
6	钢卷尺	50 m	浙江	距离丈量	10把

注：以上各种设备均有相关的计量合格证明，且在检验有效期内。

(3) 技术准备

认真组织技术、放线人员进行图纸审核，审核图纸与定位桩点坐标、高程、福州南站站中心里程线、建筑物本身各轴线关系、几何尺寸关系，出现问题均以洽商变更的形式形成记录，作为放线依据。

3. 建筑施工测量

(1) 桩基、土方施工放样

桩基施工阶段，工程桩及围护桩的定位依据三级控制点和图纸上定位现场放样，全站仪极坐标法复核放样成果。土方开挖，桩头破除、垫层浇注后，控制线或轴线投测到桩头或垫层上。

(2) 基础施工放样

基础垫层浇注完成后，及时将控制线投测到基坑内，根据轴线关系放出建筑物轴线或细部控制线。一般设置距轴线1 m的控制线，便于测量控制。

(3) 基础以上施工及地铁施工放样

基础施工完成后，控制点由外控转为内控，控制网投测到基础底板上，每施工完一层结构，控制线均通过事先在楼板上设置的200 * 200 mm的预留方洞投测到上一层结构楼板上。

（二）钢筋混凝土结构施工方案

1. 概况

福州南站房综合楼地上三层。地面以上由东站房、西站房及中部通道高架换乘大厅组成，东西站房广厅的室内空间高达 35 m 以上。东西站房首层为设备用房及售票大厅，楼面标高为±0.000；二层为候车大厅，楼面标高为＋6.600 m；三层为贵宾候车厅及办公设备用房，楼面标高为＋14.600。其中自标高＋6.600 以上设有高达 35 m 左右的挑空中庭。候车大厅及东、西站房中部设有地下两层地铁车站，埋深 14.40 m 左右。

东西站房主体结构采用钢筋混凝土框架结构。柱网尺寸为 14×12～24×12 m，楼盖为大跨度双向梁板体系，大跨度屋盖采用张弦梁结构形式。部分梁柱为钢与混凝土组合结构，并且部分梁为有黏结预应力梁。

2. 总体施工方案概述

根据本工程站房设计、沉降缝设置位置及现场实际情况划分为 3 个区域施工，分别为 E 区（东站房）、C 区（通道高架桥）及 W 区（西站房），并且依据施工安排，每个区域各分成三个施工区以形成区域内流水施工；加快施工进度，为满足后期装修和试通车创造条件竖向为自下而上进行施工，底板和承台一起施工，外墙施工至底板以上 500 mm 高度，地下一层的墙体和框架柱一次施工至梁底，东、西站房按层高施工，通道高架桥待下部地铁施工完毕再展开施工施工。

钢与混凝土组合结构、预应力梁和大跨度张弦梁屋盖施工方案均在详细叙述。

混凝土结构施工中的重难点为：超长、大体积混凝土结构的施工质量控制，以及由于面积大而形成的各种施工缝、后浇带和变形缝的处理等，以下对各分项工程施工要点进行说明。

3. 混凝土工程

本工程平面尺寸大，构件截面大，底板和站台层的厚板以及站台层的大梁均是超长大体积混凝土结构，因此大体积和超长混凝土施工是混凝土工程考虑的重点。结构施工按施工部署要求分区并划分流水段施工。解决超长结构的抗裂、抗渗问题，应合理划分流水段和设置后浇带、加强带（30 m～40 m 一道），加强抗裂的构造配筋措施，并建议在梁板结构和地下室外墙混凝土中掺加聚丙烯纤维以达到更好的抗裂效果。

(1) 混凝土的配制

混凝土全部采用商品混凝土，混凝土的质量要求以混凝土配合比通知单及工地技术部门按实际施工需要出具的技术通知单为准。申请配合比时，需提供有关砼强度等级、施工部位、坍落度、初凝、终凝时间等性能要求。对大体积混凝土要求选择水化热较低的矿渣硅酸盐水泥，并用粉煤灰取代部分水泥，超长结构混凝土掺加 UEA 等低碱膨胀剂和聚丙乙烯纤维。对后浇带、加强带混凝土除按要求增加膨胀剂掺量外，还要提高混凝土强度等级 1～2 级。

(2) 混凝土的浇筑

墙柱等竖向构件和梁板分开浇筑，混凝土大部分采用泵送到施工部位，柱以及和板强度等级不同的梁柱节点可使用塔吊料斗运送。

墙柱等竖向构件浇筑前应先浇筑 30～50 mm 同配比减石砂浆，并利用标尺竿确保每次分层浇筑厚度在 450 mm 左右。对厚板采用“一个坡度，薄层浇筑，循序推进，一次到顶”的斜面分层法进行浇筑。浇筑时控制好浇筑速度和浇筑范围的关系，避免出现冷缝。

混凝土自由倾落的高度不大于2米，对高墙柱必须使用串筒或溜槽降低混凝土的自由下落高度。

墙、柱、梁、厚板砼采用插入式振捣器振捣，薄板砼采用平板振捣器振捣。使用插入式振捣器振捣时，插入下层混凝土内深度不得小于50 mm，振捣棒的移动间距不得大于370 mm。砼振捣要密实，但也不能过振而造成胀模甚至跑模。对高墙、柱进行振捣时必须在振捣棒上划刻度线控制插入深度，避免下层混凝土过振。

板面砼浇捣完成后，先用刮杠刮平，然后用机抹抹平，最后在砼初凝前用机抹再压一遍，以消除砼表面的裂缝。

对于梁或梁柱节点混凝土强度等级高于楼板的按下图方式用快易收口网隔开，浇筑时可先用塔吊吊灰斗浇筑核心区混凝土，再及时用布料杆浇筑梁板的混凝土。

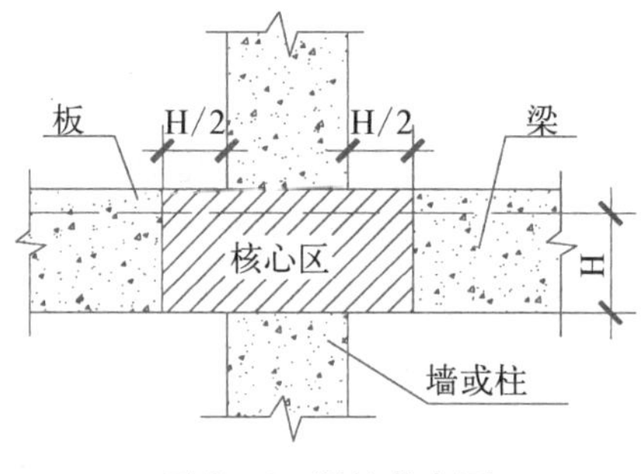

图Ⅰ-6　梁柱节点图

(3) 混凝土的养护

① 普通混凝土

覆盖浇水养护应在混凝土浇筑完毕后12 h内进行。浇水次数应根据能保证混凝土处于湿润状态来决定。常温下，对于竖向构件采用涂刷养护液；对水平构件采用塑料薄膜或麻袋片覆盖，浇水养护，混凝土养护时间不小于7 d，抗渗砼养护时间不小于14 d。

② 大体积、超长结构混凝土

采用一层塑料布和保温被进行保温，以防内外温差过大，浇水养护时间不小于14 d，当内外温差低于25℃时方可拆除保温。为检测混凝土内外温差，在混凝土底部、中部和表面三个高度，平面间距10米，分别埋设电子温度传感器。指派专人实施全日监控，混凝土在浇捣后12 h开始测温，在混凝土温度上升阶段，间隔2 h测温一次；在混凝土温度呈下降阶段时，间隔6 h测温一次，发现温度异常变化情况及时采取措施防止过大温差。

四、施工进度安排及工期保证措施

（一）总体工期目标

工程开工时间：2017年9月2日。

工程竣工时间：2018年11月30日。

（二）施工网络计划（见附图2）

（三）关键线路设置

1. 站场区无柱雨棚及通道高架桥(关键线路)

关键线路1:高架桥区域土石方工程→96 m通道高架桥范围内桩基及地铁围护工程施工→96 m通道高架桥范围内土方开挖及支护工程→地铁站台层底板结构及雨棚桩承台结构→地铁站台层墙板及站厅层底板结构→地铁站厅层墙板及顶板结构→96 m通道高架桥＋6.6 m结构施工→96 m通道高架桥＋12.434 m结构施工。

关键线路2:96 m通道高架桥范围外无柱雨棚桩基施工→96 m通道高架桥范围外无柱雨棚桩承台结构施工→96 m高通道架桥范围外无柱雨棚主体钢结构施工

在上述二条关键线路同时完成后,进入装饰装修阶段关键线路由二条合并为一条关键线路:96 m通道高架桥预应力张拉施工→96 m通道高架桥±0.00层回填土及地坪工程→96 m通道高架桥内电梯、水电暖通、客服、四电集成设备及管线安装工程→96 m通道高架桥内装饰工程(安装末端配合施工)。

2. 西站房(关键线路)

关键线路1:站房土石方工程→西站房地铁范围外站房桩基施工(W1～W9、W12～W20)→西站房(W1～W9、W12～W20)站房主体桩承台结构→西站房 W1～W8、W13～20轴＋6.6 m结构施工→西站房＋10.4 m结构施工→西站房 W1～W8、W13～W20轴＋14.6 m结构施工→西站房＋23.6 m结构施工→西站房(W1～W20)＋30.00 m(＋38.9 m)结构施工→四电用房屋土建施工。

关键线路2:站房土石方工程→西站房地铁范围内桩基及围护施工(W9～W12)→地铁土方开挖→地铁站台层底板结构及站房桩承台结构→地铁站台层墙板及站厅层底板结构→地铁站厅层墙板及顶板结构→西站房 W8～W13轴＋6.60 m标高结构施工→西站房 W8～W13标高＋14.6 m结构及上部混凝土柱施工。

在上述二条关键线路完成后,进入屋面及装饰装修阶段关键线路由二条合为一条关键线路:西站房主体钢结构安装→西站房幕墙及外围护结构施工→＋6.6 m以上各层装饰装修工程(安装末端配合施工)→设备安装调试和试运营完成。

同时,在混凝土主体工程结束后随即进入屋面钢结构的施工,屋面系统的施工在装修装饰阶段也形成了另一条关键线路:西站房屋面系统施工→西站房屋面吊顶系统工程,屋面安装各系统必须紧密配合屋面系统的施工,穿插于整个屋面系统的施工过程中。

3. 东站房(关键线路)

关键线路:站房土石方工程→东站房地铁范围内桩基及围护施工(E8～E11)→地铁土方开挖→地铁站台层底板结构及站房桩承台结构→地铁站台层墙板及站厅层底板结构→地铁站厅层墙板及顶板结构→临时便线→东站房 E5～E15轴6.6 m标高结构→东站房 E1～E18轴＋14.6 m标高结构→东站房＋19.6及＋23.6 m结构→东站房＋30.00(＋38.90)m框架结构→东站房屋面钢结构安装→东站房幕墙及外围护结构施工→内外脚手架拆除→东站房＋6.60 m以上各层装饰装修工程(安装末端配合施工)→设备安装调试和试运营完成。

（四）工期保证体系

各施工项目部在东南公司南站项目部的统一指挥协调下,以项目经理为核心,成立项目工期保证体系机构(如下图),确保从工程管理、管理控制、工程实施三个大层次方面保证工期。

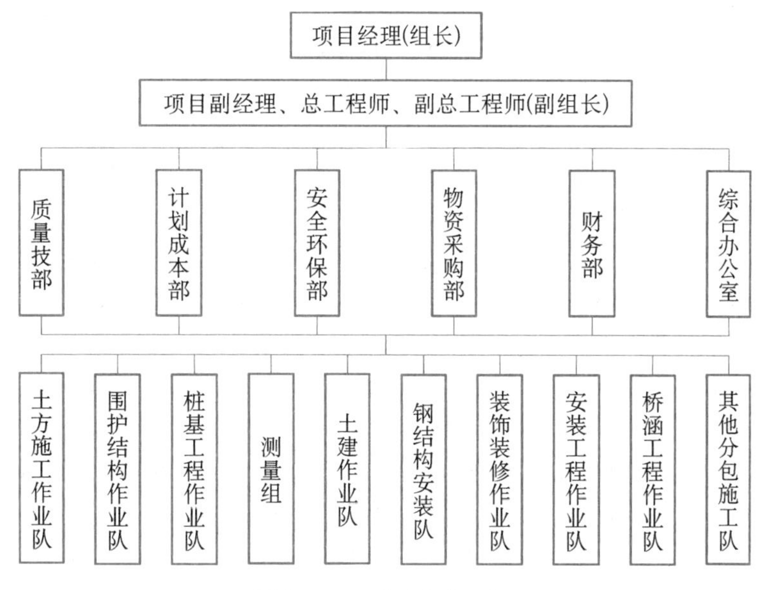

图Ⅰ-7　工程保证体系图

由组长主持体系运行工作,副组长按照方案配合组长制定完整的工期实施计划,对工期目标进行分解,编制详细的各专业施工计划,由控制层负责具体实施控制,对出现异常或工期偏差及时反馈到管理层进行调控,制定纠偏措施或调整施工临时出现的穿插任务计划。施工队保证充足的人力资源,按计划完成施工任务。

(五)组织保证措施

(1) 组建精干、高效的施工总承包项目经理部,分别设置计划成本部、质量技术部(含测量组)、安全环保部、物资采购部、财务部、综合办公室、工地试验室等部室,实行科学、有效的项目管理。

(2) 本工程施工总承包机构设置按照招标以及工程实际要求,由担任过多项大型铁路站房工程、大型公共建筑工程项目经理担任本工程项目经理,由经验丰富的高级工程师担任本工程项目总工程师,同时安排具有多年类似施工经验的其他管理人员进驻现场组织施工,以精干的管理体系满足本工程总承包管理的要求。为实现本工程的总工期目标,成立以项目经理为组长,项目副经理、项目总工程师、项目副总工程师为副组长,各职能部室和各作业队伍参加的工期保证体系。统筹安排机械设备、材料供应、劳动力调配,随时掌握形象进度,同时,通过建立工期保证责任制和奖惩制度,对各分部、分项工程进度进行有效控制,形成目标明确、责任到人的工期保证体系,从组织上、制度上、技术及措施上确保总工期目标的实现。对控制工期的重点分部分项工程建立工期领导负责制,制定分阶段工期目标,认真落实,分解到人。

(3) 本工程根据站房和地铁同时施工的特点以及施工现场的实际情况,基础施工阶段将东站房、西站房与高架通道桥、无柱雨棚划分成三个大施工区域,再根据结构变形缝以及施工要求详细划分施工区段,详细见施工区划分,确保施工中各作业区协调配合、施工流畅。

对生产要素认真进行优化组合、实施动态管理。灵活机动地对人员、设备、物资进行统筹安排,及时组织施工所需的人员、机械设备以及其他物资分批进场,保证连续施工作业,确保总工期的实现。

(4) 施工期间,建立进度控制的组织系统,按施工项目的结构、进展阶段进行目标分解,确定其进度目标,编制月、旬作业计划,做到以日保旬,以旬保月,并做好施工进度记录。

(5) 每季度末召开一次季度计划会议,检查落实本季度进度计划完成情况,总结出现问题,制定改进措施,并下达下季度的进度计划。

(6) 每月底召开一次月计划会议,检查落实本月进度计划完成情况,总结出现问题,制定改进措施,并下达下月的进度计划。

(7) 项目经理部每周召开一次由各作业队负责人参加的生产会议,传达业主、监理等有关各方的要求、协调地方及内部各队伍之间的生产关系,合理调配机械设备、物资和人力,及时解决施工生产中出现的问题。

(8) 各项目部每天下午 5 点召开施工现场生产调度会,要求各分包单位及相关施工单位现场负责人必须参加。使各个单位均明确施工调度安排、并协调各专业各工种工序穿插、道路运输、场地使用、工作面协调、机械使用安排等要求,解决现场施工中出现的问题。

(9) 各作业队应每天召开一次生产调度协调会,解决当天施工中出现的问题,布置第二天的施工任务,协调各作业班组之间的生产关系。

(10) 把福州南站工程列入施工单位公司重点工程,进行重点管理,密切关注工程进度情况,及时掌握工程的施工动态,必要时,必须及时从其他施工地区调集人力、物力、以确保本工程如期完工。

(11) 从已完工的类似工程中选择素质好、技术水平高、有站房工程施工经验的施工队伍进场施工,施工作业队伍专业齐全,数量充足,做到只要有工作面,有工作量,就有作业工人在施工。同时,加强对施工队伍的管理,每天的生产调度会施工作业队负责人必须参加,听取对施工进度的安排,及时调整施工进度。在赶工期阶段,可安排两班施工队伍昼夜施工,保证总工期的实现。

(六) 技术保证措施

1. 雨季施工保证措施

(1) 针对本工程特点,编制雨季施工措施,做到防患于未然。考虑东南沿海地区多雨季节的时间,施工中每一个阶段都必须仔细规划好施工现场的排水设施,并严格按照已经拟订的方案实施,并于施工中保持排水沟的畅通,疏通出水口,使施工场地始终处于良好排水状态,保证工程正常进行。

(2) 工地生产调度加强对气象、气候信息的收集,提出现场措施和准备,减少雨、汛停工损失,雨后及时恢复施工。砼浇注前应了解两到三天的天气情况,避开大雨。

(3) 加强施工便道、施工场地等临时设施的维护,保证物资运输,减少雨季对施工进度的影响。施工材料堆放在不被雨水、洪水冲走的安全地带,并备齐雨季防洪材料,铺垫好运输道路,提高道路质量,及时维修运输道路,保证雨天正常作业和运输。

(4) 备齐备足防洪物资、排水设备,减少损失,提前储备施工材料,保证汛期施工连续性。准备充足的施工机械,利用晴天时机,调整工序紧凑衔接,快速施工,弥补雨天耽误的时间。

(5) 在钢结构加工场、焊接工位做好防风、防雨措施,保证现场焊接不受天气影响。

2. 台风季节保证措施

根据近两年的天气情况，东南沿海地区多次遭受台风袭击，对福州市有重大影响。响应国家防台指挥部的号召，提高警惕，在夏季密切注意政府部门的天气预警、预报，工地的设施牢固性都在技术上重点考虑，提前做好防范工作，避免大风、台风对临时建筑、工地设施、材料、人员的伤害和损失，进而影响工期。

(1) 工地临时建筑均采用拉锚式设计，防止因临时房屋结构设计抗风效果不理想而导致破坏。

(2) 施工的全过程均必须认真做好现场的排水工作，认真配备各种大功率的排水设备，现场的临时排水设计必须考虑到台风暴雨的影响，防止工地内产生内涝的现象。

(3) 施工现场的模板、支架等体系，施工前必须考虑防台风设计，防止施工期间遭遇台风影响而致使破坏或损毁。

(4) 施工现场的机械设备必须考虑防风、防暴雨防护方案，防止因强台风、热带风暴的影响使设备受到破坏，进而影响工期。

(5) 现场高塔等设备空载非运行状态必须能够抗 11 级以上大风，确保工地的施工安全，使用过程中必须坚持每日的设备检查，防止台风等突发状况影响设备安全。

(6) 所有设备的基础设置必须牢固，防止连日暴雨对基础造成影响，进而影响设备安全。

(7) 施工现场电力、照明等设施布置时，必须考虑防台风设计，防止电气出现故障而影响工程进度。

(8) 紧密与气象部门沟通，保持对天气变化的了解和监测，及时做好各种紧急预案，有针对性地采取防护措施，确保施工安全和正常的施工进度，将因暴雨和台风对工程进度的影响降至最低。

(9) 现场配置两台大功率柴油发电机，防止因外部电力设施遭到破坏而影响工程进度。

3. 夜间施工保证措施

(1) 在赶工期阶段，配备充足的施工人员，安排两班施工队伍昼夜施工，现场设专人指挥、调度，确定合适的机械车辆行进路线，并设立明显标志，防止相互干扰碰撞，保证总工期的实现。

(2) 根据地方有关规定，做好夜间施工审批手续，加强施工过程的检查，尽量减少施工噪音的排放。同时，将夜间施工的工程内容向市民公告，并做好不扰民保证措施。

(3) 在施工作业区域及工人走道等部位配备充足的照明，危险地段要有明显的危险标志和绕行警示标志，电器设备设置接地或避雷装置，在白天进行安全检修，避免夜间施工时发生漏电伤人事故。安排专职管理人员及安全员进行夜间值班，在确保施工工期的同时保证施工安全。

(4) 高空作业时，作业平台周边加强防护，必要时设专人看守防护。夜间地下施工时，加强施工场地及运输道路的照明设施，并有专人引导车辆、机械运行。基坑周围设栏杆防护，并配备照明设施。避免因发生人员和车辆安全事故而影响工期。

五、主要材料供应计划

(一) 供应方式

1. 施工方自购材料

以招标的形式选择合格供应商，合格供应商的条件必须符合铁道部有关规定。在招标文件中明确材料的品名、规格、型号、数量、技术参数等数据，合格供应名单上报业主进行审查，审查通过方可纳入可选范围。

普通钢材、水泥、砂、石子、木材、商品砼等主要施工材料在福州市采购，汽车运到施工现场入库或随工程即可使用；工程用钢材、水泥选择质量有保证的厂家，并尽可能地靠近福州市，重要钢结构材料到供货钢厂采购，运输到福州货场，再汽车转运到施工现场。

2. 施工方采购甲控材料

按照工期计划提前发出招标通知，将合格供应商按照招标文件内容递交的材料样品、材料说明、技术文件、产品合格证书、材质报告等如实上报业主参考，待业主审定后，我方将材料封样、采购价格等申报业主审核，待业主批复后方可采购，材料进场通知业主、监理验收方可入库，采购材料保证必须与样品一致。

3. 甲供材料

严格按照招标文件执行，由业主采购的材料不得擅自采购并使用。按照施工进度计划要求以及设计图纸要求，提前计算出工程所需用量，详细说明材料的具体参数要求以及施工使用时间要求，填写材料使用申请表，请求业主给予及时供给，申请时间与使用时间留足业主充分的准备期。材料进场后与业主共同验收，索取材料应具有的相关书面质保材料，并交档案部门存档、备案。

（二）运输方式

本工程地方材料计划由当地汽车运至施工现场，工程用钢材、水泥由汽车运至工地，异地采购的钢型材吨位较大可采用铁路运输到货场再汽运到加工场或汽运直接运至加工场，再汽运至施工现场。择取运输方式的原则为顺畅、便利、有利工程进度、经济。

（三）主要材料供应计划

表Ⅰ-7　主要材料供应计划表

序号	部位	材料名称	单位	数量	供应开始时间	运输方式
1	地铁工程	钢筋(围护)	t	3 503	2017年9月15日	汽车
2		商品砼(围护)	m^3	25 257	2017年9月15日	砼汽车
3		商品砼(主体+附属)	m^3	55 044	2017年11月20日	砼汽车
4		钢筋(主体+附属)	t	9 718	2017年11月1日	汽车
5		聚氨酯防水涂料	m^2	31 453	2017年11月25日	汽车
6		EBC防水板	m^2	17 990	2017年11月25日	汽车
7	96 m通道高架桥	钢筋	t	18 304	2017年11月1日	汽车
8		商品砼	m^3	50 593	2017年11月20日	砼汽车
9		防水	m^2	17 125	2017年11月25日	汽车
10		钢绞线	t	711	2017年12月1日	汽车
11	出站地道	钢筋	t	2 247	2017年11月1日	汽车
12		商品砼	m^3	12 954	2017年11月20日	砼汽车
13		防水层	m^2	28 179	2017年12月1日	汽车

续表

序号	部位	材料名称	单位	数量	供应开始时间	运输方式
14	站房主体	钢　筋	t	10 211	2017 年 10 月 1 日	汽 车
15		商品砼	m^3	65 930	2017 年 10 月 10 日	砼汽车
16		钢绞线	t	298	2017 年 12 月 20 日	汽 车
17		砌　体	m^3	11 874	2018 年 5 月 1 日	汽 车
18		钢结构	t	3 542	2017 年 12 月 1 日	汽 车
19		屋面板	m^2	42 987	2018 年 4 月 20 日	汽 车
20	站房装饰工程	水泥砂浆	m^2	1 885	2018 年 5 月 1 日	汽 车
21		地面花岗岩	m^2	39 217	2018 年 6 月 1 日	汽 车
22		地砖	m^2	10 111	2018 年 6 月 1 日	汽 车
23		地面玻化砖	m^2	3 567	2018 年 6 月 1 日	汽 车
24		防静电地板	m^2	1 545	2018 年 7 月 1 日	汽 车
25		铝板吊顶	m^2	40 667	2018 年 7 月 1 日	汽 车
26		防风型室外吊顶	m^2	12 720	2018 年 6 月 15 日	汽 车
27		石膏板吊顶	m^2	3 691	2018 年 6 月 20 日	汽 车
28		乳胶漆	m^2	6 031	2018 年 6 月 20 日	汽 车
29		吸音顶棚	m^2	2 365	2018 年 6 月 20 日	汽 车
30		墙面花岗岩	m^2	28 579	2018 年 6 月 15 日	汽 车
31		墙面乳胶漆	m^2	41 777	2018 年 6 月 10 日	汽 车
32		墙面瓷砖	m^2	9 093	2018 年 6 月 1 日	汽 车
33		墙面吸音板	m^2	5 643	2018 年 6 月 1 日	汽 车
34		墙面铝塑板	m^2	3 490	2018 年 6 月 1 日	汽 车
35		门窗	m^2	51 898	2018 年 5 月 20 日	汽 车
36		栏杆	m	3 524	2018 年 7 月 1 日	汽 车
37		地毯	m^2	1 372	2018 年 6 月 1 日	汽 车
38		墙面装饰板	m^2	8 526	2018 年 6 月 20 日	汽 车
39		硬木吊顶	m	1 372	2018 年 7 月 1 日	汽 车
40	无站台柱雨棚	钢筋	t	489	2017 年 11 月 20 日	汽 车
41		商品砼	m^3	3 296	2017 年 11 月 20 日	砼汽车
42		钢结构	t	7 053	2018 年 12 月 1 日	汽 车
43		屋面板	m^2	70 735	2018 年 3 月 1 日	汽 车
44		地面花岗岩	m^2	7 764	2018 年 7 月 1 日	汽 车
45		玻璃屋面	m^2	20 268	2018 年 7 月 1 日	汽 车

续表

序号	部位	材料名称	单位	数量	供应开始时间	运输方式
46	站前高架落客平台	钢　筋	t	503	2018年4月20日	汽　车
47		商品砼	m^3	16 621	2018年5月1日	砼汽车
48		钢绞线	t	416	2018年4月20日	汽　车
49		防　水	m^2	10 603	2018年5月10日	汽　车
50		地面花岗岩	m^2	4 296	2018年9月1日	汽　车
51	基本站台通道桥	钢　筋	t	918	2018年4月20日	汽　车
52		商品砼	m^3	6 853	2018年5月1日	砼汽车
53		防　水	m^2	3 520	2018年5月10日	汽　车
54		栏杆	m	880	2018年7月1日	汽　车

六、冬季和雨季的施工安排

福州位于北纬25°15′～26°39′，东经118°08′～120°31′，东濒东海，西邻南平、三明，北接宁德，南接莆田。它居于亚太经济圈中国东南的黄金海岸，富山海之利，得风气之先，是高速度发展、跨越新世纪的福地宝城。

福州地跨中亚热带常绿阔叶林红壤地带与南亚热带季雨林红壤地带的交界线，自然环境具有浓厚的过渡性色彩，气候温和，雨量充沛，夏无酷暑，冬无严寒，属于亚热带海洋性季风气候。年平均气温19.6℃，大于等于10℃的积温6 000℃左右；年平均降雨量1 343毫米，年平均相对湿度77%；年平均日照数1 888小时，全年无霜期326天；风能尤为丰富。

福州南站房及配套工程的建设工期为一年多时间，工程量大、工期紧张，其间包括两个雨季，根据现场实际情况特专门制定的雨季施工措施，把气候对质量、工期的影响降低到最低限度，为保证工程按时完成做好特殊阶段的施工措施准备。

（一）防台防汛

加强组织领导，有针对性地进行防台防汛的安全教育，提高广大职工的防台防汛意识和警觉性。汛期到来之前，防汛器材、防雨材料、防护用品、抽排水设备等材料备足，配备发电机确保供电。与当地气象部门保持联系，掌握气象动态，及时了解汛情，开展抗洪防汛大检查，方案是否可行，职工、农民工住房环境、设备停放地点、材料储存场所等是否安全可靠，排水、防水设施是否齐备等。并认真执行雨前、雨后两项检查制度。

本工程地处东南沿海，当地台风多发，雨季漫长，故施工期间做好防台防汛的各项工作是施工的一个重点。

（1）项目成立之初即成立防台防汛指挥机构，履行防台防汛职责。

（2）编制切实可行的各项措施，保证施工过程正常有序。

（3）编制防台防汛应急预案，遇紧急情况，及时启用预案。

1. 防台风管理措施

台风多发季节，做好政府等相关部门要求的关于做好防台风的预控措施的要求。

项目防台风指挥部注意收听收看天气预报，主动与市气象台联系，密切关注台风和风暴潮情况。

当台风将近，24 小时内将袭击福州市时，或者在附近约 150 公里的范围内的沿海地区登陆，对福州市将有严重影响时。

(1) 项目部立即要求以行文的形式通知各个下属队伍停止施工作业，同时做好施工现场的防台准备工作。

(2) 项目防台指挥小组成员根据项目防台应急预案的要求组织实施防台的准备工作，做好人员的清点和施工现场不安全因素的排查工作，在台风到来之前做好安全保证工作。

(3) 防台指挥小组成员必须保证通信工具的畅通以协调各个部门的工作。

(4) 当台风已登陆并减弱为低气压，对项目施工不再有影响时，经由福州市气象台发布解除台风警报信息后，方可恢复施工生产准备工作。

(5) 防台指挥部领导和成员要根据现场实际情况组织人员进行下一步部署防洪排涝工作，无明显降雨则恢复正常值班。

(6) 指挥部应尽快组织有关部门组织力量，修复现场受损坏的电力、设备、房屋等设施，以保证尽快恢复生产。

(7) 恢复生产后要加强政治思想工作，安定职工情绪，组织人员对现场进行安全隐患全面的检查，待排除隐患后，恢复生产。

2. 防台防汛保障措施

(1) 通信与信息保障

防台防汛指挥部以公用通信网为主，各主要管理人员手机必须保证 24 小时处于开机状态，确保通信与信息畅通。

在通讯干线中断或有网络盲区，应利用对讲机等通信手段，保障应急救援现场与指挥部及有关部门的联系。

(2) 队伍保障

项目部全体作业队伍组成抢险突击力量，负责承担指挥部下达的抢险救灾等各项任务。

(3) 供电保障

施工现场临时用电主管部门负责抗洪抗台风抢险、抢排涝等方面的供电需要和应急救援现场的临时供电。

(4) 交通运输保障

综合办公室和物资部门负责优先保证防汛抢险人员、转移疏散人员、防汛抢险救灾物资器材运输。

(5) 治安保障

项目部主管治安的部门负责做好汛期的治安管理工作，依法严厉打击破坏工程设施安全的行为，保证防台防汛工作的顺利进行。

(6) 物资保障

防台防汛指挥部及相关部门建立防汛防台风物资器材储备管理制度，加强对储备物资的管理，防止储备物资被盗、挪用、流失和失效，确保救灾物资供应，负责各类防汛抢险救灾物资的补充和更新。

(7) 资金保障

财务部门负责筹措防汛经费,用于遭受台风灾害的地方进行防汛抢险、水毁工程修复,以及用于抢险救灾物资的购置、维修等。

(二) 雨季施工

由于福州市地处我国东南沿海,福建省东南部,雨量充沛,雨季较长。为了保证雨季施工的质量和施工进度,防止安全事故的发生,特制定雨季施工作业安排。

本工程雨季施工阶段施工任务繁重,为确保工程质量,搞好安全生产,保证各项计划指标任务的完成,必须从思想上、组织上、措施上、物资上尽早做好充分准备,做到思想落实、组织落实、措施落实、物资落实、汛期施工做到有备无患,雨季施工总的原则是"做好排水、挡水、防水工作",总的要求是,室内工程雨季不影响施工,室外工程小雨不间断施工,大雨期间暂停施工,大雨过后即可施工,暴雨过后不影响施工。

1. 施工准备

(1) 组织准备为了保证在雨季施工期间,在发生台风、暴雨、洪水、泥石流等天气险情时,能够及时组织人员进行抢险救灾,成立雨季施工领导小组。

(2) 施工原则,做好施工期间天气的预报工作,根据"晴外、雨内"的原则,雨天尽量缩短室外作业时间,加强劳动力调配,组织合理的工序穿插,保证工程质量,加快施工进度。

(3) 物资准备,提前做好雨季施工中所需各种材料、设备的储备工作。尤其注意受潮后易变质材料的保管工作,责任到人。此部分材料为进场前准备的库存材料,要根据现场情况进行相应的增加,且为雨季专用,不得擅自挪用。

表Ⅰ-8 物资准备表

序号	材料名称	单位	数量	备注
1	雨衣雨裤	套	1 000	
2	雨鞋	双	1 000	
3	污水泵	台	20	
4	塑料布	M2	5 000	
5	铁锹	只	200	
6	手推车	辆	300	
7	防水电缆	m	5 000	
8	编织袋	个	3 000	

(4) 现场准备,雨季施工前,整理施工现场,保证排水畅通。检查场内外的排水设施。确保排水设备完好,以保证暴雨后能在较短的时间排出积水。雨水有组织排入市政雨水管网,防止地表水向土层渗漏影响边坡稳定。检查材料堆放场地,保证堆方场地高于现场地面,并进行硬化处理。钢筋堆放场地进行夯实,并高于现场地面 200 mm,用垫木将钢筋架起,避免因雨水浸泡而锈蚀。检查施工现场水泥库、料具库,加工棚等的防情况,保证现场内棚库不渗漏。检查现场各种机具、设备的防雨设施,保下机具入棚和具备防雨功能,机电设备机座均垫高,不得直接放置在地面上,避免下雨时受淹。漏点接地保护装置应灵敏有效,

雨季施工前检查线路的绝缘情况，做好记录，雨施期间定期检查。

（5）施工期间，施工调度要及时掌握气象情况，遇有恶劣天气，及时通知项目施工现场负责人员，以便及时采取应急措施。重大吊装，高空作业、大体积混凝土浇筑等更要事先了解天气预报，确保作业安全和施工质量。

（6）人员培训，一进现场就做好施工人员的雨季施工培训工作，同时根据重大危险阶段组织相关人员进行防洪、防台的演习。进场后组织相关人员对施工现场进行一次全面检查，检查施工现场的准备工作，包括临时设施、临电、机械设备等。

（7）雨季施工期间，天气闷热，调整作息时间，尽可能避开高温时间，提前准备好消暑药品，避免工人中暑，并安排充足的饮用水，加强对施工人员的监护工作，及时制止身体不适者。

2. 雨季施工安全管理措施

（1）雨季前对于临建房屋应进行检查和修理，防止漏雨、漏电和其他不安全因素存在。雨施前对现场职工进行雨施安全教育，克服麻痹思想。各班组在施工前应根据本班组施工内容进行针对性的安全技术交底。

（2）施工用电严格执行“一机一闸一漏一箱”制度，投入使用前必须做好保护电流的测试，严格控制在允许范围内。

（3）现场临时用电线路要保证绝缘性良好，架空设置，电源开关箱要有防雨设施，施工用水管线要进入地下，不得有渗漏现象，阀门应有保护措施。

（4）配电箱、电缆线接头箱、电焊机等必须有防雨措施，防止水浸受潮造成漏电，现场临时电源应进行全面检查，对各种线路应检查是否符合安全操作规程的要求，凡普通胶皮线，普通塑料线，只准架空铺设，不准随地拖设。所有机械的操作运转，都必须严格遵守相应的安全技术操作规程，雨季施工期间应加强教育和监督检查。机械操作人员应戴绝缘手套、穿雨靴操作。

（5）施工人员要注意防滑、防跌、防坠落、防触电，确保安全生产。

（6）塔机、脚手架按标准安装避雷装置，并确保完好、有效。雷雨时工人不要走近架子、架空电线周围 10 m 以内区域，人若遭受雷击触电后，应立即采用人工呼吸急救并请医生采取抢救措施。

（7）雨季施工期间按照有关要求，建立以项目经理为负责人的抗洪防汛指挥部，组织精干的抗洪抢险队伍，汛期内主要领导要执行轮流值班制，发现险情立即指挥抢救和上报。

（三）冬季施工

福州地跨中亚热带常绿阔叶林红壤地带与南亚热带季雨林红壤地带的交界线，气候温和，雨量充沛，夏无酷暑，冬无严寒，属于亚热带海洋性季风气候，年平均气温 19.6℃，一般不存在冬季施工，如遇特殊情况，气温连续 5 天以上低于 5℃，则严格按冬施措施组织施工。

七、施工现场平面布置

（一）施工场地布置原则

根据本工程结构类型、场地条件及周边环境等特点，在现场平面布置时充分考虑各种因

素及施工需要,合理进行布局,并遵循以下原则:

1. 施工交叉作业,尽量减少临时设施变动

站房施工期间,考虑房建及高架环路、地铁、线路、“四电”、市政等工程形成交叉施工,充分考虑土方施工期间场地的需要、站场施工期间施工范围的避让等,因此施工总平面布置必须随不同阶段的施工要求进行动态的调整,才能确保整体施工目标的实现,同时尽量减少临时设施的变动。

2. 方便施工、便于管理

本着因地制宜、永临结合、方便施工、有利管理和缩短场内倒运距离来统一规划临时设施。

3. 有利于环保和文明施工

按照布局合理、紧凑有序、安全生产、文明施工的要求布置,满足环保和创建标准文明工地的要求。各种设施的建造既要满足生产、生活需要,又要避免破坏生态环境。施工现场搞好“四通一平”,生活区和施工现场建设上下水设施。

4. 材料堆放塔吊范围内,减少二次运输

施工材料堆放尽量设在塔吊大臂覆盖范围内,以减少二次搬运。中小型机械的布置,避开高空物体打击范围,必要时设坠棚。

(二)临时工程

1. 办公区、生活区布置

根据现场情况在站房与市政之间空地搭建临时办公和生活设施,管理人员宿舍采用就进租借民房。由于考虑到市政配套施工及征地拆迁的影响,可供建设临时设施的用地有限,为确保站房工程的顺利施工,除搭建一部分工人生活用房以外,另外租借一定数量的民房。办公区由施工单位联合体牵头单位中铁建工集团福州南站项目部建设,占地 3 500 m^2,设置 2 栋 2 层办公楼,其中一栋上下各 8 间,提供甲方监理设计等使用,另设置大会议事(兼做模型室)和小会议室并布置视频设备。办公区内设置食堂、厕所、浴室等生活设施。生活区由中铁建工生活区和中铁十六局生活区组成,共设置 5 栋宿舍楼,每栋上下各 10 间,每间住8～10 人,最大住宿人数 1 000 人,生活区内同样设有生活、娱乐设施,满足工人正常和业余生活娱乐需要,具体详见一览表。在文明管理方面,生活和办公区场内整平处理,建筑垃圾回填压实,铺设 50 mm 厚碎石子找平,浇注 50 mm 厚 C20 砼硬化。道路两侧设置绿化,有固定的清扫小组每天负责办公、生活区的清扫、洒水。详见现场平面布置图。

2. 站房工程现场布置

由于该工程的占地面积较大,使用场地面积约 19 万 m^2,总建筑面积约 171 026 m^2,该工程为福建省重点工程,使用功能较多,施工场地施工单位较多,各单位施工交叉影响较大,施工工期较紧,所以我们将根据整体到局部、由简至繁、由浅至深的方法对本工程的建设流程作一阐述。

(1) 站房施工道路的安排

本工程站前站后工程穿插复杂,拆迁工作尚未全部完成,站前土石方开挖及回填需为站房及雨棚施工创造工作面,并且临时便线穿过东站房导致东站房只能在便线拨回后方可施

工，根据工程施工进度顺序，为确保站房、地铁及雨棚的顺利穿插施工，道路布置总体上按照桩基阶段、西站房结构阶段及东站房及装饰施工阶段等几个阶段进行。桩基阶段道路基本为临时毛坯道路，根据施工穿插随时改道以充分满足各家见缝插针的施工安排，桩基基本完成后及拆迁、场平开挖基本到位后布置正式施工便道，分段布置直到全部完成。采用贯通整个工地的主干道辅以各施工区域内施工辅道的布置方式，在便线拨回后最终形成工区环路。具体详见平面布置图。

(2) 站房施工加工场地的安排

由于本工程红线限制，东西广场为市政工程施工所占，站房施工的加工及堆料场均安排在靠近站房及落客平台的狭窄区域内，待站房主体施工结束进入装饰阶段，塔吊拆除后再进行落客平台的施工，该时期的加工及材料堆场设在东西进站平台下，或少量设在站房一层内。

钢结构的材料堆场原则在工程施工场内不占用场地，根据钢结构安装作业方案，站房内的钢结构拼装安排在＋6.60、＋14.60 m 候车厅大平台上作业。站房上的钢结构构件进场后及时吊装到相应的作业平台上拼装安装就位。对于站场内无站台柱雨棚钢结构的施工安装与站场施工时相互错开，该部分钢结构安装主要以履带吊为主，履带吊行走在站台的地面上。站场部分无站台柱雨棚的钢结构采用就地拼装就地就位安装的施工方法施工。

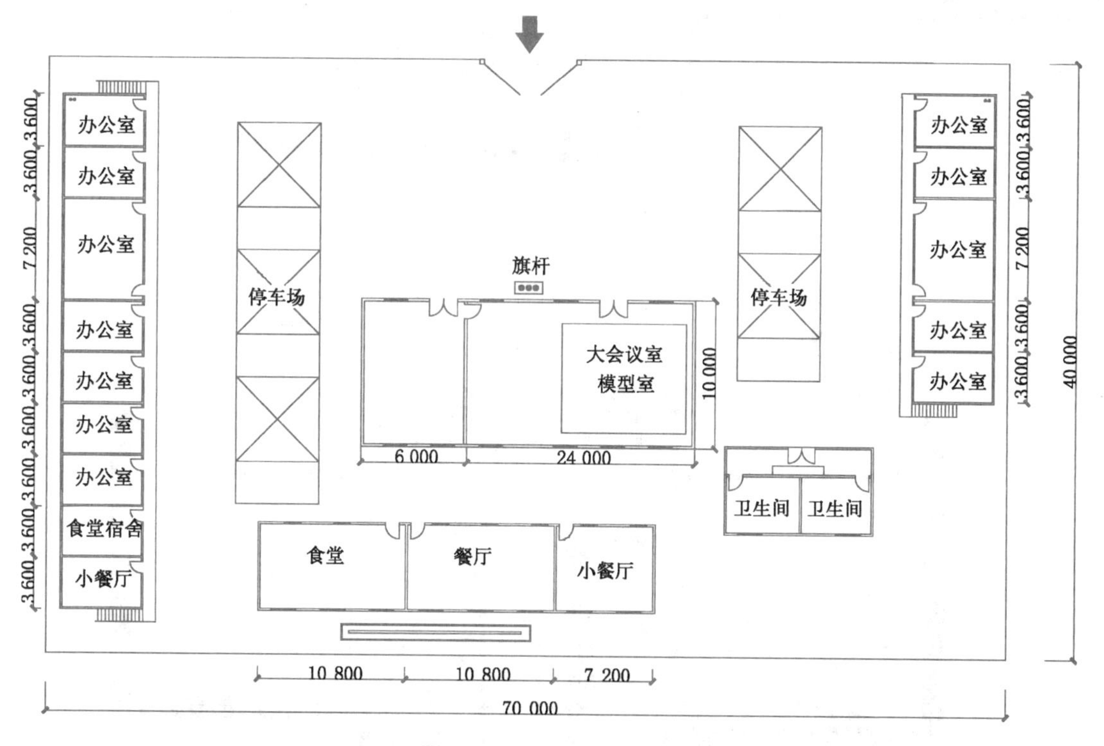

图Ⅰ-8　一层平面布置图

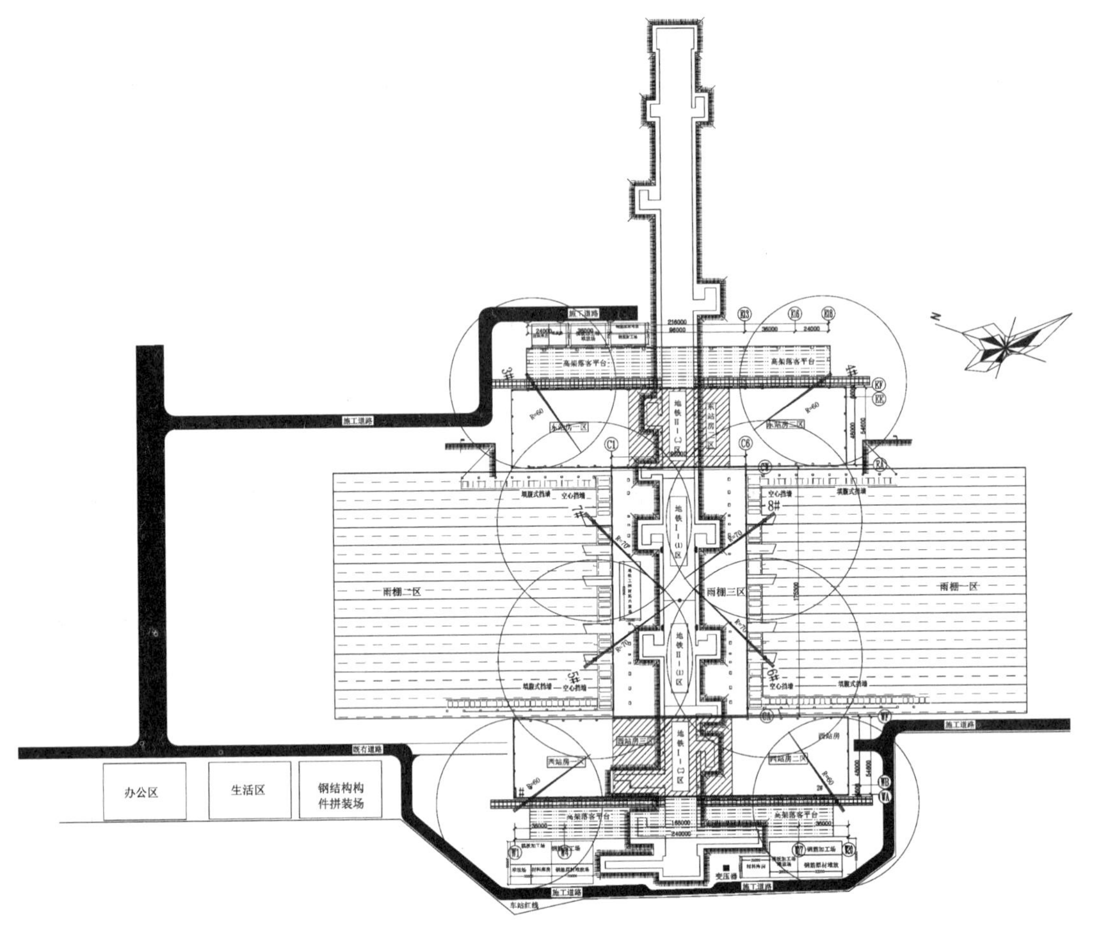

图Ⅰ-9　施工部署平面布置图

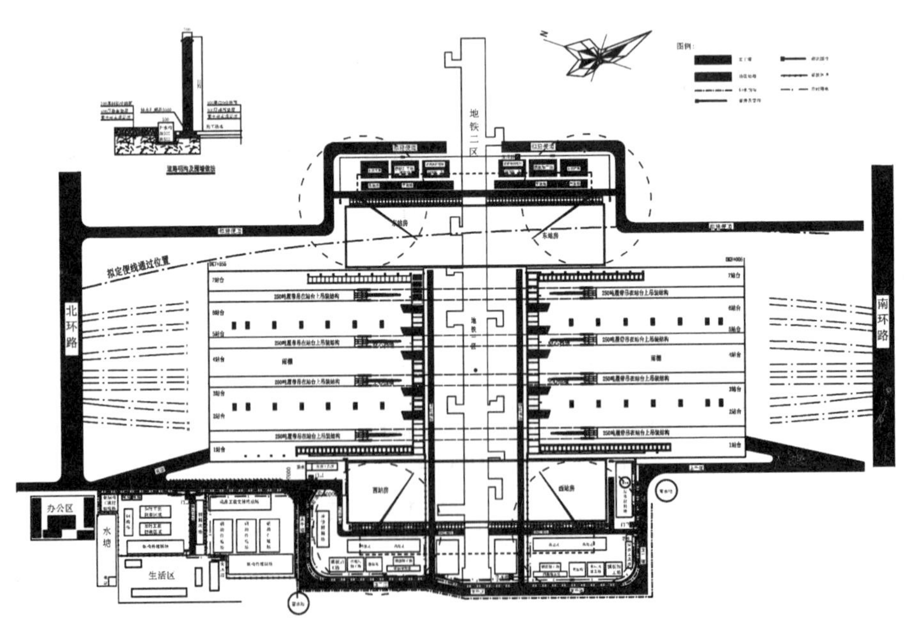

图Ⅰ-10　西站房结构阶段平面布置图

附录Ⅱ　施工组织总设计案例

案例扫一扫

一、工程概况及编制依据

（一）工程概况

工程名称：台州市中央商务区开投金融大厦
建设单位：台州市开投房地产有限公司
设计单位：台州市城乡规划设计研究院
监理单位：浙江德邻联合工程有限公司
施工单位：方远建设集团股份有限公司
勘探单位：宁波工程勘察院
基坑支护设计单位：浙江华展工程研究设计院有限公司

本工程名称为台州市中央商务区开投金融大厦工程，总建筑面积约 94 745 m^2（其中地下室建筑面积 27 068 m^2，地上建筑面积 67 677 m^2），拟建物为 2 幢高层写字楼，一栋为 24 层，一栋为 22 层，裙房 4 层，三层地下室。地下室西侧、南侧与天盛中心地下室相连通。

建筑结构形式为框架-核心筒结构，建筑结构的安全等级为二级，结构的设计使用年限：50 年，抗震设防烈度小于 6 度。

工程桩采用 ϕ800、900、1 000 钻孔灌注桩，ϕ800 桩进入持力层≥2 m，ϕ900、1 000 进入持力层≥5 m，桩长 55～65 m 不等，混凝土强度为 C35，共计 534 根。

地下室底板厚 800 mm，底板面标高为－14. 500 m，混凝土强度 C40，地下室底板、外墙、顶板均设有后浇带，后浇带宽度 800 mm。

柱混凝土强度为：地下室底板～4 层为 C50，5～10 层为 C45，11～14 层为 C40，14～屋顶为 C35。梁板混凝土强度为：地下室底板～14 层为 C40，14～屋顶为 C35。地下室底、顶、侧混凝土抗渗等级均为 P8。

基础垫层采用 15 cm C15 强度等级素混凝土。构造柱、圈梁采用 C20 强度等级混凝土。

钢筋采用 HPB300 级热轧钢筋，HRB400 级热轧带肋钢筋。

±0. 000 以下非承重墙体以及地下室内墙采用 MU10 混凝土实心砖，M7. 5 水泥砂浆；

±0. 000 以上非承重的外围护墙采用 B07 蒸压砂加气砼砌块（材料强度为 A5. 0），Mb5. 0 专用砂浆；内墙采用 B05 蒸压砂加气砼砌块（材料强度为 A3. 5），Mb5. 0 专用砂浆；

基坑开挖深度 14. 75 m。本工程基坑开挖呈四方形平面，基坑东西向长约 136 米，南北向长约 69 米。挖土方量约 14. 7 万立方米。围护系统竖向支护体系采用地下连续墙＋钻孔灌注桩型式，防渗漏及坑中坑二次围护加固采用高压旋喷桩和三轴搅拌桩。

（二）编制依据

（1）台州市中央商务区开投金融大厦工程合同文件。
（2）台州市中央商务区开投金融大厦工程施工图纸。
（3）国家现行法律法规，包括：《中华人民共和国建筑法》《建设工程质量管理条例》《建设工程安全生产管理条例》以及其他有关规定。

(4)《建设工程项目管理规范》(GB/T 50326—2006)。

(5) 工程建设标准强制性条文,国家现行的有关施工质量验收规范、技术标准及浙江省、台州市有关规定。

(6) 国家现行的有关建设工程施工现场管理规定、安全技术规范与操作规程,省市有关安全、文明、消防等规定。

(7) GB/T 19001—2008—ISO9001:2008 质量管理体系标准、GB/T 24001—2004—ISO14001:2004 环境管理体系标准、OHSAS18001:2007 职业健康安全管理体系标准,包括《程序文件》《质量、环境、职业安全卫生管理职责》等。

(8) 方远建设集团股份有限公司管理体系文件。

(9) 方远建设集团股份有限公司全面质量管理成果。

(10) 类似工程项目施工经验资料。

二、总体部署

我们将整合公司优势资源,组织强有力、具有丰富类似工程经验的项目管理班子,投入技术娴熟的施工班组,配置先进、齐全的机械,按照建筑工程建设的基本规律,统筹安排,使施工活动有计划,科学合理、有条不紊地进行。

(一) 施工总体部署原则

针对本工程的实际特点,特确定如下部署原则:

(1) 根据本工程既定的质量和工期目标,结合工程特点进行分解,确定各阶段目标。在各阶段中明确主导工序和重点环节,有针对性地制定相应的技术管理和施工等保证措施,落实专人跟踪管理,项目经理重点监控。

(2) 加强施工过程中的动态管理,合理安排劳动力和施工设备的投入,在确保每道工序工程质量的前提下,立足抢时间、争速度,科学的组织流水及交叉施工。严格劳动纪律,严肃施工调度命令,有计划、有目标的严格管理分包单位,严格控制关键工序的施工工期,确保按期、优质、高效地完成工程施工任务。

(二) 施工总顺序

本工程以地下室与主体工程的施工为重点,抓好地下室与主体的施工是关键。总体上遵循先地下后地上,先结构后装饰,先主体后围护,穿插设备管线安装的常规施工原则,科学合理安排各工序的先后搭接关系,保证重点,统筹安排。

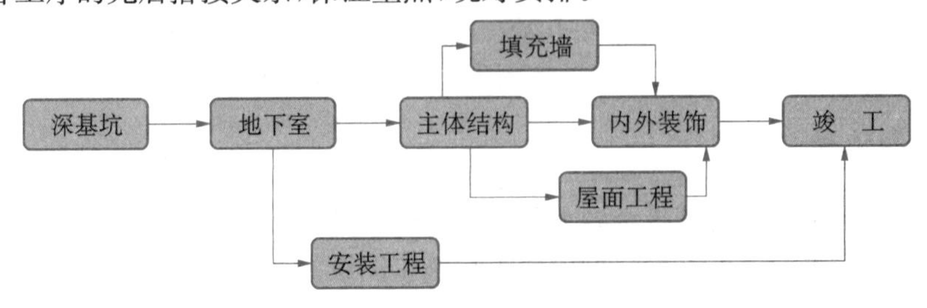

图Ⅱ-1　施工总顺序示意图

采取两栋核心筒主楼交叉流水作业，最大限度地利用时间和空间，确保整个工程施工的高效、安全和可靠性。

（三）施工段划分

为了使施工有节奏、均衡进行，基坑开挖及地下室拟按后浇带分布划分为 8 个施工段，按各施工段进行紧凑的交叉流水施工。

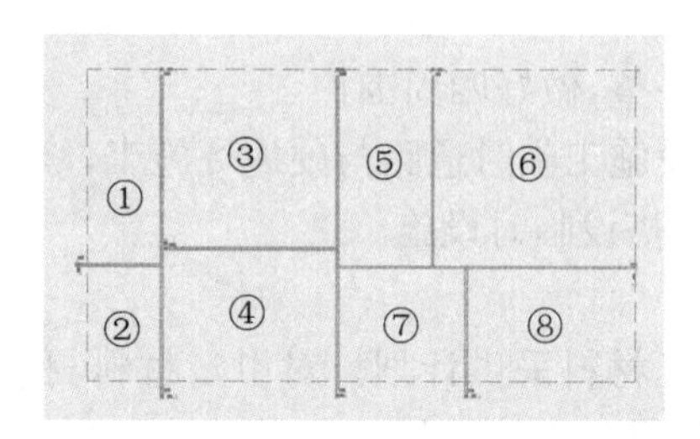

图Ⅱ-2　基坑开挖及地下室结构施工段划分

±0.000 以上施工阶段按图Ⅱ-3 划分，其中 3 为中间四层裙房，根据塔吊按拆需要，拟将 3 区域在 1＃塔吊（1 区域塔吊）拆除后，最后施工。1、2 区域 2 栋主楼采取交叉流水施工的方式施工。

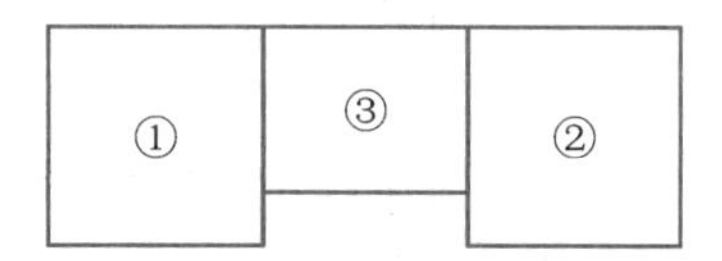

图Ⅱ-3　主体结构施工段划分图

装修阶段根据单体按每层为一个施工段。根据主体结构验收进度及时穿插施工。

安装工程根据土建施工进度以系统进行分段组织流水施工。

（四）施工准备

为保证工程顺利开工，优先安排好直接影响项目施工经济效果的为全场性服务的施工设施，如现场供水、供电、通讯、道路和场地平整，以及各项生产、生活临时设施。

1. 技术准备

（1）进一步勘查现场地形地貌、水文地质、地上地下情况等，搜集有关资料。

（2）公司总工办、项目经理组织施工技术人员进行有关资料和图纸的学习、熟悉，详细了解工程的结构特点，对施工班组进行详细的书面分部分项工程技术交底工作。

（3）及时组织图纸内部专业会审，检查施工图纸是否完整和齐全；施工图纸与各组成部分有无矛盾或不妥；建筑图与其相关的结构图，在尺寸、坐标、标高方面是否一致，内部图纸会审整理后参加业主组织的图纸会审。

（4）施工前，进行分区段和分项目地编排施工组织设计和施工方案，对主要的质量管理点，编制作业指导书。

（5）编制和落实施工材料、采供计划，机具进场计划。并进行对供应方的材料质量、信誉评估。

(6) 对重要工序的操作和特殊工种,除技能培训合格外,根据本工程的技术特点和难易程度进行岗前练兵。

(7) 参与本工程施工的所有人员都要接受质量教育,分部分项工程的技术交底要深化到每个人。

(8) 做好测量、检测仪器的检查和校核工作,检查基准控制桩并建立施工现场测量控制网。

2. 场地准备

(1) 施工现场进行适当平整,做好四周围护。

(2) 按总平面布置图铺设施工临时道路与硬地坪施工,修筑排水明沟,敷设施工临时供水管线,架设施工用电线路。搭设临时设施。

3. 料具准备

(1) 及时编制和落实施工材料采供计划。对甲定材料,我公司将提前报材料用量计划及进场时间给建设方,并进行供应方的材料质量、信誉评估。对自行采购的材料,我公司将货比三家,从质量上、单价上把关,并接受建设方的监督和验收。

(2) 提前选定好装饰材料和设备,及时进库,确保不出现停工待料现象。

(3) 机具设备将根据需要由公司组织调配,同时保证这些进入现场的设备在使用过程中的完好性。进场后,公司将立即对大型设备进行有关的设备基础施工,设备安装调试。对一些小型机具将按进场计划分批进场,并使所有进场设备均处于最佳的运转状态。

(4) 按照施工机械计划中"主要施工机械设备选用计划"和"主要周转材料投入计划"等表,落实各类建筑用材的资源和配备机械设备。

(5) 精心挑选合格的物资分承包方,对进场的物资应认真进行进货验证,严格按照ISO9001 的标准进行物资采购。

(6) 重要的机械设备和大型设备,及时根据工程的需要进行调用、租赁。

4. 人员准备

(1) 及时派先遣人员进场,做好场地交接与施工准备工作,确保及时开工。

(2) 委派具有丰富施工经验和较强管理能力的人员组成项目经理部,并及时组织进场参与管理。

(3) 抽调责任心强、技术精、施工力量强的操作班组进场施工,并按施工进度要求分批派足人员,安排好职工生活,并进行质量、安全和文明施工等教育。

三、项目管理组织方案

任何一项工程能否如期、优质、安全地完成任务,重要的前提要有一个过硬的、有组织、有纪律、能实干、团结的工作能力特强的项目部领导班子。有了一个好的领导班子,再配备一批精通的技术管理人员,确保完成预期目标。

(一) 施工组织与机构设置

(1) 在组织上实行"项目法"施工,实行项目经理责任制的模式。组织机构由领导层、管理层和作业层三大部分组成。

(2) 项目经理部负责整个项目部具体事务的运作，直接进行工程的组织、指挥、管理和协调工作。项目经理代表企业法人对内由调度、采购、分配、奖罚等权利；对工程质量、安全生产、文明施工、施工工期、经济效益等实行全面管理、全面负责。

(3) 项目经理部内设施工、技术、质量、安全、物资、经营、财务等职能部门与岗位，对施工工期、质量、安全、文明施工等进行全方位、全过程的协调控制。

(4) 抽调责任心强、具有丰富施工经验、技术数量、技术力量雄厚、能吃苦耐劳、敢打敢拼的优秀木工、泥工、钢筋等班组进行主体施工；抽调施工经验丰富、工艺精细、技术高超、责任心强的装饰班子进行工程装饰。

（二）项目管理机构职责划分

1. 项目领导层

(1) 项目经理：为工程负责人，全面负责工程施工中的各项事宜。

(2) 项目副经理：负责生产调度，机械设备管理，材料供应与劳动力调配、技术决策，质量与安全控制等。

(3) 项目总工程师(项目技术负责人)：负责技术攻关、内业资料、经营预算、内外分包、工程质量、安全生产和文明施工管理等。

2. 项目管理层

(1) 技术科：对施工范围内的工程技术进行管理，解决图纸及设计上的问题，编制施工方案及作业指导书，编制和调整各级施工进度计划等，对施工技术资料进行收集、整理并汇编成册。

(2) 施工科：对施工范围内的工程施工、进度等进行管理，对劳务人员进行调配，保证进入现场的劳务人员具有相应的素质。对独立分包单位和指定分包单位施工的工程进行协调。

(3) 质量科：对施工范围内的工程质量进行监督控制，对工程施工进行测量放线、沉降观测以及按规范要求进行的试验检验、计量管理等。

(4) 安全科：对施工过程中的生产安全、文明施工、临建、消防保卫等进行综合管理。

(5) 财务科：对工程用款有计划、有测算，并进行成本控制。

(6) 经营科：对施工范围内的工程预决算、报量及对有关分包报量的审定，参与合约签订及对工程合约进行综合管理。

(7) 物资科：对工程材料及施工用材的采购、保管、发放等管理工作，并对施工机械设备、临时用电、用水进行管理协调。

(8) 综合办公室：负责项目攻关、接待、后勤保障等工作。

3. 项目作业层

项目作业层是在施工过程中的实际操作人员，是施工质量、安全、进度、文明施工的实施者，也是最直接的保证者，我公司在选择作业层操作人员的原则是：具有良好的质量、安全意识，具有较高的技术等级，具有类似工程施工经验的人员。

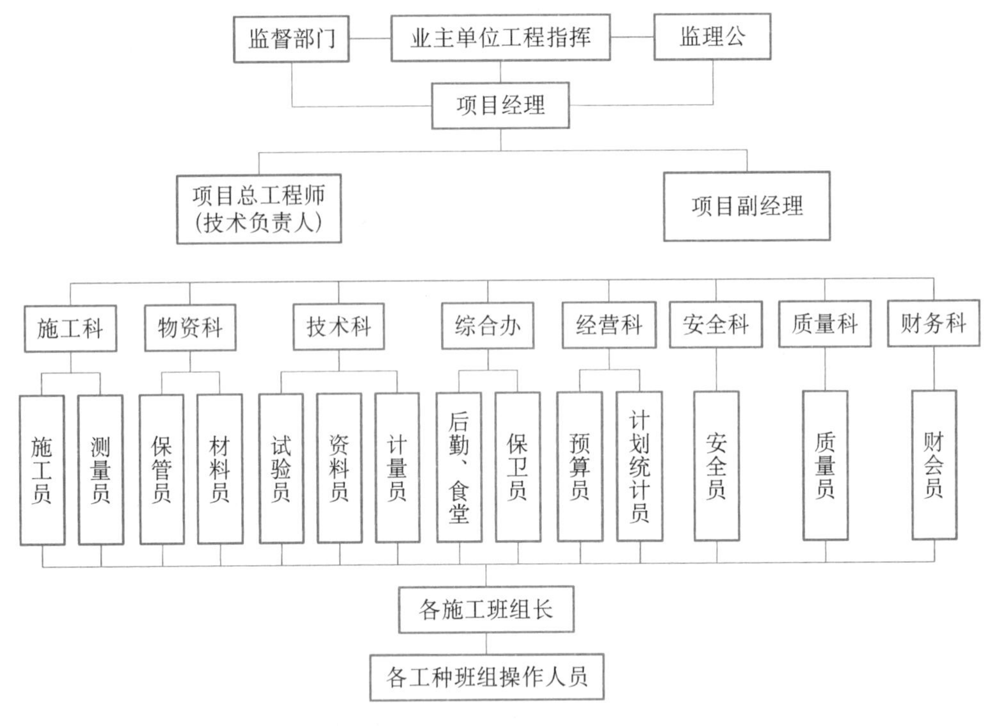

图Ⅱ-4 项目组织管理网络

(三) 施工组织机构高效运作保障措施

1. 建立各项项目管理制度

(1) 在项目管理部内建立岗位责任制,以责任制约人的行为,以工作质量保证工程质量,做到职责明确,有章可循。建立目标责任制,制定进度分阶段目标、质量分部分项目标等。

(2) 建立和完善一系列的管理制度,如施工管理条例、质量管理条例、施工质量检验制度、质量奖罚规定、技术交底制度、材料采购检验管理制度等,做到制度齐全,责任到人,使整个施工过程始终处于完全受控状态。

2. 工程现场例会制度

建立工程领导小组现场办公制,每半月召开一次现场办公会,重点帮助解决项目的质量、进度、安全等难题,以确保质量为前提,带动项目各项工作的高效运转。

每天下午召开由项目经理主持的班后碰头会,对次日的工作进行协调安排。

例会由项目经理、技术负责人、质安等部门及监理公司驻现场代表、项目部主要管理人员及分包单位主管参加,例会重点解决质量、进度、施工技术等难点。明确各项问题的解决办法及时间,并形成会议纪要。

3. 运用现代化的管理方法

(1) 采用项目法施工。

(2) 实行动态管理,做好资源的优化配置。运用系统工程和统筹法原理,实行计划网络管理,同时加强各方协调,确保各个环节顺利运转。

(3) 各级管理的落脚点是作业班组。选派技术素质好的基本班组进场施工。项目经理部必须加强对班组的各项管理，做好宣传教育、技术交底、检查监督、经济奖罚等各项工作，提高班组的生产积极性。

(4) 项目经理部内部建立各级“协调会”制度，定时、定点召开，加强专业分包单位之间的管理，及时解决和协调好各种矛盾问题。

(5) 公司在项目部检查的基础上采取每月定期、不定期、巡查等方法对本工程进行检查，从质量、进度、安全生产和文明施工诸方面对项目经理部进行考核，并针对检查所发现的问题，积极协同有关工种、部门、上级主管及时协调、解决，确保创优工作顺利进行。

(6) 专人负责及时编制旬、月、季生产作业计划和其他计划：每旬召开一次现场生产会议，落实生产计划，解决存在的问题；每天进行一次管理班子碰头会，处理当天发生的问题和调整次日的生产计划，真正做到“以天保旬、以旬保月”，最终保证按期完成施工任务。

四、施工方案(略)

五、施工平面布置

(一) 总平面布置原则

(1) 施工总平面布局结合现场情况做到合理、低耗，便于施工和使用的原则。

(2) 沿场地周边设置临时围墙与围护，实行封闭管理。

(3) 现场按省文明工地标准、公司标准布置，并符合卫生、安全、防火要求，创造一个安全、文明的施工与工作环境。

(4) 将生活区与施工区分开设置，以确保安全与文明施工。

(5) 充分利用现场，将材料堆场、周转材料等均尽可能布置到现场内，并力求布局合理，满足各个施工阶段的施工要求。

(6) 将钢筋、搅拌场地等操作区尽可能设置在靠近施工作业区位置。最大限度减少场内运输，特别是减少场内二次搬运。

(7) 在满足施工的条件下，尽量节约施工用地。

(二) 施工现场总体布置

根据现场情况，本工程采用实体围墙封闭，在现场东侧设出入口，并以出入口部位作为宣传区域，体现企业的施工形象。

施工现场实行分阶段布置，详见附图。具体平面布置须经业主认可后，统一协调安排。

1. 围墙与门卫

沿建设单位指定位置修整围墙，并按公司 CIS 形象标准编制图案与标语。在出入口设值班室，配置 24 小时值班人员。

施工车辆进入施工现场口设置冲洗点，包括冲洗槽、冲洗池及冲洗设备。做到净车出场。

在主出入口处设工程概况牌、管理人员名单及监督电话牌、消防保卫牌、安全生产牌、文明施工牌、施工现场平面图、消防平面图，五牌二图。

在大门口醒目位置设置现场导引图，包括安全通道、主要通道、“四口”临边位置、危险处、消防设施放置处、安全标识张挂处等。

2. 混凝土硬地坪施工

为了保证文明施工，以及根据《建筑施工现场环境与卫生标准》(JGJ 146—2004)要求，施工场地与工地临时道路采用 200 mm 厚混凝土硬化。在现场大门区、办公生活区等适当布置绿化，创造一个清洁、优美的施工环境。

严禁物料随便侵占道路，所有施工道路保持路面平整、清洁，不得影响车辆通行。

沿道路两侧与现场四周设排水明沟，中间按 5‰起拱排水，做到施工场地无明显低洼不平和积水。

施工垃圾及时清运，保持现场整洁。

3. 材料堆场

每种材料分类别、分规格、分检验状态堆放整齐，并在每种材料旁设标志牌，指明材料品名、产地、规格及检验状态等。

其中砂、石子采用砖砌矮墙围挡，并用水泥砂浆粉刷平整。

（三）总平面分期布置

1. 基础与地下室施工阶段

基础与地下室施工阶段，由于基坑的开挖给施工带来极大影响，因此必须合理安排好。

(1) 进场后立即进行临时用房和临时设施的搭设，以及临时道路、排水沟的施工。

(2) 完成钢筋、模板车间的搭设，堆场尽可能布置在塔式起重机回转半径内，以便制作好后直接吊放入基坑。

(3) 现场安装自升式塔式起重机 2 台，其回转半径满足起吊要求，能覆盖大部分建筑物。

2. 主体施工阶段

(1) 此阶段以土建施工，安装配合为主。

(2) 待地下室工程验收合格后，马上进行回填土工程。回填完成后，对整个施工场地进行一次整理。对场内道路做适当的加宽，该硬化的场地马上硬化，组织必要的临时绿化，并组织好现场的排水系统。总之，施工现场必须布置合理、文明，给人的感觉是现场不是一个纷乱杂沓的场所，而是一个文明优雅的工厂。

(3) 沿主体结构周围搭设结构施工用脚手架，空余场地作设备、材料堆场。

(4) 垂直起重机械以塔式起重机为主(施工升降机为辅)，随结构升高而向上顶升。

(5) 地下室阶段搭设的办公室及其他临设继续使用。

(6) 上部结构楼层施工时，每层设置小便桶，定人定时清理。

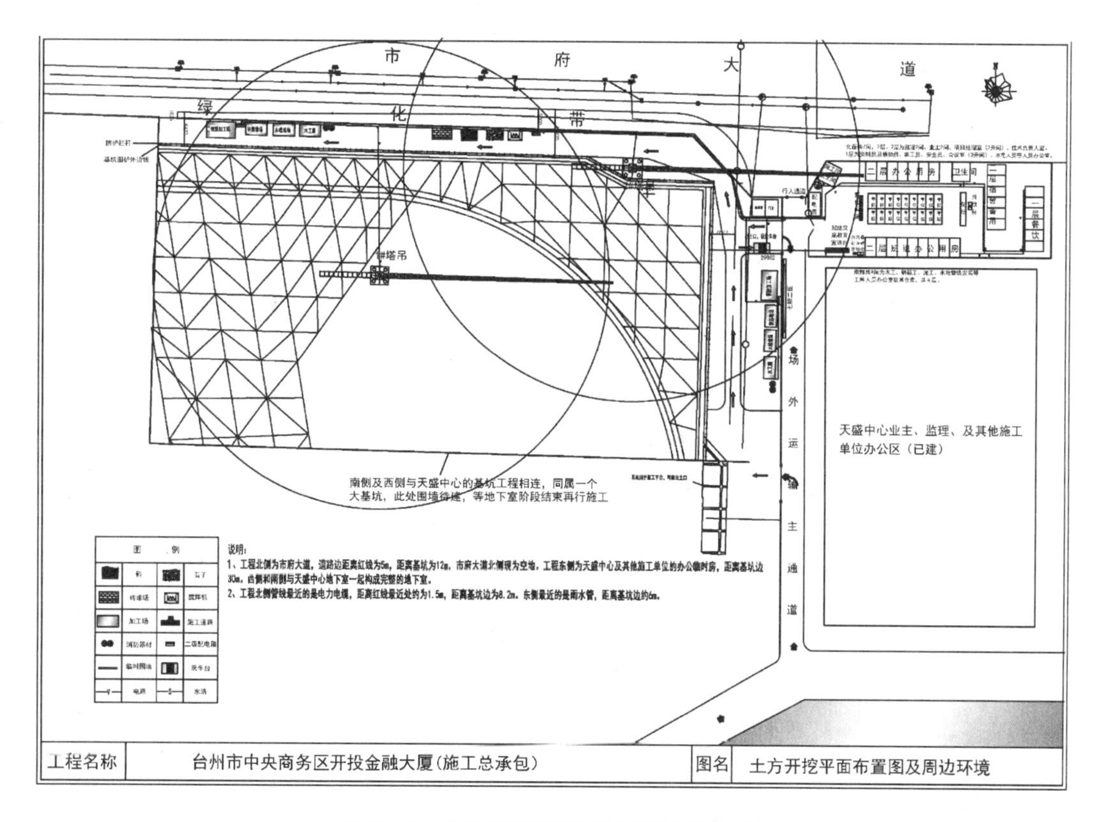

图Ⅱ-5　土方开挖平面布置图及周边环境

六、施工进度计划及工程进度保证措施

（一）施工进度计划

1. 总工期目标

根据本工程的特点和以往的施工经验及本公司的实力，同时充分考虑到建筑工程的施工工艺标准要求，确保自开工之日起 1160 日历天内完成要求内容。

为了确保按预定工期完成，公司对本工程的技术管理人员、施工机械设备、各阶段的劳动力投入、材料供应计划等均做了详细的编排，对按期交付使用有极大的决心和信心。

2. 施工进度横道图

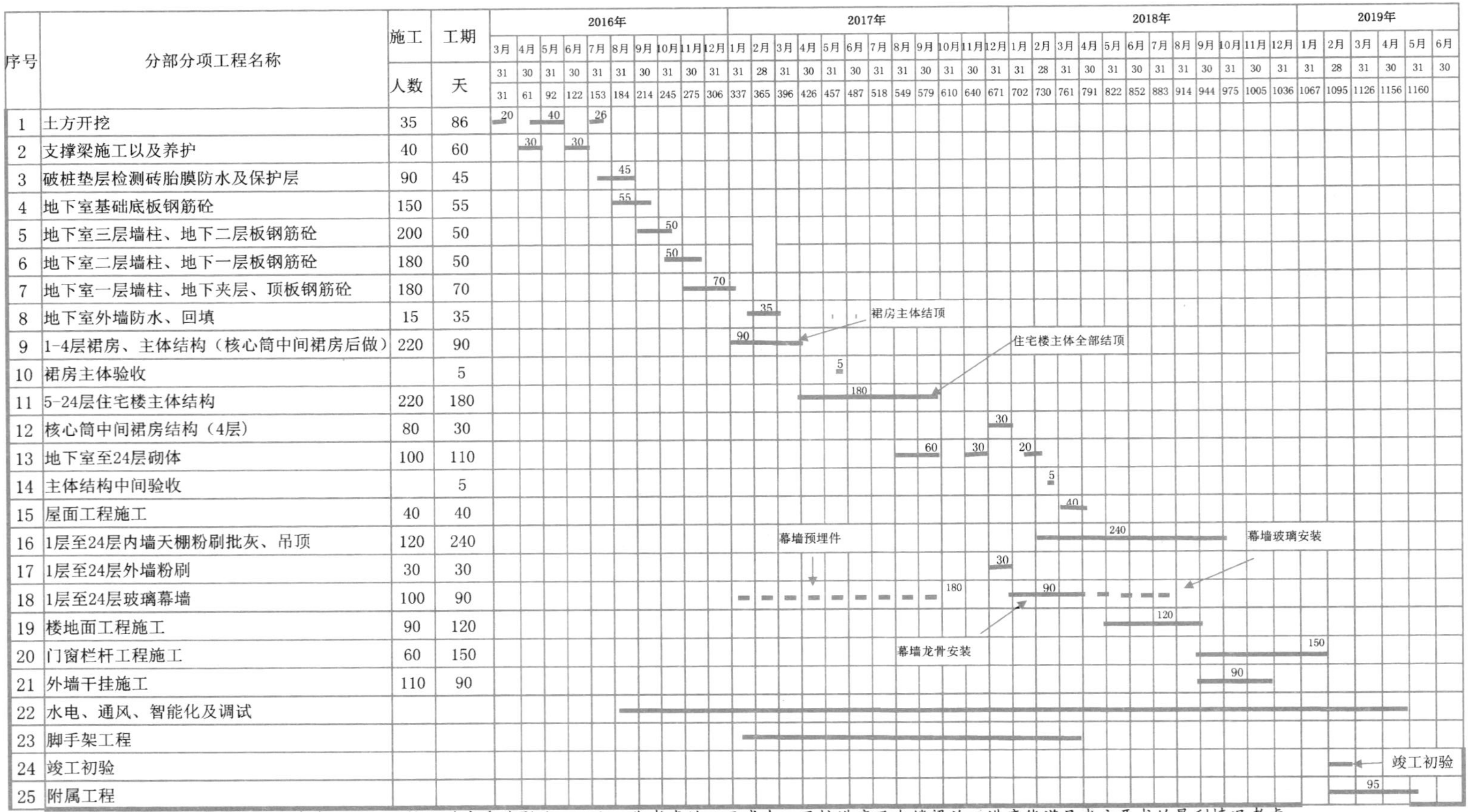

序号	分部分项工程名称	施工人数	工期（天）	横道标注
1	土方开挖	35	86	20、40、26
2	支撑梁施工以及养护	40	60	30、30
3	破桩垫层检测砖胎膜防水及保护层	90	45	45
4	地下室基础底板钢筋砼	150	55	55
5	地下室三层墙柱、地下二层板钢筋砼	200	50	50
6	地下室二层墙柱、地下一层板钢筋砼	180	50	50
7	地下室一层墙柱、地下夹层、顶板钢筋砼	180	70	70
8	地下室外墙防水、回填	15	35	35
9	1-4层裙房、主体结构（核心筒中间裙房后做）	220	90	90
10	裙房主体验收		5	5
11	5-24层住宅楼主体结构	220	180	180
12	核心筒中间裙房结构（4层）	80	30	30
13	地下室至24层砌体	100	110	60、30、20
14	主体结构中间验收		5	5
15	屋面工程施工	40	40	40
16	1层至24层内墙天棚粉刷批灰、吊顶	120	240	240
17	1层至24层外墙粉刷	30	30	30
18	1层至24层玻璃幕墙	100	90	180、90
19	楼地面工程施工	90	120	120
20	门窗栏杆工程施工	60	150	150
21	外墙干挂施工	110	90	90
22	水电、通风、智能化及调试			
23	脚手架工程			
24	竣工初验			
25	附属工程			95

年份	月份	当月天数	累计天数
2016年	3月	31	31
	4月	30	61
	5月	31	92
	6月	30	122
	7月	31	153
	8月	31	184
	9月	30	214
	10月	31	245
	11月	30	275
	12月	31	306
2017年	1月	31	337
	2月	28	365
	3月	31	396
	4月	30	426
	5月	31	457
	6月	30	487
	7月	31	518
	8月	31	549
	9月	30	579
	10月	31	610
	11月	30	640
	12月	31	671
2018年	1月	31	702
	2月	28	730
	3月	31	761
	4月	30	791
	5月	31	822
	6月	30	852
	7月	31	883
	8月	31	914
	9月	30	944
	10月	31	975
	11月	30	1005
	12月	31	1036
2019年	1月	31	1067
	2月	28	1095
	3月	31	1126
	4月	30	1156
	5月	31	1160
	6月	30	

图中标注：裙房主体结顶；住宅楼主体全部结顶；幕墙预埋件；幕墙玻璃安装；幕墙龙骨安装；竣工初验

场地与天盛中心相通，支撑梁由天盛中心施工，挖土进度受其影响，以上工期考虑均以天盛中心开挖进度及支撑梁施工进度能满足我方要求的最利情况考虑。

甲方另外分包的专业分包其进场以及施工进度应满足我方总进度计划的要求。

图Ⅱ-6　开投金融大厦工程施工总体进度计划(2016.3—2019.5)

3. 各阶段工期安排

为了保证施工进度，确保工程按期竣工交付使用，整个施工进度计划分桩基、基坑与地下室工程、主体结构工程、装饰工程三个阶段进行控制。

在确保质量前提下，紧抓基础与主体结构工程的施工，给内外装饰施工出较为充裕的时间。在装饰期间投入充足的劳动力，确保工程按期并提前竣工。

(1) 基坑与地下室阶段

本工程基础与地下室工程主要有桩基、挖土、基坑围护、胎模、垫层、地下室底板、地下室墙柱、梁板、外防水、回填土等，其中桩基与围护我方进场前已经完成。根据总进度计划和结构特点，300 天内完成土方与地下室结构工程。

修土密切配合基坑围护、排水、垫层等实行分段分层交叉流水施工，承台、地梁结构的扎钢筋、支模板及混凝土浇捣考虑以平行流水施工为主，视情况合理穿插作业，工序间的紧凑衔接，确保按计划完成。

(2) 上部结构阶段

核心筒主体结构计划在 270 日历天内完成，核心筒之间的裙房结构在脚手架拆除后再行施工工期 30 天。详见进度计划表。

在主体这个阶段，各工序间考虑交叉流水作业，并应努力提前工期，同时适时插入内墙灰饼、护角、样板房等施工，为装饰工程创造有利的工期。

(3) 装饰阶段

根据结构完成时间进行中间结构验收，内外装饰工程计划时间 420 天，在装饰阶段应认真组织好土建和安装工序的穿插和衔接及紧接配合，以免拖延工程。

(4) 室外给排水工程

地下室外围管线在单体外架拆除后进行，可根据实际情况分段进行。地下室顶板管线在顶板基本清理完成后进行。

(5) 其他工程及扫尾阶段

因工程体量大，故安排 90 天进行附属工程施工及清理扫尾与验收工作，为该工程的早日交付提供良好的条件。

(6) 各分项工程时间节点安排

计划开工日期 2016 年 3 月 1 日(实际以建设单位批准的开工报告为准)，计划竣工日期 2019 年 5 月 4 日。进度节点详见附件：开投金融大厦总进度计划。

(7) 甲定分包人的进场计划

玻璃幕墙工程，建议于 2017 年 12 月 30 日前签订合同并进场施工。

其余根据实际施工情况进行安排。

(二) 工期影响因素分析与预防

1. 工期影响因素分析

影响工期的因素主要有项目班子经验素质、工程资金情况、投入项目的机具劳动力数量、特殊天气、业主及总分包方的协调等。

(1) 施工组织管理不利

流水施工组织不合理，劳动力和施工机械调配不当，施工平面布置不合理等将影响施工进度计划的执行。

(2) 技术失误

采用技术措施不当,施工中发生技术事故;应用新技术、新材料、新结构缺乏经验,不能保证质量等都要影响进度。

(3) 施工气候条件的变化

主要是恶劣气候、暴雨、高温和洪水等都对施工进度产生影响,造成临时停工或破坏。

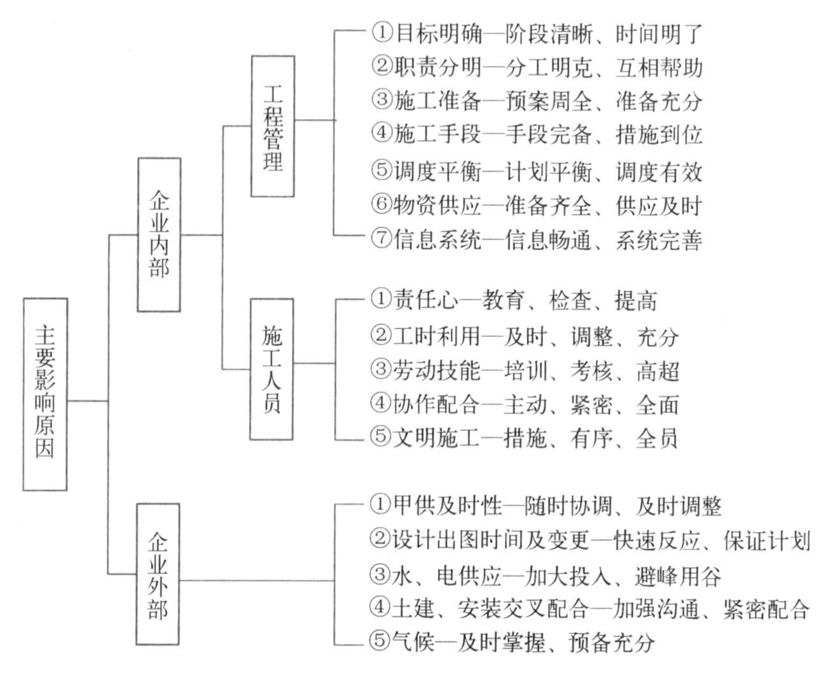

图Ⅱ-7　工期影响因素分析及预防措施

2. 工期影响因素预防措施

(1) 春节、农忙等对施工进度的影响预防措施

为确保本工程在投标计划工程内完成本次招标规定中的所有工程量,拟采用以下措施:

① 在总体工程施工进度的安排中充分考虑春节、农忙所占时间,合理安排施工总进度计划,把假日时间在整个工程的施工过程中进行消化。

② 开工后立即着手安排、调整春节期间的劳动力。

③ 通过公司调度现有待岗且愿意在春节、农忙期间来本项目部加班的职工,或寻找在其他工地工作的职工来本项目部加班。总之,通过各种渠道或方式,解决本工程在春节期间的施工劳动力。

④ 驻现场的管理和技术人员,分三批进行放假,即春节前、春节中、春节后,严格确保在春节假期,顺利不间断的施工。

⑤ 在施工现场备足各种建筑材料和周转材料,在春节假期间各行各业都将停业休息,故在放假前必须备充足的材料或设备,保证工程在春节假期期间有足够的材料或设备供施工所用。

⑥ 为了春节假期期间施工所准备的材料或设备,在放假前必须做好试验、检验等工作,

严禁使用不明状态的材料或设备，确保工程的施工拨云见日一符合预定的质量目标要求，避免产生工程质量隐患。

⑦ 作为总承包方，在春节假期前与业主方、监理及各分包单位协调协商，在假期内的施工现场工作内容、管理重点及驻现场的管理人员。

(2) 防止冬、雨季对施工进度影响的措施

本工程为跨年度建设工程，在整个建设工程中，会遇到冬季、雨季及台风季节，均会地工程施工进度造成不同程度的影响。我们将做好准备，采取切实可行的技术措施，确保质量、工期。

（三）施工进度计划管理

1. 施工进度计划管理流程

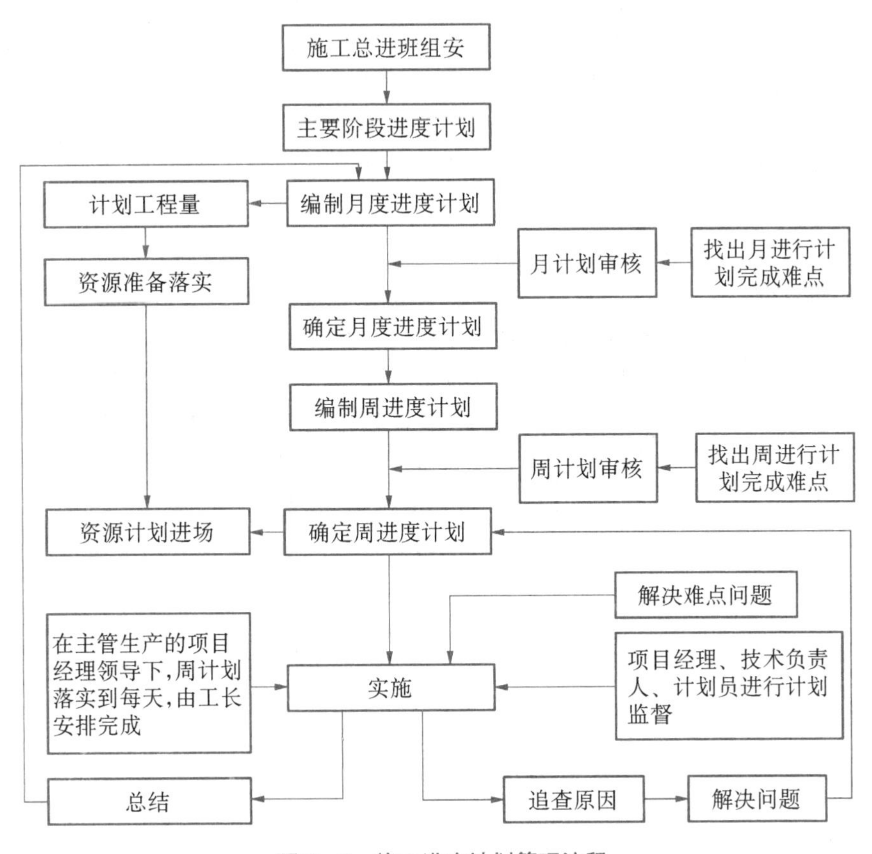

图Ⅱ-8　施工进度计划管理流程

2. 施工进度计划保证的组织措施

(1) 建立进度控制的组织系统，从项目经理、专业施工队、班组长及其所属全体成员组成施工项目进度计划实施的完整的组织系统并明确各岗位、各层次人员的职责和任务，遵照计划规定的目标去努力完成每一项施工任务。

(2) 为了保证施工进度计划的实施，建立进度的检查控制系统。从公司到项目部都设立专职人员负责检查汇报，统计整理实际施工进度的资料，并与计划进度比较分析和进行调整。

不同层次人员有不同进度控制职责,分工协作,形成一个纵横连接的施工项目控制系统。

(3) 项目经理是计划的实施者,又是计划的控制者,项目经理对计划落实和控制负有直接责任,所以要通过提高项目经理的责任来保证进度计划的实现。

3. 各种资源投入的保证措施

(1) 提前做好一切施工准备工作,安排好施工用料的运输和采购,选用先进合理的施工机具。

(2) 配足机械设备和周转材料,垂直运输除塔式起重机外,投入充足的施工升降机、物料提升机等,保证运输畅通,模板、钢管等周转材料配置二套半至三套,循环周转,以保证施工进度。

(3) 做好材料供应资金平衡,及时支付各种材料款,以充足的资金来保证材料的及时供应与质量。

(4) 依据总施工进度要求,及时制定各种材料供应计划。

(5) 选择材料供应商前,根据 ISO9001:2008 质量认证体系,逐一对各工程材料供货厂家的材料质量、信誉、供货能力进行评估,从中选择在本公司一贯表面良好的供应商。以我集材已建立的良好进货渠道的优势来保证供应商的优秀。

(6) 与各供应商签订供货协议,明确违约责任,以合同来人证材料质量的可靠性及材料供应的及时性。

(7) 主要施工材料进场时,及时由项目部进行检查,符合要求后及时填好材料报验单,提交现场监理验收、签复意见。对钢筋、水泥、砖块、防水材料等及时送质监站试验室进行试验。如有不符合要求的,及时通知材料供应单位,及时处理。

(8) 对于材料供应不理想的供应商,及时中止合同,更新信誉更佳的供货单位。

(9) 本工程劳动力组织由劳务公司根据项目部的月度劳动力计划,在公司内进行调配,确保项目部对各种劳动力的需要,确保施工进度计划的完成。

(10) 为实现预定目标,保证工程按期优质完成,确保材料、机具、劳动力等资源供应前提下,工程所需材料和人力都要留有充足的周转余地。对工地急需要短缺材料,公司随时进行调配支持。

4. 施工进度计划保证的技术措施

(1) 项目部采用图表法排出年、月、旬施工进度计划,每星期召开一次生产例会,检查、落实并进行交底工作,做好书面记录,以备考核。

(2) 施工前制定好各分项工程的施工方案,组织好各专业交叉配合工作,为正式施工创造良好条件。

(3) 积极采用新工艺、新技术,突破常规的施工速度。

(4) 强化通讯、联络、交通、调度手段,高效科学指挥施工。

(5) 合理安排施工程序,在施工段内进行流水作业,实行边施工边检查,边验收的办法,减少中间环节,以缩短工期。

(6) 延长施工时间,在保证质量前提下,坚持两班制工作体制。

5. 施工进度计划保证的合同措施

按工种、专业施工队伍分别签订施工责任合同,合同工期与有关进度计划目标相协调,并在合同中明确工期奖罚。在本工程施工中,任何班组造成工期延误,每延误一天按总工程款的万分之二计罚。

6. 施工进度计划保证的经济措施

施工进度计划保证的经济措施主要是资金保证。只要有保证资金的情况下，才能开展正常的施工。保证材料按计划进场，我公司以发挥公司优势，承诺以足够的资金来保证工程进度的实现。

7. 关键节点和线路的保证措施

本工程对阶段性节点工期以至整体总工期，进行逐段有效控制，关键节点和线路的进度保证措施为：

1）土方工期控制

土方及地下室的工期是本工程工期进度的关键点，由于本工程地下室与天盛中心的地下室相连通，围护结构支撑梁由天盛中心施工单位施工，施工土方以及混凝土浇筑时需要双方协调保证工期。因此这是本工程工期控制关键点，在做好本方的进度措施的情况下，与天盛中心的沟通起重要作用。

2）钢筋工程工期控制

（1）根据本工程的钢筋工程量，配备足够的钢筋加工机械，同时根据本工程的施工总平面图要求，选择最佳的钢筋堆放场地，减少钢筋成品的搬运次数。

（2）在钢筋加工之前，必须按图纸由钢筋翻样组事先提供钢筋配料单，由技术组进行复核，确保不致因钢筋配错、漏配对其他施工班组产生影响从而延误本工程的总体进度。

（3）根据施工图纸及工程进度，优化钢筋施工方案，减少现场接头作业量，使钢筋工程和其他施工工序能够顺利搭接。

（4）采购部必须确保钢筋原材料按时提供到场，现场施工必须配备足够工作人员，明确自己的岗位职责，使下道工序按计划进行。

3）模板工程工期控制

（1）在结构施工中，合理运用新技术、新工艺、加快施工速度。

（2）模板分段施工，配备足够的周转材料及模板、木工，确保工程连续进行。

（3）采用工具式大模板，优化模板施工工艺，使上下工序顺利搭接。

（4）柱模、平台模、梁板模板等，应分类放置，模板应按木工翻样图进行施工。

4）混凝土工程工期控制

（1）落实信誉好，实力强的商品混凝土供应单位，确保按需供货。

（2）尽早计划混凝土数量，及时联系供应时间，确保本工程商品混凝土的供应。

（3）配制和保养好混凝土运输车及混凝土输送泵，选择合理的混凝土泵送位置，确保按时浇灌。

（4）优化混凝土施工方案，使混凝土施工和其他工序顺利搭接，避免窝工。

（5）配备足够的混凝土施工人员，确保每一施工段施工时连续进行。

5）安装工程工期控制

（1）优化安装工程施工方案，使各工序顺利搭接，管线预埋在土建施工中同步进行。土建总包为各专业安装单位留出相应的工作面，确保工程顺利进行。

（2）根据施工总进度计划，编制各单位安装施工进度计划。

（3）每周定期召开各单位参加的工程例会，落实协调会的计划进度，协调各解决安装与土建出现的矛盾及各种问题。

(4) 加强安装管理和质量管理工作,建立安全生产保证体系和质量保证体系,避免出现返工、返修、窝工,防止重大伤亡事故的发生。

(5) 各专业安装工程均应跟随土建工程同步进行。

(6) 对安装工程所用的材料、设备加强计划性管理,编制设备、材料进场时间,对业主提供的特殊设备、材料同样进行验收,并将验收情况 24 小时内用书面通知业主,对其他设备材料定向型采购订货,确保供应的及时性,减少浪费和延误工期。

8. 交叉作业措施

土建工程中各工种、机具和周转材料等的管理协调配合非常重要,在实施平面流水立体交叉的作业过程中必然会有诸多矛盾,必须做到事先预控——做好充分的计划准备工作;事中协调——管理人员深入现场及时协调解决矛盾,决不推诿;事后总结经验教训,及时调整部署。紧紧围绕“人、机、料、法”(即班组劳力、机具设备、工程材料和周转材料、施工方法)的调度使用,尤其是每周开好协调会议并做出会议纪要实施之。

(四) 劳动力安排计划

施工劳动力是工程施工的直接操作者,也是工程质量、进度、安全和文明施工的直接保证者。合理而科学的劳动力组织,是保证本工程顺利进行的重要因素之一。

1. 劳动力选用原则

为了确保工程顺利进行,在本工程劳动力组织时,项目部将从劳务公司中抽出质量和安全意识强的、技术素质高的、身体健康,且有类似工程施工经验的一线操作工人通过优化组合,形成一支素质过硬、能征善战的队伍。

施工人员进场前统一经过公司劳务技能及质量、安全技术等培训,组织技术交底,签订劳务合同。考核合格后上岗挂牌施工。

施工劳动力的投入按工程施工进度的需要,逐步到位,确保项目部对各种劳动力的需要,确保施工进预案计划能够按期完成。同时,做好思想动员和采取经济措施使得农忙期间保证足够劳动力,以确保工程施工进度。

2. 劳动力分类组织

本工程的施工劳动力按以下三类进行组织:

(1) 特殊工种类

主要包括架子工、现场电工、电焊工、机械操作、机械维修等工种,这类工种均须经上级有关部门培训、考核合格后,持证上岗。并根据工程进度要求,确保人数满足工程正常施工。

(2) 技术工种类

这类工种主要有木工、钢筋工、混凝土工、砖瓦工、抹灰工、防水工等,公司将派经培训合格持相应岗位证件,并有丰富类似工程施工经验的人员进场。

(3) 普工类

这类工种是我公司长期施工的配合长期合同制工人,且具有一定技术、质量、安全、文明施工等素质,在需要时适当招用一定的民工。

3. 劳动力投入计划

本工程根据提高工作效率,延长工作时间、高峰期间二班轮班工作、休息天等综合考虑,经初步测算，其中地下室与裙房结构施工期间每天投工量约 391 人，主楼结构施工期间每天投工量约 456 人，装饰施工期间每天投工量约 409 人。

表Ⅱ-1　劳动力投入计划

序号	工　种	按工程施工阶段投入劳动力情况			
		基坑及地下室	主体结构	装饰工程	扫尾
1	普工	20	20	20	5
2	泥工	30	40	10	2
3	钢筋工	130	130	10	2
4	木工	100	110	20	4
5	砼工	20	20	10	2
6	装饰工	0	10	80	10
7	抹灰工	10	10	50	10
8	架子工	30	40	40	10
9	机修工	3	3	3	1
10	油漆工	2	2	20	2
11	水电安装工	30	40	100	10
12	电工	2	2	2	1
13	电焊工	5	5	5	1
14	管理	15	15	15	4
15	起重工	4	4	4	0
16	防水工	10	5	20	2
合　计		411	456	409	66

实际施工中，我们将根据各阶段施工需要和施工条件的变化，对劳动力进行跟踪平衡、协调，进行素质优化，数量优化，实行动态管理。

4. 劳动力保证措施

项目部将规范管理，认真执行上级有关规定以及公司规章制度，切实保障劳动者的合法权益，保障职工人身安全，提高工作生活条件，按“以人为本”的理念，创造一个祥和、平安的工作与生活环境。

(1) 从公司体制上进行保证劳动力的投入。集团建立劳动公司，对本公司各项目的用工人数均进行登记造册，每年根据公司业务发展需要，补充新生力量，同时稳定一批技术素质好、作风优良的施工队伍，确保施工队伍的素质。

(2) 根据施工方案、施工进度和劳动力需要量度计划要求，抽调我公司的精兵强将建立施工队伍，使队组内工人技术等级比例合理，并满足劳动力优化组织的要求。

(3) 对主要管理人员、技术人员、技术工人本着相对固定的原则在本项目上使用。对于要求不太高的工作必须要时从其余管施工队中借调使用。

(4) 安排好工人进场后的生活，然后组织上岗前的培训，对工人进行必要的技术、安全思想和法制教育，教育工人树立“质量第一、安全第一”的正确思想，遵守有关施工和安全的技术法规，遵守地方治安法规。

(5) 劳动力的数量充分，保证有富余，在遇突发事件时，及时顶上，以免延误工期。

(6) 准备充足资金，按月支付劳务人员工资，以确保劳务人员的稳定工作。

七、主要施工机械设备投入计划

施工机械设备是施工现场人、材、机三大投入的重要组成部分，施工机械配备合理与否，直接影响着进度计划的实施、劳动力的投入及成本的降低，特别是垂直运输的配备更与工程的施工进度密切相关。

为了确保本工程的进度计划得以实施，并尽可能地缩短工期，减小劳动强度和降低成本，根据本工程的实际特点和工期要求，对主要施工机械安排如下：

（一）各施工阶段配置说明

1. 基坑与地下室施工阶段

(1) 拟投入挖土机械：4 台 PC220 反铲挖掘机、2 台 PC60 小型挖掘机，2 台长臂挖机，配备 30 辆 15T 自卸汽车(具体按实际运输能力定)。

(2) 配备 2 台 TC5610 塔式起重机，最大工作幅度 56 米。

(3) 本工程采用商品混凝土，混凝土浇筑选用拖泵与汽车泵输送至浇筑点，另外配备插入式振动器 10 台，平板振动器 3 台。

(4) 配备钢筋加工机械 2 套、木工加工机械 2 套。

(5) 本工程采用商品混凝土，另外在现场配备 2 台 JZC350 搅拌机，用于少量混凝土与少量砂浆搅拌与应急使用。

(6) 为了防止突然停电造成质量隐患，以及保证工期，现场配备柴油发电机组，可在紧急时刻提供 200 kW 电源，以确保施工顺利进行。

2. 主体结构施工阶段

主体结构施工阶段除配备上述塔式起重机、混凝土泵、钢筋、木工加工机械、电焊机、砂浆机等机械外，另配备 2 台人货两用施工升降机。

3. 装饰施工阶段

钢筋机械、混凝土泵等在主体完成后退场。现场保留塔式起重机、搅拌机、砂浆机、电焊机、施工升降机等机械。

所有机械在扫尾时及时退场，以便清理现场。

（二）土建主要施工机械设备选用计划

表Ⅱ-2　土建主要施工机械设备选用计划

序号	机械或设备名　称	型号规格	数量	国别产地	制造年份	额定功率/kW	生产能力	用于施工部位
1	塔式起重机	TC5610	2	浙江		40.3		垂直运输
2	砼搅拌机	JZC350	2	江苏	2012	5.5	14.5 m^3/h	砼制作

续表

序号	机械或设备名　称	型号规格	数量	国别产地	制造年份	额定功率/kW	生产能力	用于施工部位
3	反铲挖掘机	PC220LC－5	4	金信	2011	1 m^3		土方开挖
4	轻型压路机		1	徐州	2009	5 t		土方回填
5	推土机	T140－1	1	宣化	2010			土方回填
6	自卸车	15 t	30	济南	2011			运土方
7	长臂挖掘机	未定(租赁)	2				0.4 m^3	土方开挖
8	闪光对焊机	UV1－100	2	上海	2009	100 kV·A		钢筋加工
9	电渣焊机		4	上海	2009			钢筋加工
10	各式振动器	ZB11/ZX50	若干	南京	2010	1.1 kW		砼浇筑
11	直螺纹套丝机		2	广州	2010			钢筋加工
12	钢筋切断机	GQ－40	2	南京	2011			钢筋加工
13	钢筋弯曲机	GW－40	2	南京	2011			钢筋加工
14	钢筋调直机		2	南京	2011			钢筋加工
15	电焊机		6	徐州	2010	23		钢筋焊接、预埋件
16	水泵	IS80－65/60	20	广州	2009			排水
17	气焊工具		4	广州	2009			切割
18	砂浆搅拌机		4	济南	2010			砂浆搅拌
19	汽车起重机	YQ16	1	柳州	2009	16 t		吊装
20	手持电动工具		若干	广州	2009			全部
21	电锯	MJ106	18	广州	2010			模板加工
22	电刨	MIB2－80/1	5	广州	2010			模板加工
23	人货两用梯	SCD200	1	上海	2010	44	2T	主体、装饰
24	自卸车	13 吨	5	陕汽	2009			运输
25	混凝土喷射机	HPC－Y	2	江苏	2010	5.5		基坑围护
26	木工圆锯机	MJ105A	1	威海	2010	2.2		结构
27	木工刨床	MB504B	2	威海	2010	3		全部
28	柴油发电机组	200GF	1	上海	2009	200 kW		全部/备用
29	空气压缩机		2	杭州	2010	11		凿桩
30	气钉机		2	上海	2011			全部
31	镝灯	JLZ3500D	15	杭州	2012	3.5		全部

（三）安装主要施工机械投入计划

表Ⅱ-3　安装主要施工机械投入计划

序号	机械或设备名　称	型号规格	数量	国别产地	制造年份	额定功率/kW	生产能力	用于施工部位
1	电动弯管机	16～42 mm	2	广州	2012	1.5 kW		安装
2	台钻	LT-19ϕ16 mm	5	佛山	2012	2.5 kW		安装
3	手动折方机	SAF-9	2	天津	2012	——		安装
4	联合咬口机	YZL-16	2	天津	2010	4 kW		安装
5	单平咬口机	YZD-16	1	天津	2010	4 kW		安装
6	压口机	——	2	郑州	2010	1.5 kW		安装
7	剪板机	Q11×9×2 500 A	2	天津	2009	7.5 kW		安装
8	手电动剪倒角机	GD-20	6	天津	2010	0.46 kW		安装
9	卷板机	δ=0.5～1.2 m/m	1	天津	2009	0.76 kW		安装
10	交流电焊机	BX-500	10	广州	2010	30.9 kV·A		安装
11	角钢卷圆机	JY200-A	1	广州	2010	4 kW		安装
12	砂轮切割机	GJ3-400	4	株洲	2009	2.5 kW		安装
13	切管器	——	2	广州	2009	——		安装
14	割管机	CG2—11	2	株洲	2010	0.75 kW		安装
15	角向磨光机	4″～6″	4	广州	2010	0.65 kW		安装
16	电动套丝机	CN-100B	2	广州	2009	1.5 kW		安装
17	电动卷扬机	JM-5A	1	广州	2010	7.5 kW		安装
18	扭矩扳手		4	上海	2011	——		安装
19	手电钻	ϕ2.5～ϕ6	4	无锡	2011	0.23 kW	10	安装

（四）主要检测、计量器具投入计划

为确保工程测量精度、保证平面位置和垂直度的正确，本工程将配备先进的测量仪器和经验丰富的测量人员，建立合理的控制网络，进行工程分阶段的检测，工程测量仪器必须经法定计量单位检测，并在检验准用期内。

表Ⅱ-4　主要检测、计量器具投入计划

仪器名称	型　号	数量	精　度	计划进退场时间
全站仪	SET2B/C	1	2"±(3 mm+2 ppm)	开工—竣工
经纬仪	J2-2	2	2"	开工—竣工
精密水准仪	PL1	1	±0.2 mm/km	开工—竣工
水准仪	DSZ2	2	±1.5 mm/km	开工—竣工

续表

仪器名称	型　号	数量	精　度	计划进退场时间
激光垂准仪	DZJ6	2	1/30 000	开工—竣工
钢尺	50 m	3	经计量局检定合格	开工—竣工
对讲机	5 km	10		开工—竣工
钢卷尺	5 m	8		开工—竣工
数字回弹仪	ZC3 - A	1		开工—竣工
超声波探伤仪	USN50	1		开工—竣工
钢筋位置定位仪	KON - RBL	1		开工—竣工
砼超声波检测仪	NM - 4B	1		开工—竣工
漏电开关测试仪	5406A	1		开工—竣工
抗渗试块模具		8		地下室
混凝土抗压试模	150 × 150 × 150	10 组		开工—竣工
砂浆试模	70.7 * 70.7 * 70.7	10 组		开工—竣工
磅秤	500 kg	2		开工—竣工

（五）施工机械进场与保障措施

根据工程施工需要，编制施工机械计划，按使用先后组织进场，按施工场地布置机械设备位置，做好设备基础，就位安装，以满足开工需要。

参考文献

[1] 中华人民共和国行业推荐性标准. 建筑施工组织设计规范:GB/T 50502—2009[S]. 北京:中国建筑工业出版社,2009.

[2] 中华人民共和国行业推荐性标准. 建设工程项目管理规范:GB/T 50326—2017[S]. 北京:中国建筑工业出版社,2017.

[3] 中华人民共和国行业推荐性标准. 工程网络计划技术规程:JGJ/T 121—2015[S]. 北京:中国建筑工业出版社,2015.

[4] 危道军. 建筑施工组织[M]. 4 版. 北京:建筑工业出版社,2017.

[5] 彭仁娥. 建筑施工组织[M]. 北京:北京理工大学出版社,2015.

[6] 彭圣浩. 建筑工程施工组织设计实例应用手册[M]4 版. 北京:中国建筑工业出版社,2016.

[7] 危道军. 工程项目管理[M]. 3 版. 武汉:武汉理工大学出版社,2014.

[8] 李源清. 建筑施工组织设计与实训[M]. 北京:北京大学出版社,2014.

[9] 牟培超. 建筑工程施工组织与项目管理[M]. 上海:同济大学出版社,2011.

[10] 全国一级建造师执业资格考试用书编写委员会. 建筑工程项目管理[M]. 5 版. 北京:中国建筑工业出版社, 2018.

[11] 全国一级建造师执业资格考试用书编写委员会. 建筑工程管理与实务[M]. 5 版. 北京:中国建筑工业出版社,2018.

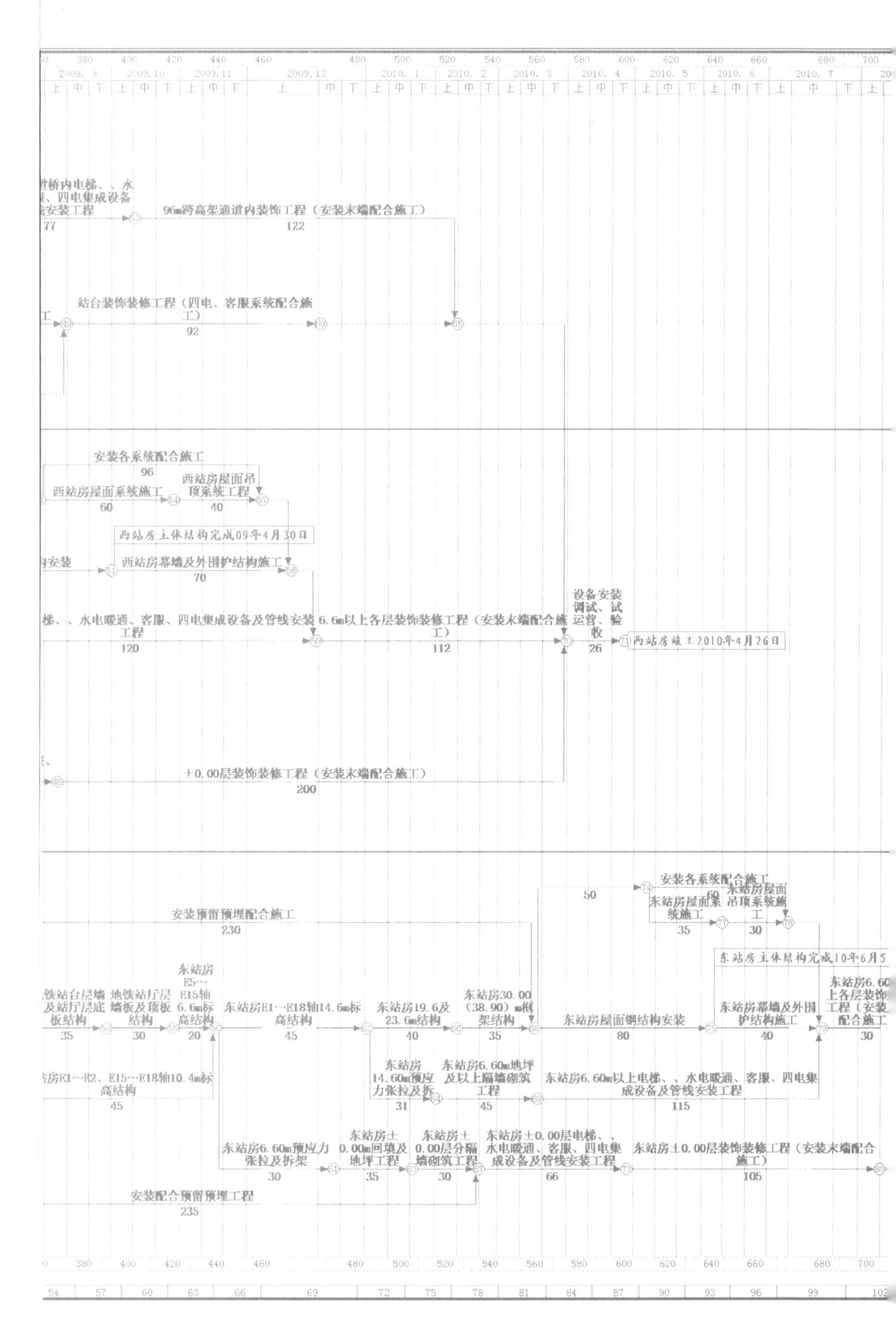

南站房及配套工程施工网络计划

720

0.8

中 下

设备安装调试、试运营、验收

以修端

81 82 东站房竣工2010年8月22日

8

720

105